rororo

Rowohlt Verlag GmbH, Kirchenallee 19, 20099 Hamburg

Kontaktadresse nach EU-Produktsicherheitsverordnung:
produktsicherheit@rowohlt.de

«Zurück in meinem Zimmer, studiere ich den fast leeren Tagesplan. Ich starre an die Decke und suche nach Spuren meines alten Lebens. Noch 44 Tage, 13 Stunden, 44 Minuten und 41 Sekunden. Davon 29 Tage kopfunter liegen, dann noch 15 im Stehen: die schier endlose Wiederholung jener Untersuchungen, die wir in der Prä-Liegephase bereits absolvierten.

Ich presse den Kopf in die Matratze und rutsche mit dem Körper leicht hin und her, als würde das irgendwas ändern, als entkäme ich märchenhaft in ein anderes, in mein richtiges Leben. Noch 29 Tage, noch vier Wochen! Gerade ist es mir unvorstellbar, überhaupt noch drei Tage auf dieser dämlichen Matratze zu verbringen.

Das Hochgefühl vorgestern, der Stolz, Alexander Gerst, der uns für unsere Leistung lobte – all das liegt schon so weit zurück, als sei es nie geschehen.

Ich notiere: Die Zeit ist eine Ohnmacht, der nicht zu entkommen ist.»

Dennis Freischlad, 1979 in Hessen geboren, ist seit seinem 20. Lebensjahr kontinuierlich in der Welt unterwegs und zieht seine Bahnen zwischen seinen Wohnorten in Indien und Köln. Neben Gedichten und Essays sind von ihm bereits mehrere reiseliterarische Bücher erschienen, zuletzt «Über allem Licht. Eine Reise ins griechische Leben».

Dennis
Freischlad

60 Tage liegen

Meine Reise zum Mars

Rowohlt Taschenbuch Verlag

2. Auflage Juni 2024
Originalausgabe
Veröffentlicht im Rowohlt Taschenbuch Verlag,
Hamburg, Dezember 2021

Covergestaltung zero-media.net, München
Coverabbildung SCIEPRO/SCIENCE PHOTO LIBRARY/
Getty Images; ©FinePic, München
Graphik Seite 14 Daniel Sauthoff
Foto Seite 340 privat
Satz aus der Pensum Pro
bei CPI books GmbH, Leck
Printed in Germany
ISBN 978-3-499-00611-1

Heimat ist nicht da,
wo du alle Bäume kennst,
sondern wo die Bäume
dich kennen.

Russisches Sprichwort

Prolog

Es hat zwei Millionen Jahre gedauert, bis unsere Spezies zum ersten Mal in den Genuss dessen kam, was in der Raumfahrt als *Overview Effect* bezeichnet wird. Mit dem Betreten des Weltalls erschloss sich eine neue Dimension der Überschaubarkeit. Die Menschheit blickte zum ersten Mal, plötzlich halt- und widerstandslos zwischen Erde und Mond treibend, auf ihren Planeten zurück und stellte fest, wie enorm die Summe all dessen ist, was wir trotz allen Wissens nicht zu erkennen vermögen. Es ist unbegreiflich, und doch ist es wahr: In einem unendlichen Kosmos schwebt, wie von Geisterhand gehalten, eine blau pulsierende Kugel im atomschwarzen Ozean der Leere, und dieser Stein aus unvorstellbaren Milliarden Jahren, diese einzigartige Heimat, sie leuchtet – und lebt.

Dem Kosmonauten Oleg Makarow fiel eines Tages auf, dass sogar recht emotionslose Astronauten, die stets einsilbig antworten und noch nie im Leben ein Wort zu viel gesprochen haben, mit der ersten Erfahrung des *Overview Effect* – auch *Breakaway Effect* oder *Weltraum-Euphorie* genannt – einen völlig neuen Redebedarf an den Tag legen. Im Schnitt, so recherchierte er, schwelgt ein Raumfahrer 42 Sekunden lang in einem unvermeidbaren emotionalen Ausbruch, bis er oder sie diese Erfahrung fürs Erste verarbeitet hat.

Alle sternenwärts reisenden Männer und Frauen, die seit jeher versuchten, das sprachlos Machende in Worte zu fassen, sprechen eine gemeinsame Sprache. Edgar Mitchel berichtet von einem «globalen Bewusstsein», das sich ihm unverzüglich einstellte, als er auf einen blauen Planeten hinabsah, der wie ein

Geist im tiefschwarzen Nichts des Universums rotierte; Aleksei Leonov beschwörte ein «heiliges Relikt», das es mit aller Anstrengung zu beschützen gilt. Und Scott Adams funkte zur Erde zurück: «Die weißen, verschlungenen Wolken und die Blauschattierungen des Meeres lassen das Raumschiff, das Rauschen des Radios und sogar den eigenen Atem verstummen. Es gibt keinen Wind, keine Kälte und keinen Geruch, die dich noch an die Erde binden. Einerseits schwebt man, wie auf dem Olymp, leidenschaftslos über den Dingen. Andererseits kann man nicht glauben, wie emotional verhaftet man mit allem ist, was sich dort auf und über der Erde bewegt.»

Eine vernichtende Größe.

Wer als Mensch einmal die Erde unter den Füßen verlor, wird von dieser Erfahrung grundlegend verändert.

Keine achtzig Jahre, nachdem sich die Menschheit einen solchen Überblick über ihre Existenz verschafft hat, wird sie sich im kommenden Jahrzehnt für eine Erfahrung wappnen müssen, die alles übersteigt, was einem Wesen der Erde jemals widerfahren ist. Ich nenne es den *Unview Effect* – eine beispiellose Grenzerfahrung, die in der Welt der Weltraumpsychologie auch als *Earth-out-of-Sight*-Phänomen bekannt ist. Denn bislang sind Menschen «nur» in den Orbit und zum Mond geflogen. Wo auch immer sie waren, die Erde war nah, strahlte im Rückspiegel und behielt uns in ihrer Umlaufbahn. Geht auf der Internationalen Raumstation ISS, von der man permanent auf die vertrauten Kontinente und Ozeane hinabschaut, etwas schief, steht eine Raumkapsel bereit, und nach einigen Stunden stehen die Sternenfahrer wieder auf der Oberfläche ihres Heimatplaneten. Der Rückweg ist sicher, weil uns die Erde nie abhandengekommen ist. 400 Kilometer unter den schwebenden Füßen wartet sie treu auf die Rückkehr ihrer raumfliegenden Kinder.

Bald jedoch wird man weit in die Tiefen unseres Sonnensystems hinausfliegen, genauer gesagt zum Mars, und zum ersten

Mal beobachten, wie die Erde, wie alles Bekannte kleiner und kleiner wird, so lange, bis unsere Heimat nur noch als winziges Pünktchen zurückbleibt zwischen Abermillionen von Sternen. Keine physische Nähe mehr, keine psychische Verbundenheit. Eine kaum vorstellbare Abnabelung steht uns bevor. Es bleibt im gesamten Universum nichts mehr übrig, auf das der Mensch zurückblicken kann, und so wird der *Unview Effect* mit allem brechen, was in der Reichweite des Bekannten und Vertrauten liegt. Depressionen, Wahn, Erleuchtung oder All-Sein? Niemand kann heute voraussagen, was an diesem einzigartigen Punkt der völligen Entschwebung mit dem menschlichen Körper und Geist geschehen wird. Sechs Monate lang werden die Raumfahrer durch die immer gleiche, orientierungslose Dunkelheit reisen, bis auf einmal eine rostrote Kugel aus der ewigen, jeden Gedanken abschaffenden Schwärze emporglimmt. Der Mars. Diese Pioniere werden jenen Traum leben, der bereits Giordano Bruno ein Leben lang begleitete:

> *Ich schwebe durch den Himmel und treibe dem Unendlichen entgegen.*
> *Und während ich von meinem Heimatplaneten zu anderen aufsteige*
> *Und den ewigen Raum immer weiter durchdringe,*
> *Lasse ich das weit hinter mir, was andere aus der Ferne sahen.*

Alle staatlichen und privaten Weltraumunternehmen arbeiten gerade mit Hochdruck daran, den Mars zu besiedeln. Nach einem langen Dornröschenschlaf erlebt die Welt eine Renaissance der Raumfahrt und erneute Wettrennen ins All. Ausgerechnet das höchst seltsame Jahr 2020 setzte den finalen Startschuss – Zyniker würden behaupten, dass es keinen besseren Zeitpunkt gegeben hätte, um aufzuzeigen, dass die Erde nicht unsere einzige Heimat bleiben muss. Der Flug des Crew-Dragon-Raumschiffes zur Internationalen Raumstation leitete ein neues Zeitalter ein, denn die Falcon-9-Rakete, die Crew Dragon Richtung Unendlichkeit schoss, landete wenige Minuten später wohlerhalten auf der Erde. Die Wiederverwertbarkeit der Raketen und Raumschiffe ist der entscheidende Schritt, der die Besiedlung des Mars möglich und uns zu interplanetarischen Wesen machen wird. Gerade das von Elon Musk geführte, private Weltraumunternehmen SpaceX hat es geschafft, die kaum für möglich gehaltenen Visionen der letzten fünfzig Jahre Wirklichkeit werden zu lassen. Es ist nichts Geringeres als der Beginn einer neuen Ära, und jeder Mensch, der diese neue Generation von Raumschiffen in die vielversprechenden Himmel hat emporschießen sehen, weiß: Das, wovon man vor kurzem nur zu träumen gewagt hatte, ist Realität geworden, und wir beginnen eine neue Epoche, die den Menschen von Grund auf verändern wird.

Ob die Ära der Erde zu Ende geht, wird sich zeigen. Was wir aber wissen, ist:

Das Zeitalter des Mars hat begonnen.

Schon immer träumte ich davon, als schwereloser Argonaut auf einem der Schiffe zu reisen, die noch zu meinen Lebzeiten zum Mars aufbrechen werden. Es wäre nur konsequent. Seit nunmehr zwanzig Jahren reise ich kontinuierlich über den Planeten, um zu erfahren, was dieses Wort einem sterblichen Wesen bedeuten könnte: Beheimatung. Mit dem Motorrad oder Van habe ich ganze Kontinente durchkreuzt und die heiligsten Stätten der Menschheit besucht. In der Hoffnung auf eine jenseits weltlicher Himmel gespannte Einsicht pilgerte ich nach Jerusalem, Bodhgaya, Varanasi, Amritsar, Bethlehem, Gizeh oder Delphi und stand vor den außergewöhnlichsten Tempeln, die die Natur aus ihrem Schoß zu zaubern vermag. Ich lebte unter indischen Bettlern, mit buddhistischen Mönchen auf Sri Lanka und vertraute in Kuba auf jene schwarzen Magier, die am besten tanzen konnten; endlos trieb ich durch Wüsten, Berge, Urwälder oder megalomane Dschungel wie Kalkutta, Kairo und New York. Der Aufenthalt auf dieser Erde hat mich alles gelehrt. Wie man neu wird, indem man sich permanent selbst verlorengeht, wie man betet, verflucht und ein für alle Mal lernt, die Demut von der Selbstlosigkeit zu unterscheiden, wie man seinen ewigen Frieden findet, seinen ewigen Frieden verliert, wie man liebt, trauert und vor allem: staunt und verehrt.

Egal, wo ich mich befand, ich war zu Hause. Und stellte in Wüsten, in Urwäldern und auf den höchsten Bergpässen der Welt fest, dass es letztendlich niemals um das Ankommen geht – sondern immer nur um den Aufbruch und die Wanderschaft.

Ein Reiseziel aber blieb unerreichbar, der größte Traum unerfüllt und fern: die Intimität unserer blauen Kugel in Richtung des Mars zu verlassen, unseres Bruderplaneten, der auf all meinen irdischen Reisen still und erwartungsvoll vom Nachthimmel leuchtete. Von den oben genannten Berichten derer, die über unsere Atmosphäre hinausgeschossen wurden, wissen wir, dass wir die Einzigartigkeit unseres irdischen Lebensraumes neu begreifen, sobald wir, vollkommen sprachlos gemacht, auf ihn zurückblicken. Nur das endlose Universum mit seinen ersten und letzten Geheimnissen, nur das Fremde und Unbekannte vermag es, dem eigenen Selbst den Spiegel vorzuhalten. Reisen ist die unaufhörliche Neubestimmung der eigenen Menschlichkeit, und die galaktische Wanderung zu neuen Planeten wird alles in Frage stellen, was wir über uns zu wissen glauben.

In Zeiten, in denen die Menschheit aufbricht, um so bald wie möglich nicht nur Satelliten und Rover, sondern auch Männer und Frauen dauerhaft zum Mars zu senden, stelle ich mir dringlicher als jemals zuvor meine ewige Frage: Würde ich tatsächlich aufbrechen? Und zwar nicht erst in fünfzig Jahren, wenn alles aufgebaut und vorbereitet ist, sondern jetzt? Wirklich einsteigen in die Starship-Rakete von SpaceX, die 2026 die ersten Menschen zum roten Planeten bringen soll?

Die Antwort ist Ja. Der Romantiker und Abenteurer in mir will hinausgeschossen werden ins All, zur Not auch auf Nimmerwiedersehen. Er würde alles dafür aufgeben, den so geliebten Planeten verschwinden zu sehen, sodass er zwischen den Sternen nicht mehr als Heimat auszumachen ist. Für so eine Erfahrung lohnt sich der Tod, der für die ersten Menschen, die sich zum Mars aufmachen werden, wohl unausweichlich sein wird. Der Skeptiker in mir allerdings weiß, dass es kaum vorhersehbar ist, wie es um die Poetik des Weltraums bestellt ist, wenn sich das Herdentier Mensch unter unvorstellbaren Bedingungen mit seinen existenziellsten Affären und Ängsten auseinandersetzen muss, wenn es mit Problemen konfrontiert ist, die auf der behüteten Erde nicht replizierbar sind und für die es somit kein entsprechendes Training geben kann. Wahrscheinlich haben wir, die wir bislang kaum einige Dutzend Menschen für längere Zeit ins All gebracht haben, noch keine Ahnung, wie sehr wir mit unserem Heimatplaneten eine Einheit bilden, die nicht so leicht aufzutrennen ist. Noch vor der ersten Zelle ist das Sein an das spezifische Vorhandensein der Erde gebunden. Alles stammt von hier, nährt und trägt uns seit Anbeginn unserer Zeit. Für das Wir des Menschen gibt es kein größeres Symbol als unsere planetarische Heimat, und alles existiert, weil es in Symbiose mit terrestrischen Jahrmilliarden geformt und erlernt wurde. Es ist mit keinen Analysen der Welt abzusehen, wie uns diese innige Mutterschaft und Intimität fehlen wird, wenn wir uns eines Tages spurenreich davonmachen und jene unverrückbaren Orte und Landschaften, die uns bislang in uns selbst verankerten, in einen unbekannten Raum weiten.

Die menschliche Sehnsucht ist nichts anderes als der Wille, endlich nach Hause zu gelangen. Mit dem Flug zum Mars kommt der Mensch seiner innigsten Verpflichtung nach, sich fundamental auf den Weg (zu sich selbst) zu machen. Wo werden wir ankommen, wie werden wir leben, wer werden wir sein? Und wer weiß, vielleicht ist gerade diese größte aller Reisen notwendig, um nach all unserem Wandern und Suchen dort anzukommen, wo wir uns, nach Heidegger gesprochen, immer schon aufhielten. Oder wie es der Dichter T. S. Eliot formulierte:

We shall not cease from exploration
And the end of all our exploring
Will be to arrive where we started
And know the place for the first time.

Wir werden nicht aufhören, zu forschen,
und am Ende all unserer Forschungen
werden wir wieder dort stehen, wo wir anfingen,
und diesen Ort zum ersten Mal erkennen.

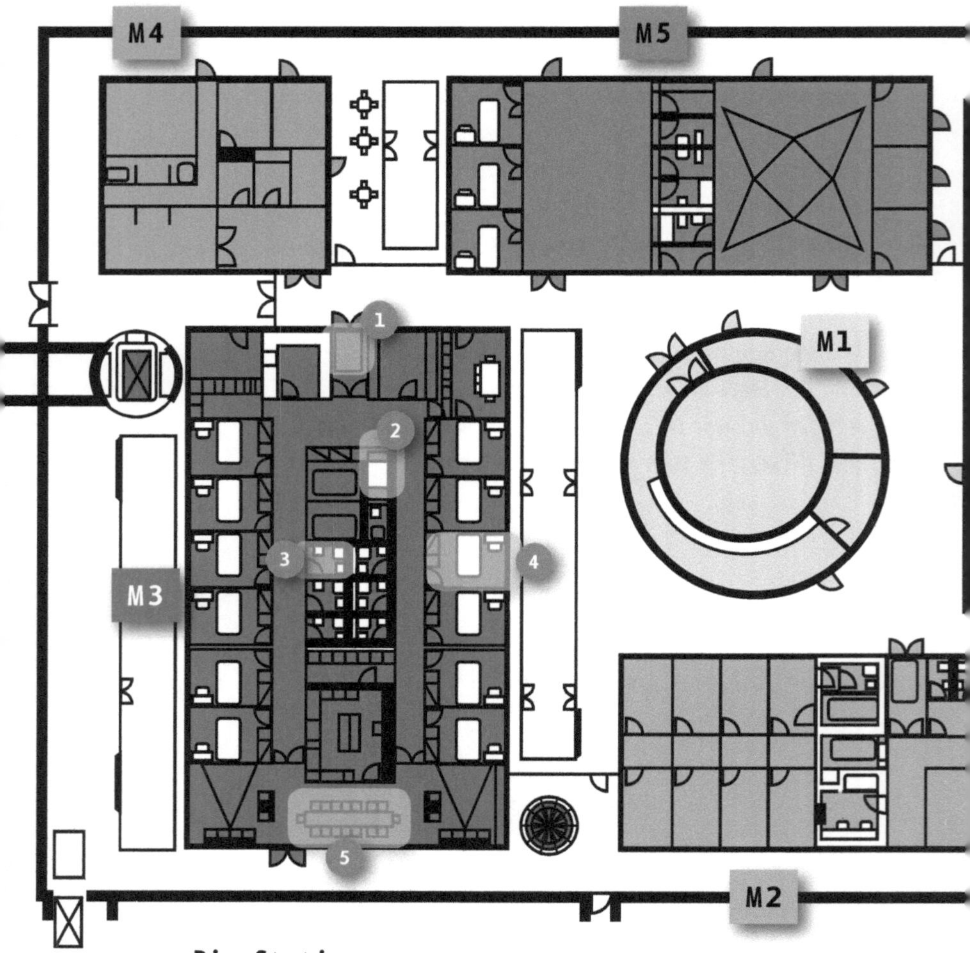

Die Station

- M1 Kurzarmzentrifuge
- M2 Physiologielabor
- **M3 Wohntrakt, Simulationsstation**
  1. Schleuse, Eingang zum Wohntrakt
  2. Wiegekammer
  3. Duschraum
  4. Zimmer des Autors, Proband G
  5. Aufenthaltsraum, auch Casino genannt
- M4 MRT-Station
- M5 Psychologielabor und Docking-Raum

11. Tag auf Station

Noch 51.803.144 Kilometer
bis zum Mars
Noch 3 Tage bis zur
Bettruhe

Die kalte Hand auf meiner Schulter ist das Signal. Ich öffne die Augen, drücke mich hoch und gleite von der Liege. Sobald ich stehe, schnürt sich mir eines der Kabel in den Hals. Die Elektrode muss entfernt und eine neue gesetzt werden. Ich sitze und halte still, so wie ich seit zwei Wochen stillhalte, wenn ich stillhalten soll, esse, wenn ich essen soll, und schlafe, wenn jeden Abend zur gleichen Zeit das Licht gelöscht wird. Im dunklen Fenster erkenne ich mein unscharfes Spiegelbild, das eher einem künstlichen Wesen gleicht als einem Menschen. Eine halbe Maschine. Rund ein Dutzend Kabel hängen von meinem Kopf, am Arm schimmert die Blutdruckmanschette, der linke Zeigefinger steckt in einem rot blinkenden Gumminoppen, der wer weiß was misst. Ich versuche zu zwinkern. Dieser Kerl da hat sich lange nicht mehr rasiert, jetzt erst fällt es mir auf. In der verschwommenen Scheibe sind nur seine Augen hell geblieben.

«Passt!», sagt Christoph, von uns nur Doktor Schwung genannt, und drückt das neue Metallblatt gegen mein Schlüsselbein.

Im runden, siloartigen Zentrifugenraum, der das Zentrum unserer Raumstation bildet, erwartet mich Doktor Schwungs Assistent und erklärt mir erneut das Prozedere, das wir beide auswendig kennen. Aber Protokoll ist Protokoll. Alles für die Ethik-Kommission, den Gesetzen und Geldgebern halber. Ich steige in den Sicherheitsgurt und werde horizontal auf den fünf Meter langen Zentrifugenarm geschnallt. Über meinem Gesicht schwebt die Kamera, die mich ständig im Blick haben wird, falls ich das Bewusstsein verliere; dahinter die dicken Metallstreben und die Kabelläufe, die kalt atmenden Röhren und Glieder dieser monströsen Gestalt, die mich nun in ihrer Gewalt hat.

Der Assistent klopft mir auf die Schulter und verlässt den Raum.

Ich will mich an seinen Namen erinnern und schaffe es nicht.

Neben meinem Ohr knistert der Lautsprecher.

«Gut, es geht los. Zehn, neun ...»

Ich schaue direkt in die Kamera und hebe den Daumen.

«Sechs, fünf ...»

An einem der Rohre klebt ein schwarzes Rechteck. Es ist der Punkt, den meine Augen fixieren, bis ich die maximale Geschwindigkeit erreicht habe.

«Zwei, eins ...»

Okay, flüstere ich.

«Und Schwung!»

Alles verschwimmt. Ich fixiere das Rechteck über meinem Auge, während sich die Decke in zwei Richtungen zu drehen beginnt und dem Boden entgegenschwebt. Die Zentrifuge beschleunigt, und das Gehirn, dieses einzigartige Rechennetzwerk aus Milliarden elektrischer Blitze, versagt. Der Organismus verliert die Taktung, die ihn sein irdisches Zweifüßlerdasein bislang lehrte. Während die Streben um den schwarzen Punkt stabil bleiben, wird die restliche Welt so sehr in den Sog getrieben, dass sich alles in entgegengesetzter Richtung bewegt. Der Gleichgewichtssinn kollabiert, Übelkeit tanzt über meine Zunge, das Herz rast. Und doch ist es jedes Mal das Gleiche. Genau eine Sekunde, bevor ich in Ohnmacht fallen würde, bleibt das Bild im Auge stehen. Mit einem Mal ist alles überwunden. Während nur noch der äußere Rand des Auges rotiert, steht die Mitte vollkommen still. Und fühlt sich, seltsamerweise, warm und vertraut an.

Mit vierfacher Gravitationskraft surre ich federleicht durch den Raum.

Über die Gegensprechanlage höre ich Christophs Stimme.

«Okay», sage ich, diesmal zu laut.

Er schaltet die Musik an und dreht voll auf.

My first, may last, my everything
and the answer to all my dreams
you are my sun, my moon, my guiding star
my kind of wonderful, that's what you are.

Eine halbe Stunde lang drehe ich mich unter der wirbelnden Decke.

Letztendlich ist die Fahrt immer zu kurz. Der Höhepunkt kommt zum Schluss. Die Zentrifuge verlangsamt, erneut wandert das Auge durch ineinanderfallende Bilder, die geräuschlos in meine Brust sinken. Bei geschlossenen Augen spüre ich in meinen Körper hinein, in diese endlos weite Sinneswelt, die sich wieder zusammensetzen muss, um ein Teil von mir zu werden. Als schwebte ich auf einer Luftmatratze hinauf in ein mir entgegenstürzendes, nachtschwarzes Weltall. Irgendwo dort draußen, weit hinter Schwindel und Angst, verspüre ich eine altbekannte Freude, eine Beheimatung, die womöglich die Vertrautheit mit dem noch unbekannten Kosmos ist.

And up in heaven, that's where you are.

Barry White verstummt.

Diese Eingewöhnungsfahrten, gerade dieses Ende: Sie sind eine grandiose Vorbereitung für den leeren Raum, der uns allen bevorsteht.

«Und nun?», frage ich, als Doktor Schwung neben mir steht und mich abzuschnallen beginnt.

Er grinst.

«Und nun, zur Belohnung, darfst du endlich das Duschen üben.»

Ich lasse mir Zeit. Die Halle, der das Zentrifugensilo wie eine Gebärmutter eingepflanzt ist, strahlt voller warmem, indirektem Tageslicht; ein Luxus gegenüber den blassen und kalten Lichtröhren, die sonst auf uns herabstrahlen. Gemächlichen Schrittes gehe ich den Flur hinunter, durch die zischenden Schleusen, welche die Untersuchungsräume vom Wohntrakt trennen, vorbei am Büro der Studienleitung, dem Wiegeraum und den Zimmern der Kollegen E und B.

Auf meinem Schreibtisch warten der nächste kognitive Test und ein psychologischer Fragebogen. Funktioniere ich noch wie gewohnt? Hat sich meine geistige Leistungskraft, meine Konzentration verschlechtert? Geht es mir gut? Blicke ich optimistisch auf die kommenden Monate? Leide ich unter gesteigerter oder verminderter Libido?

Ich schlürfe den Saft leer, der noch vom Mittagessen übrig geblieben ist und nicht übrig bleiben darf, und rufe Dhia an.

«Agent G! Was kann ich für dich tun?»

«Mister Dhia! Sag mal: Woran denkst du am meisten, wenn du auf der Zentrifuge bist?»

Er überlegt. Leise höre ich ihn in den Hörer atmen.

«Ich denke an meine Familie und das Meer.»

«Das Meer ...»

«Aber nicht die Nordsee oder so was Kaltes, ein afrikanisches, ein Meer wie am Mittelmeer, wo man hineingeht, und es ist warm, und man ist so eingehüllt.»

«Nur noch 79 Tage, mein Freund. Der Mars hat zwar nur vertrocknete Seen und Flüsse, aber immerhin!»

«Ja, egal. In drei Monaten, wenn wir es bis dahin schaffen, freue ich mich sogar auf ein Meer aus Staub.»

Ich lege auf.

Normalerweise vermeide ich es, über die Gefahren des Wahnsinns, den wir hier unternehmen, länger nachzudenken. Aber jetzt, mit dem Strohhalm im Mundwinkel, lehne ich mich zurück und lasse all das Revue passieren, was mich bis in diese vier Wände gebracht hat, auf die envihab-Station des DLR, des Deutschen Zentrums für Luft- und Raumfahrt in Köln.

Eine dreimonatige Bettruhestudie von NASA und ESA, um die notwendigen Erkenntnisse für künftige Mars-Missionen zu erhalten? Zwei Monate kontinuierlich und mit tiefgelagertem Kopf im Bett liegen, ohne auch nur ein einziges Mal aufstehen zu dürfen? Zwölf Wochen vollkommen von der Außenwelt isoliert sein, um mit elf anderen terrestrischen Astronauten das Überleben auf einem Raumschiff zu erproben? Zu erforschen, was mit Körper und Geist in der mehrmonatigen Schwerelosigkeit so alles geschieht?

Als ich zum ersten Mal von dieser Studie erfuhr, war ich begeistert und erschrocken zugleich. Ich meldete mich sofort an, wurde nach jedem Schritt des strengen Auswahlverfahrens zur nächsten Runde eingeladen und stand irgendwann, Monate nach den ersten Untersuchungen und psychologischen Tests, zum ersten Mal auf der Station, auf der ich mich jetzt befinde. Es war der Auftakt zur letzten Auswahlrunde. Zum ersten Mal fuhr ich auf der Zentrifuge und wurde mit dem Vierfachen der Erdanziehungskraft durch den Raum geschleudert, großäugig bewunderte ich die futuristische Architektur dieses weißen, künstlichen Kokons, traf einige der Wissenschaftler und warf im Wohntrakt einen Blick auf die Zimmer, von denen später eines mir gehören sollte. Da stand es also, mein zukünftiges Bett. Der Kosmos, der mir bald alles werden sollte – Heimat, fliegender Teppich, Folterkammer und Himmelsreich. Mein Ticket zum Mars. Erst hier bekam ich ein genaues Gefühl für dieses Raumschiff und die außergewöhnliche Reise, die uns allen bevorstand. Erst hier drinnen verstand ich, dass ich zum ersten Mal restlos überzeugt war.

Zwei Wochen später wanderte ich in den Bergen Spaniens, als mein Telefon klingelte. Als ich die Kölner Vorwahl sah, wusste ich sofort Bescheid. Wortlos hob ich ab. Man gratulierte. Ich war einer von nur zwölf Männern und Frauen, die man aus 1100 Bewerbern auserwählt hatte. Noch immer sagte ich nichts und blieb stumm, während um mich herum die Vögel im warmen Wind das Tal hinunterglitten. Am Horizont ruhte das Mittelmeer im Schoß der Erde, im Schoße *meiner* Erde, und der Frühling saß breit und dick in den Knospen. Alles platzte auf, grub sich hervor und verströmte jene Zuversicht, an der wir das Glück unserer Tage bemessen. Selbst die Steine dufteten im Glanz einer übermächtigen Sonne. Die Vorstellung, freiwillig meinen geliebten Planeten zu verlassen, schien für einen Augenblick vollkommen absurd. Obwohl ich keine Sekunde daran zweifelte, es durchzuziehen, stockte mir kurz der Atem. Ich sah hinunter auf das ewige Meeresblau und sagte: «Okay», während in meinem Kopf lediglich ein einziger Gedanke raste: Heilige Scheiße!

Das war es also. Drei Monate lang würde ich auf alles verzichten müssen, was mir bislang das Leben reich gemacht hat, auf den Aufenthalt auf Erden, das Meer, meinen Kampfsport, auf irdische Wanderschaft, Freunde und Familie, ja auf einen gesamten Planeten, auf Sonne, Licht und Wasser, das aus dem Himmel fällt. Sogar auf das Sitzen, Stehen oder Gehen! Aber es gab keinen anderen Weg. Dies war die einzige Möglichkeit, herauszufinden, wo sich meine kontinuierliche Reise, die mich über die gesamte Erde getragen hatte, noch fortsetzen ließe.

Wo geht es noch weiter?

Wo endet die zu bereisende Welt?

Wie weit kann ich gehen?

Oder genauer gefragt: Wie weit kann ich liegen?

Die Zeit des Wartens ist nun vorbei. Übermorgen wird man uns in Kopftieflage ins Bett schicken, und wir werden erst zwei Monate später wieder aufstehen, um jene 14-tägige Astronauten-Reha zu beginnen, die auch die Männer und Frauen aus dem All absolvieren müssen, nachdem sie wieder auf der Erde gelandet sind. Während der bevorstehenden Bettruhe ist der Kopf exakt sechs Grad tiefer gelagert als die Füße. Alles – Essen, Trinken, Toilettengänge, Waschen, Duschen, Lesen, Experimente, Zentrifuge – findet in dieser Position statt. Kein einziges Mal werden wir in dieser Zeit auch nur den Kopf oder die Schultern von der Matratze heben, um zurückzusehen in das Leben, das wir noch vor wenigen Tagen führten, zurück in alles, was uns ein Menschenleben lang bekannt und vertraut war.

Die körperlichen Gefahren der achtwöchigen Kopftieflage: Ödeme, anhaltender Schwindel, Übelkeit, Kopf- und Rückenschmerzen, das Anschwellen der Augen, Flüssigkeitsablagerungen im Sehnerv, Stauungspapille, Entzündungen im Kopfbereich, erheblicher Muskel- und Knochenabbau, Thrombose, Lungenembolie, arterieller Überdruck. Die psychischen: leichte bis schwere Depressionen, Resignation, das Gefühl der Einsamkeit oder die nackte Existenzangst. Also all das, mit dem sich die Astronauten im All auch herumschlagen müssen.

Im Vergleich zu den extraterrestrischen Astronauten fehlt uns jedoch vor allem das, was oberhalb der Erdkugel am meisten begeistert. Wir sehen keinen blauen Planeten im Fenster schweben, sehen noch nicht einmal einen Baum, einen Himmel oder die Sonne, deren Auf- und Untergang man auf der ISS einige Male am Tag erlebt, als befände man sich bereits in einem gänzlich anderen Universum. Kein Kontinent ist mehr sichtbar, und kein einziger Stern leuchtet über unseren Schlafkammern. Drei Monate lang verzichten wir auf jeglichen Blick in die einzige uns bekannte Welt.

Auf der vollkommen abgeschotteten Station gibt es nur künstliches Licht und kalte Luft aus der Klimaanlage, wir existieren in einem radikalen Drinnen, ohne Besuch aus der Außenwelt empfangen zu dürfen. Nicht wir bestimmen über unseren Tag, sondern die Wissenschaft. Wir müssen alles essen, was uns serviert wird, alles trinken, was in den Plastikflaschen daherkommt, niemals auch nur ein Gramm mehr oder weniger. Alles ist vorgegeben, sogar der Schlaf. Betreut werden wir von über hundert führenden Wissenschaftlern aus der ganzen Welt und einem 30-köpfigen Team, das vor Ort kocht, wäscht, unser Essen bringt, unsere vollen Pinkelflaschen abholt und zwei Monate lang unsere verlängerten Hände und Beine sein wird. Ein Budget von etlichen Millionen Euro hält 150 Experimente und über 600 Stunden Examinierungen für uns bereit, die uns bis an unsere Leistungsgrenzen bringen werden. Und oft darüber hinaus.

Für den Erfolg der Studie ist die strikte Kopftieflage unumgänglich. Es ist und bleibt die einzige Art, Schwerelosigkeit zu simulieren, während man sich noch im Gravitationsfeld der Erde befindet. Durch die monatelange Flüssigkeitsverschiebung Richtung Kopf und Torso befindet sich der Körper im gleichen Zustand wie auf einem Flug durchs All, wo sich, durch das Fehlen der Schwerkraft, das körpereigene Wasser, das Blut oder die Lymphe vermehrt in den oberen Extremitäten verteilen. Was also sind die genauen Veränderungen an Muskeln, Knochen und Venenwänden, an Seh- und Urteilsvermögen, an kognitiver Leistung und dem seelischen Wohlbefinden? Was sind die nachweisbaren Effekte der Langzeitschwerelosigkeit auf den Körper und die Psyche, und wie kann man den negativen Veränderungen entgegenwirken?

Noch ist die Erhaltung von überlebenswichtigen Körperkräften im All mit unglaublich viel Aufwand und Mühsal verbunden. Alexander Gerst verbrachte 2,5 Stunden seiner wertvollen Zeit auf der ISS nur mit Kraft- und Fitnessübungen. Zeit, die man gerne einsparen würde. Aus genau diesem Grund werden wir während der Bettruhephase jeden Tag auf die Zentrifuge geschnallt und durch den Raum geschleudert. Durch die Fliehkraft werden die Körperflüssigkeiten für eine halbe Stunde wieder mehrheitlich in die Beine gepumpt, also dahin, wo die Erde sie haben will. Finden die Wissenschaftler genau hier ihren heiligen Gral, das Wundermittel, um den körperfeindlichen Auswirkungen der Schwerelosigkeit entgegenzuwirken und somit die Reisen zum Mars endlich möglich zu machen, indem jedes zukünftige Raumschiff über eine Kurzarmzentrifuge verfügt?

Dies ist nur eine der tausend Fragen, für die wir minutiös Auskunft geben werden. Aus den Erkenntnissen all dieser Daten werden die privaten und staatlichen Weltraumorganisationen jene Formel ableiten, die den Menschen zu seiner neuen Grenze und finalen Frontier bringen wird, weit hinaus in den kalten und unbewohnten Weltenraum, sprich, in unsere zukünftige Heimat.

Seit Tagen sprechen wir von nichts anderem mehr. Damit während der Bettruhephase nicht alle neuen Abläufe völlig ungewohnt sind, hat man uns versprochen, schon einmal zur Probe in die Duschkabine gerollt zu werden, und zwar in jener Negativ-Lage, die bald unser schwereloses Zuhause sein wird.

Jeremy – einer der Pflegekräfte, die wir nur die «Blauen» nennen, da sie in blaue Kittel gekleidet sind – schiebt die Transportliege ins Zimmer und klatscht lachend in die Hände. Ich lege mich ins Bett. Er betätigt einige Hebel, bis die eingebaute Wasserwaage die richtige Neigung anzeigt. Der Kopf ist sechs Grad tiefer gelagert als die Füße. Ich liege kopfunter. Sofort rutsche ich mit dem Schädel gegen das Bettende und muss mich die Matratze hinaufstoßen. Das Blut schießt ins Gehirn und berauscht die Gedanken. Eine dumpfe Schwere fasst sich den Brustkorb, legt sich um den Hals und strömt in den Kopf. Ich habe zuvor nur einmal in dieser Position gelegen und vergessen, wie wesensfremd diese aussichtsarme Lage ist. Aber es geht schlichtweg nicht anders. Alles, was der Mensch im Weltraum tut und jemals tun wird, ist ungewohnt für einen Körper und einen Geist, die im Gravitationsfeld eines 6 000 000 000 000 000 000 000 000 Kilo schweren Planeten beheimatet sind.

Die Übung beginnt. Ich ziehe mich aus, ohne Schulter oder Kopf vom Bett zu heben, werfe mir ein Handtuch über und rolle mich umständlich auf die ans Bett geparkte Transportliege. Auf dem Rücken dahintreibend, zähle ich die Deckenlichter des

Flures. Schon jetzt, die Augen nur noch auf Decke, Putz und Lüftungsanlagen gerichtet und wie auf Wolken gleitend, komme ich mir außerirdisch vor.

Das Erste, was mir in der Duschkammer auffällt, sind die Waschschüsseln und die dazugehörigen Waschlappen, die hier gelagert werden. Essenzielle Menschheitsutensilien, ewig wie ein Kreis, ein Baum, beständig und andauernd wie das Universum selbst. So eine Waschschüssel und so einen Lappen hat es schon vor Jahrtausenden gegeben, seit Menschengedenken schrubbt man sich das nasse Teil durchs Gesicht und unter die Achseln. Wahrscheinlich waren Werkzeugherstellung und die Erfindung solcher Waschschüsseln jene entscheidenden Zutaten, die aus dem Affen einen Menschenaffen gemacht haben, und selbst auf dem Mars wird es auch noch solche Schüsseln geben und später, in einer nicht so fernen Zukunft, auf Enceladus und Pluto ebenfalls. Sie gehören zum Menschsein wie der Dreck unter den Fingernägeln, wie Gedanken an Gott und die Gnade, wie Luft, Liebestollheit oder Hornhaut. Anscheinend kommen wir ohne sie keinen Schritt voran.

Wie ein Seziertisch steht die blaue Duschpritsche in der Mitte des Raumes. Ich rolle mich hinüber. Mit ein paar geübten Handgriffen schlägt Jeremy die Seitenwände hoch und verriegelt sie, damit ich nicht von der Pritsche rutschen kann.

«Was zur Hölle ist das für ein Ding?», frage ich.

«Vor allen Dingen desinfizierbar. Ein riesiger Badelatschen, in dem du es dir herrschaftlich gemütlich machen kannst. Eine wunderschöne Zeit wünsche ich ...»

Er verlässt den Raum und schiebt die Tür zu. Für einen Moment ist es totenstill. Sofort weiß ich, dass nicht das Zentrifugensilo, sondern diese Kammer das eigentliche Zentrum und Herzstück unseres Raumschiffes ist. Die gesamte Station ist weiß, kalt und steril. Hier aber sind die Wände mit anthrazitfarbenen Fliesen gekachelt, und aus der Deckenmitte strahlt nur ein einziges, röhrenartiges Licht. Nackt und verwirrt liege ich hier wie der erste in der Matrix geborene Mensch. Der Lichtstrahl gleicht einer künstlichen Intelligenz, die den Raum scannt. Direkt neben meinem Ohr entdecke ich den Abfluss. Ich greife an die Wand, an der sich die Armaturen und der Duschstrahler befinden. Alles, was ich hinunter zu Beinen und Füßen spritze, kommt sofort zurückgelaufen. Das Wasser läuft mir in die Ohren. Nachdem ich mich umständlich in Seitenlage eingeseift habe (ich denke eher an das Wort angeseift), rutsche ich auf der schiefen Hartnoppen-Pritsche herum wie auf einer Schicht Eis. Der Körper schmiert auf dem Seifenwasser an das Kopfende, wo mich sofort, in hilfloser Embryonalhaltung zusammengefaltet, die Angst überkommt, die Halterung bräche ab und ich flöge mit großem Knall von der Pritsche. Zwischen meinen Flüchen gerät immer wieder neues Wasser in die verdammten Ohren. Ich stoße mich nach oben und krache mit ordentlichem Wumms wieder an das Kopfende zurück. Ich halte inne und schaue an mir hinab. Ein Nacktmull, denke ich, nein, ein *elender* Nacktmull. Ich bin nichts weiter als eine wehrlose, glitschige, fleischfarbene Masse, die nicht aufstehen kann und in einem Riesenbadelatschen herumschlittert. Ein albernes, nacktes Wesen, dessen weißnasse Glitschigkeit in einem geisterhaften Licht schimmert, fluchend und hilflos in dem Larvenstadium, das ich anscheinend erst einmal durchleben muss, um in ungefähr einhunderttausend Jahren ein Mensch zu werden, ein fabulöser Primat, der endlich nachdenken kann über Whiskyfässerbeschriftungen, steakfreie Steaks und den trommelwirbelnden Tod.

Ja, denke ich, so habe ich es gewollt.

So sieht es also aus, das Abenteuer einer Reise zum Mars!

Nachdem der Großteil der Seife abgewaschen und in meine Ohren abgelaufen ist, trockne ich mich halbwegs ab und drücke die Klingel, die an der Pritsche baumelt. Meine Oma besitzt auch so eine Klingel, nur ihr baumelt sie um den Hals. Wenn sie klingelt, kommt der Notarzt. Bei mir ist es Jeremy, der grinsend die Tür aufschiebt.

«Was für eine Scheiße!», rufe ich ihm zu und rolle mich auf die Transportliege. Hier beende ich die Übung, indem ich das tue, was in zwei Tagen nicht mehr möglich sein wird: mich aufsetzen. Als ich an Kayas Zimmer vorbeilaufe und ihr erzähle, wo ich gerade herkomme, sagt Probandin D: «Ach, das Duschen ist mir egal. Ich frage mich, warum wir nicht diese blöde Bettpfanne proben? Immerhin kann da viel mehr schiefgehen.»

Ich murmle irgendetwas, das sich wie Bettpfanne anhört, und winke ab. Über dieses Thema will ich nicht nachdenken, bis ich nicht irgendwann die silberpolierte Schüssel unterm Arsch klemmen habe – und an dem Pott buchstäblich nicht mehr vorbeikomme.

«Es ist einfach absurd», ergänzt Kaya und schüttelt den Kopf. Ich weiß nicht, ob sie das Nichtüben des Bettpfannenganges im Besonderen meint, die Wirklichkeit einer Bettpfanne im Allgemeinen oder schlichtweg die menschliche Existenz, die stets um das Banale und das Überherrliche zugleich kreist.

Körper und Geist, Materie und Bewusstsein, Tier und Gottheit. Die Erkundung des extraterrestrischen Kosmos beweist es so deutlich wie keine andere Reise. Angetrieben von sehnsüchtigen Fragen nach der Genese des Lebens und dem Wesen einer einfach so vorhandenen Welt, aufgewühlt durch die Poetik der Unendlichkeit und besessen von Fernweh machen wir uns auf zu den Sternen und darüber hinaus. Ein ganzes Gehirn voller Licht. Ein Bewusstsein, möglicherweise größer als die zu bestaunende Welt. Und gleichzeitig sind die Dringlichkeiten, die jeden Marsreisenden begleiten: Klappt das mit dem Kacken? Wie soll ich mich waschen? Wo kann ich unbeobachtet wichsen? Wann gibt's was zu essen? Platzt mein Gehirn? Stinke ich? Gibt es Stinklosigkeit? Liebt mich jemand? Warum muss ich so oft pinkeln? Und vor allem: Bin ich mehr als ein Nacktmull, mehr als all diese Bedürfnisse?

Im Zimmer sitze ich über den Fragebögen, bis Wolfgang mich abholen kommt. In einem der großen Untersuchungsräume stülpt er mir eine Virtual-Reality-Brille über den Kopf. Als ich die Augen öffne, schwimme ich allein im weiten, undurchdringlichen Weltall. Um meine Koordination hier draußen zu testen, muss ich blaue Kugeln aus Holzkisten sammeln, die immer wieder an anderer Stelle erscheinen. Im Anschluss an dieses spielerische Experiment folgen logisch-kognitive Aufgaben, eine langwierige Augenuntersuchung und das Absolvieren des Laufbands unter der üblichen Vollverkabelung. Ich kann nicht sagen, ob ich zehn Minuten renne oder dreißig. Ich renne einfach, so lange es dauert. Als das Band schließlich angehalten wird, stehe ich inmitten zweier Pfützen – erkaltete Zeugnisse meines Körperhaushaltes. Wolfgang hat seine Brille auf die Stirn gezogen und stiert mit zusammengekniffenen Augen auf den Bildschirm mit all seinen bunten Linien, Diagrammen und Zahlen. Warum trägt er eine Brille, denke ich, wenn er sie abnehmen muss, um besser sehen zu können, und dann doch nichts sieht?

Er stöhnt, klatscht in die Hände und sagt: «Super, wir sind fertig, jetzt nur noch aufwischen, und wir sind durch mit dem Tag, Kollege. Spannend, ich habe es mir mal dazu notiert, niemand hat hier je so viel geschwitzt wie du.»

Zurück im Wohntrakt der Station, der die Zimmer der Crew, den Gemeinschafts- und Speiseraum, eine laborartige Küche sowie die Büros und Arbeitsräume der Blauen beinhaltet, ist unser Esstisch zum ersten Mal voll besetzt. Mit den Neuankömmlingen Angela und Damian ist unsere Crew endlich komplett. Ihre wissenschaftlichen Namen sind Subjekt M und Subjekt P, unsere Kollegen elf und zwölf. Echte Vornamen gibt es nur noch im inneren Kreis, zwischen uns, dem Team und jenen Wissenschaftlern, denen wir persönlich begegnen. Für die Aufzeichnungen, Festplatten und Wertetabellen hingegen existieren wir nur als Buchstaben, ein fleischliches Alphabet mit vermessbaren Organen, ionisierbaren Knochen und durchleuchteten Gehirnen. Millionen von Daten, eingeordnet von A bis Z.

Ich bin Proband G.

G wie Geduld, sage ich mir mantrisch, seit ich hier drinnen bin, G wie Gänsehaut, wie Gaspedal, G wie Gar-nicht-so-schlecht-hier.

In den Schüsseln, die aus der Küche gebracht werden, schwimmt Rindsgulasch mit Spätzle. Angela schiebt ihre Portion zur Seite. Das Essen kann warten. Sie ist erst seit einer Stunde hier, und noch bevor sie ihren Koffer auspackt und sich in ihrem Zimmer einrichtet, hat sie schon den Drucker der Blauen genutzt, um sich Fotos ihrer Katze ausdrucken zu lassen.

Sie steht an der Stirnseite des Esstisches und ist bereit.

Zunächst zeigt sie uns das von Gott geschaffene und von ihr zurechtgemachte Wesen von oben. Angela behauptet, die Katze wiege lediglich vier Kilo. Jeder von uns sieht, dass dieses enorme Tier locker das Doppelte auf die Waage bringt, auf der Angela es anscheinend noch nie hat Platz nehmen lassen. Das breite Gestrüpp sieht aus wie eine sanddornfarbene Riesenraupe. Auf dem zweiten Foto sieht man ihr Gesicht, ihr sichtlich erstauntes, aufgedunsenes Katzengesicht, trotz aller interessenlosen Katzigkeit doch professionell dem Betrachter zugewandt, als sei die Aufnahme in einem Fotostudio entstanden.

Damian hingegen, den unverrückbaren Unterschied in der Natur der Geschlechter an Ort und Stelle demonstrierend, präsentiert seine Gadgets. Eine Kamera, eine zweite Kamera, eine Go-Pro, eine hochfunktionale Uhr. Der dreiundvierzigjährige Veranstaltungstechniker und Barkeeper ist für jeden wachen Moment gewappnet, was vor allem sein Zimmer beweist. Auf dem Schreibtisch steht eine Geburtstagstorte aus Lego-Bausteinen, auf der sich alle zweistelligen Zahlen anbringen lassen. Sein Vorhaben: Er produziert tagtäglich ein Stop-and-go-Movie. Den ersten Tag hat er schon. Während Angela am Drucker war, schoss Damian die ersten Aufnahmen. Stolz zeigt er mir die Bauklötze, die wie von Geisterhand orchestriert auf den Legokuchen zu rücken, dabei Freude empfinden oder nicht und schließlich eine tennisballgelbe Zahl bilden: Eins.

«Jeden Morgen markiere ich hier einen neuen Tag, so lange, bis wir hier raus sind.»

«Eine gute Idee», antworte ich, «die Tage raufzuzählen anstatt runter. Dann weiß man immer, wie viel man schon geschafft hat.»

«Ja, aber schau hier.»

Er holt eine flache Digitaluhr hervor, die aussieht wie ein Wecker, ein Countdown-Wecker. Er stellt sie ein, platziert sie direkt neben der Torte und lehnt sich zufrieden in seinem Stuhl zurück.

Ich lese: 89 Tage. 11 Stunden. 37 Minuten. Und 20 Sekunden. Und 19 Sekunden. Und 18 Sekunden. 17.

Damian schaut auf eines seiner beiden Handys und sagt mit dieser reinen, kindlichen Freude, die ihn hoffentlich nach 89 Tagen noch immer umschweben wird: «Das sind, Stand jetzt, 7 602 300 Sekunden bis zu unserer Ankunft.»

«Ja», antworte ich und klopfe ihm auf die Schulter. Fast acht Millionen Sekunden für ein Menschenkind, dessen Gehirn mit all seinen hundert Milliarden Neuronenbahnen ein 13,8 Milliarden altes Universum durchgleitet, als sei es nichts weiter als ein flackernder Geist. Nichts kommt zu seinem Ende, weil in kosmischen Einheiten nie etwas begann. Ein Kosmos, der mit über zwei Trilliarden Galaxien in einem sich selbst voraussetzenden Raum schwimmt und schwelt, in einem in die buchstäbliche Unendlichkeit aufgefalteten Multiversum, in dem alles auf immer entsteht und vergeht, ohne sich grundsätzlich zu verändern. Und wir? Ein paar Millionen Sekunden, 56 Millionen Kilometer weit bis zum Mars, nichts weiter. Auf die eine oder andere Art muss jeder von uns einen Weg finden, mit dieser Zeit und diesen Zahlen, die schon lange aufgehört haben, irgendetwas zu bedeuten, zurechtzukommen.

In meinem Notizbuch vermerke ich mir den Beginn des Abendessens als Zeitpunkt der Ankunft der beiden neuen, mit denen unsere Crew nun vollständig ist. Acht Männer und vier Frauen, nunmehr terrestrische Astronauten genannt, stolze Weltraumpioniere, die nie die Erde verlassen und doch entscheidend dazu beitragen werden, der Menschheit einen neuen Weg zu den Sternen zu ebnen. Es gilt, ein uraltes Versprechen einzulösen, indem wir uns eine zweite Heimat auf dem roten Nachbarplaneten schaffen. Denn, in den Worten von Elon Musk: Will der Mensch langfristig überleben und die Einzigartigkeit von Bewusstsein erhalten, muss er eine multiplanetare Spezies werden; er muss, so möchte man hinzufügen, seine ewige Reise ins Ungewisse um eine neue Dimension erweitern. Wir Menschen sind Wanderer, Sehnsüchtige und Möglichmacher. Um unserer eigenen Geschichte treu zu bleiben, benötigen wir stets eine waghalsige Gegenwart, die uns die Pforten zu einer besseren Zukunft aufstößt.

Für diesen nächsten und größten Schritt in der Menschheitsgeschichte sitzen wir nun hier, verkabelt, zentrifugiert, nach fast zwei Wochen bis ins letzte Mark durchmessen und durchleuchtet, bilanziert und abgewogen, eine bunte Fraktion von Träumern, Abenteurern und schrägen Vögeln. Jeder von uns ist hier für die Selbsterfahrung, für den Dienst an der Wissenschaft und für eine überzeugende finanzielle Entlohnung. Keinem aber geht es vorrangig um das Geld, das nach drei Monaten auf unsere Konten niederrieseln wird wie Sterntaler. Nein, allen geht es um persönliche Träume, die wir mit diesen Groschen in die Wirklichkeit ummünzen werden.

Christoph, Subjekt B, den wir alle nur noch Chris nennen, will das Geld in ein Segelboot investieren, um Ende des Jahres eine Weltreise über die Ozeane anzutreten. Mareike, gelernte Physiotherapeutin, möchte ihrem Beruf den schmerzenden Rücken kehren und eine voraussichtlich wenig rentable Praxis für Hundeosteopathie eröffnen. Thomas ist Jesuit. Am eigenen, leidensfähigen Leib will er nachempfinden, was sein Ignatius von Loyola vor rund 400 Jahren hat aushalten müssen. Der eigentliche Weg zu seinem Herrn öffnete sich dem frommen Mönch erst, als ihm eine Kanonenkugel das Bein zertrümmerte. Monatelang siechte er im Bett dahin und war so regungslos, dass sogar Gott ihn hat aufspüren können. Ohne sich ebenfalls die endlos unter der Haut zerstückelten Knochen zumuten zu wollen, plant Thomas nun zumindest ein ähnlich bettlägerisches Gottfindungsmanöver.

Daniela, Frau H, will sich ihren Bus ausbauen und gen Orient fahren, Angela den Winter in Mexiko verbringen, um in der Höhle von Cozumel zu tauchen, und Reinhard will noch einmal wagen, was er bislang nicht verwirklichen konnte: das Fliegen. Er diente beim Bund, bei der Luftwaffe sogar, ohne jedoch selbst Pilot zu werden und jene Flieger zu besteigen, die er so sehr bewunderte. Der 54-Jährige fuhr vor einem halben Jahr von Kiel nach Wolfsburg, um sein neues Auto direkt vom Werk abzuholen. Es sollte der letzte Neuwagen in seinem Leben sein, sagte er sich, und als er das VW-Werk verließ und das Radio anstellte, hörte er einen Bericht über die Bettliegestudie im Radio. In diesem Moment wurde ihm bewusst, dass sich vielleicht doch noch alles fügen würde. Mindestalter 24. Höchstalter 55. Da war sie, die Chance, die allerletzte: doch noch abzuheben in die Lüfte, in das Jenseits von Wolke und Himmel, doch noch Teil eines einzigartigen Abenteuers zu werden.

Des Weiteren gibt es noch Salomon, den Theaterintendanten, der neue Ideen sammeln und Ordnung in seine Gedanken bringen will, Dhia, der in Stuttgart Luft- und Raumfahrttechnik studiert, Kaya, die schlesische Matrosin, und Felix, der bayrische Landwirtschaftsstudent, der auf einen eigenen Gutshof spart. Und natürlich Damian, von dem ich noch nicht weiß, ob «dreimal am Tag bekocht zu werden» die einzige Motivation ist, die ihn auf unser Raumschiff getrieben hat.

Das ist sie, die erste Crew, die aufbricht, um die Menschheit auf dem Mars zu repräsentieren.

Auf den Tagesplan ist Verlass. Er ist so rigoros getaktet, dass es Immanuel Kant eine einkalkulierte Freude gewesen wäre. Kurz bevor der Rollladen um Punkt 22 Uhr 45 automatisch heruntersurrt und die Schlafenszeit einläutet, stehe ich hellwach vor meinem Fenster. Vor mir liegen das Innere der Station und die weiße, runde Wand der Zentrifugenkammer. Niemand ist mehr zu sehen. An den Decken glimmen die zarten Lichter der LEDs und schweigen. Direkt vor dem Fenster liegt ein Steingarten, der entweder willentlich oder zufällig an einen Zen-Garten erinnert. Zu beiden Seiten von riesigen Glaswänden gehalten, sind hier Unmengen handgroßer Kiesel penibel ausgestreut worden. In diesem grauen Kugelmeer schwimmen riesige, nebelfarbene Steinbrocken, geschliffene Rücken von friedlich schlafenden Tieren, betupft nur von weichen Moosinseln, auf die das elektrische Licht hinabrieselt, grün gefiltert durch das dickwandige Glas. Ein Aquarium. Während der Rest der Station döst, scheint es, als greife nur noch dieser Garten nach Existenz und Selbstbehauptung; als wolle er sich, gleichzeitig zu den in den Schlaf hinabsinkenden Menschen, zu seiner wahren Größe errichten.

Ich schaue nach oben, diesen Spalt hinauf, wo die Station über dem blumenlosen Garten nicht geschlossen ist. Toasterschlitz, wie Dhia diese architektonische Finesse nannte. Ich gehe in die Hocke und drücke mein Gesicht ans Glas. Ich suche, aber es ist kein Nachthimmel zu finden, kein Stern, kein kosmisches Glimmen. Auch wenn wir schon Zehntausende Kilometer von der Erde entfernt sind, erinnere ich mich doch daran, dass sich hier, nur ein paar Meter über meinen Augen und Ohren, ein warmer Frühlingshimmel in die Nacht streckt und diese Mauern wärmt, dass sie real ist, die müde Vorstadtrealität von Köln-Wahn.

Meine Wohnung ist nur eine halbe Stunde S-Bahn-Fahrt entfernt. Wenn ich wollte, wäre ich um Mitternacht in Nippes und an meinem Kiosk, um Ufuk ein paar Münzen in die Hand zu drücken für ein kaltes Bier. Ich müsste einfach vorne Bescheid geben und ankündigen: Hey, ich gehe nach Hause, Schluss mit dem

Mars, sorry. Und man würde mich mit entsetzten Augen anstarren und fragen: Warum, so viel Geld und Mühe umsonst, aber ich wäre nicht verpflichtet, überhaupt Antwort zu geben, und dann durch die beiden Schleusen und weg.

Aber auch, wenn dies die Wirklichkeit da draußen sein mag: In meinem Kopf habe ich die Erde schon seit elf Tagen verlassen und steuere mit diesem 5000 Quadratmeter großen Raumschiff auf den roten Planeten zu, ohne dass Umkehren eine Option wäre. Mein Mars! Wie oft schon habe ich diesen schimmernden Punkt am sehnsüchtigen Nachthimmel verfolgt, um ihn mit der Leichtigkeit beider Augen an mich zu reißen. Jetzt bin ich endlich auf dem Weg dorthin. Köln, meine Wohnung, die Erde, ein Kioskbier: All dies ist bereits uneinholbare Weltenlängen entfernt und kann warten, von mir aus auch lange warten für immer. Ich weiß, hier bin ich angekommen. Das, was vier Meter über meinem Kopf beginnt und seine eisigen Winde an die Außenwand der Station schlägt, ist nur noch das All, eine schwarze Wüste voller unendlicher Wunder und Versprechen.

Meine Wüste, meine Wunder, mein Versprechen.

Mein Zuhause.

Als es klopft, nehme ich mein Gesicht von der Scheibe. Jeremy hat sich schnell zu meinem Lieblingspfleger entwickelt, ein leichter, kindlicher Geist, die Lockentolle in die Stirn wippend, aufmerksam und entspannt zugleich, kommt stets und will Geschichten hören, Geschichten erzählen und würde, wie er behauptet, auch privat kommen, um mit uns die Abende am Pokertisch zu verbringen.

«Der Herr, du weißt ...»

Mit dem Zeigefinger pocht er an sein Handgelenk, wo eine Uhr sein soll, aber keine ist. «Brauchst du noch irgendwas?»

Ich schüttele den Kopf und winke ihm Gute Nacht. Bübchengrinsend schiebt er die schwere Tür hinter sich zu und ist verschwunden.

Punkt elf Uhr geht das Licht aus. Ich liege im Bett und zähle, als sich meine Augen an die Dunkelheit gewöhnt haben, die blinkenden Lichtquellen des Zimmers. Das geduldige Summen der Klimaanlage schwebt durch den Raum. Je näher ich dem Schlaf komme, desto intensiver kann ich es hören. In der Stille spaltet sich der Ton auf und findet immer wieder zusammen. Übrig bleibt ein kristallklares Klirren, als stießen zwei Gläser aneinander. Wenn das Universum ein Geräusch zu machen imstande ist, dann ist es dieses.

12. Tag auf Station

Noch 51.147.408 Kilometer
bis zum Mars
Noch 2 Tage bis zur
Bettruhe

Die Dunkelheit öffnet sich, so breit wie ein Türspalt.

Amir betritt das Zimmer, vorsichtig, im Zehenspitzengang Geräusche einsparend, und drückt mir das Thermometer in die Hand. Mit zarten Griffen bindet er mir, den er nicht wecken will, obwohl das seine Aufgabe ist, die Blutdruckmanschette um den Oberarm. Es ist 6 Uhr 30. Jeden Tag werden wir um dieselbe Uhrzeit und auf dieselbe Weise aus unseren Träumen zurück auf unser Raumschiff geholt. Nachdem die Resultate der Temperatur- und Pulsmessung notiert sind, wird uns die erste von unzähligen Urinflaschen in die Hand gedrückt, dickwandige Plastikmonster, die wir mit auf die Toilette nehmen und nach vollendeter Befüllung brav wieder abgeben, bilirubinfarben und warm. (Eine der Weisheiten unter Astronauten lautet seit jeher: *Looking at stars, pissing in jars.*)

Wir schlurfen in den Wiegeraum, der sich am Eingang des Wohntrakts direkt neben dem Team-Büro befindet. Eine gelbe Kammer mit Bodenwaage und einem einfachen Stuhl. Jeden Morgen tragen wir dieselben Klamotten, um das exakte Nettogewicht messen zu können. Bis gestern war Dhia noch der Exot, da er sich im Gegensatz zu uns anderen, die sich in irgendeinem unspektakulären T-Shirt und kurzer Hose dem täglichen Abwiegen stellen, im knalligen Fußballtrikot seines tunesischen

Heimatvereins einwiegt wie ein Champion. Heute aber paradiert Damian zum ersten Mal den Flur hinunter, gekleidet wie jemand, den das Universum zur genau richtigen Zeit an den falschen Ort geschickt hat. Pfauengleich gleitet er, in rosaroter Boxershorts und knallbuntem Hawaiihemd, zu seiner Einwaage, als könne er sich nicht entscheiden zwischen Miami Beach und Playa d'en Bossa. Sein Gesicht trägt ein äquatorbreites Grinsen.

Wow, schallt es aus etlichen Mündern gleichzeitig.

Reinhard, Subjekt C, schießt ein Foto.

«Besser geht es nicht», kommentiere ich und meine es ernst. Bereits jetzt ist mir klar, dass wir alle verdammt froh sein können, solch ein Original unter uns zu haben. Kerle wie Damian sind genau jene leicht verrückten Wildcard-Typen, deren überraschungsgeladenes Wesen wir bald, in der Isolation und der absurden Monotonie der immer gleichen Tage, sehr zu schätzen wissen werden.

In der Küche tragen die Köche wolkengleiche Netze auf den Haaren. Die Küche ist gleichzeitig eine Küche und ein Labor. Durch ein Fenster können wir der Arbeit des Druiden-Teams zusehen und das konzentrierte Handwerken mit Messlatten, Pipetten und fein kalibrierten Waagen beobachten. Kein Keim befindet sich auf den glatten Oberflächen, den chromen Armaturen. Jedes Gramm Nahrung ist tabelliert, jedes Reiskorn folgt einem großangelegten Speiseplan, an dem man ein Jahr lang gearbeitet hat. Das Essen an Bord ist gesund und ausgewogen, es hat alles, was ein gesunder Körper braucht, um weiterzumachen bis in den Tod; es wird uns an nichts mangeln. Ich bin mir sicher, dass sich niemand von uns jemals so gut ernährt hat: 90 Tage lang keinen einzigen Tropfen Alkohol, keinen Kaffee, keine Schokolade, kaum Fett, Salz oder Zucker. Es ist eine Kur, wie sie der Körper in der freien Wildbahn niemals erleben wird. Die wichtigste Zutat aber, die zu keiner Mahlzeit fehlen darf, ist der berüchtigte Teigschaber.

Bei der ersten Infoveranstaltung zur Studie saß neben mir ein wissbegieriger Kerl, der sich fast jedes von den Projektleitern gesprochene Wort in einen riesigen, gelben Papierblock eintrug. Detailversessen bis ins Mark wollte er unter anderem jede Einzelheit zu der Matratze wissen. «Die Matratze wird ja unser bester Freund werden ...», begann er jeden Satz seiner glaubensbruderartigen Bestoffungserkundigungen. Es waren die einzigen Worte, die ich mir an diesem Tag notierte.

Nun, ein halbes Jahr später, weiß ich, dass nicht die Matratze, sondern der Schaber unser bester Freund ist. Mit diesem unausweichlichen Instrument verrichten wir unser tägliches Schabwerk wie ein Gebet, das am Ende jeder Nahrungsaufnahme gesprochen wird. Da jede Portion aufs Gramm genau abgewogen ist, darf in den stets schaberfreundlichen Schüsseln keine Spur Aufkratzbares zurückbleiben. Kein Tropfen, Kleks oder Krümel. Es ist ein phantastisches Bild, wie wir, zwölf Apostel von Ballaststoff und Aminosäure, am Ende jeder Mahlzeit zuerst unsere Zungen in die Schüsseln strecken, um die Ränder abzuschlecken, und schließlich mit den Schabern die letzten Tropfen Bratensoße, die letzte Schicht Quark aus den tiefen Rundungen kratzen. Es sind Szenen einer Anstalt. Ein Außenstehender könnte glauben, es sei uns kein festes Besteck zuzutrauen.

Reinhard fragt Angela, ob sie nicht auch das Gefühl habe, dass der Aufbau der Wohnstation an den Film *Alien* erinnere? «Der schleusenartige Eingang, dann der Bereich des Teams, unsere beiden Flure, die hier im Aufenthaltsraum zusammenlaufen. Für mich ist das wie bei *Alien*.»

«Ich kenne nur *Harry Potter*», antwortet Angela trocken, bevor sie sich wieder dem glückseligen Schaben widmet. Den letzten Schlatz der Schaberspitze verteilt sie auf ihrem Zeigefinger. Dann leckt sie ihn ab.

Ich habe gestern noch über ihre raupenhaarige Katze nachgedacht und etliche Fragen. Bestimmt hat Angela jemanden aus ihrem Freundeskreis beauftragt, der sich in ihrer Abwesenheit um die Katze kümmert und ihr Fotos von Angela zeigt.

Fotos von Angela in ihrem T-Shirt, auf dem steht: *Houston, I have too many problems*.

Fotos von Angela über ihrer Schüssel voll Joghurt und Beeren.

Fotos von Angela mit der Schlafhaube auf dem Kopf.

Fotos von Angela mit dem Schaber, dem EKG-Gerät, vor dem marsianisch schimmernden Fenster, Angela auf dem Wiegestuhl, Angela kurz nach dem Gewecktwerden mit schlafnassen Augen.

«Genießt das Essen im Sitzen», ruft Tatjana aus der Küche und grinst. «Wenn ihr liegt und euch all das Blut in den Kopf läuft, werdet ihr selbst aussehen wie Hefeklöße.»

Der Tagesplan offenbart ein überschaubares Programm. Docking und Muskelbiopsie. Bernd und seine Assistentin Alice holen mich ab. Durch die Schleusen verlassen wir den Wohntrakt, umrunden die Zentrifuge und betreten einen der unzähligen Untersuchungsräume. Ich lege mich auf die Pritsche und greife die beiden Steuerhebel, die auf dem Gestell über mir angebracht sind. Der Monitor springt an. Auf dem Rücken liegend, starre ich auf die Andockstelle der Internationalen Raumstation. Mein Training ist dasselbe, das alle Astronauten absolvierten, die jemals in den Orbit der Erde geflogen sind: Auf sechs Freiheitsgraden (sechs Achsenrichtungen und sechs Drehrichtungen um jede dieser Achsen) muss ich lernen, eine Sonde passgenau an die ISS anzudocken.

Das 6df-Docking ist nicht nur das spannendste und aufregendste aller Experimente, das uns darauf vorbereitet, gegen Ende der Studie mit dem original TORU-Andockprogramm der Sojus-Sonden zu fliegen, sondern auch stets eine lehrreiche Sitzung mit der guten Seele unserer Mission. Bernd ist Ur-Berliner. Er trägt das Herz auf der Zunge und eine warme Kaltschnäuzigkeit in seinem Gesicht, das so rund und zufrieden ist wie er selbst. Hinter seiner Brille stecken begeisterte, kindlich-wache Augen, auch wenn der 65-Jährige schon auf seine Pensionierung zuschreitet. Ist «knuffig» ein passendes Wort für einen so intelligenten und erfahrenen Mann, für einen gestandenen Weltraumpsychologen? Sollte ich ihn mal knuffig nennen und sehen, was passiert?

Bernd hat sein gesamtes Leben in den Epizentren der Raumfahrtgeschichte verbracht. Er entwickelte Docking-Systeme, psycho-physiologische Stresstests und begleitete unter anderem die berühmte Mars-500-Studie der Russen mit seiner Expertise. Damals verbrachten sechs Personen 520 Tage zusammen in Isolation, um das Leben auf dem Mars zu simulieren. Um das, was er erforscht, auch am eigenen Leib zu erfahren, nahm er nicht nur als Wissenschaftler, sondern auch als Proband an monatelangen Isolationsstudien in Russland teil. So wurde er Besatzungsmitglied der zweiten SFINCSS-99-Studie, auf die noch eine dritte folgen sollte – mit katastrophalem Ergebnis.

Normalerweise rede ich mit Bernd über die Psychologie der Leere, das *Buch Hiob* oder die gute alte MIR-Raumstation. Auf meinem Schreibtisch stapeln sich bereits die Bücher, die er mir ausleiht. *A Simulation of extended Isolation: Advances and Problems* oder *Körper, Mensch, Schwerelosigkeit, Weltraum.*

Eigentlich hat er mir versprochen, heute mehr über *Mars-500* und ähnliche Studien zu erzählen. Doch er muss weg. Er öffnet das Docking-Programm und verabschiedet sich, unter dem Vorwand einiger Dringlichkeiten, in sein Büro.

«Deine Flüge werden jeden Tag besser», lügt er, als er zurück ist, sich die Ergebnisse anschaut und mir mit seinen riesigen Händen auf die Schulter patscht. «Wenn du jetzt noch etwas langsamer auf die ISS zurasen würdest, könnte es sogar sein, dass du sie nicht vollständig in die Luft jagst.»

Zum Mittagessen gibt es Nudelsalat mit Feta, Gurken und Paprika. Der Sud wird minutenlang aus der Schüssel geschabt, Tropfen für Tropen; wir lassen uns Zeit. Angela trägt ein Shirt mit einem weißen Cartoon-Einhorn, das einen Regenbogen scheißt. Chris knallt seinen Schiffsführer und einige Seile auf den Tisch. Konzentriert übt er seine Knoten. Damian, der der Einfachheit halber nur noch Dami genannt wird, stellt ihm unzählige Fragen, von denen Chris die meisten entweder stoisch überhört oder zu ausführlich beantwortet.

Die nächsten Wissenschaftler stehen an den Schleusen, um mich einzusammeln. Ich komme unters Messer. Der Eingriff ist relativ kurz und fast schmerzlos. Nach einer lokalen Betäubung wird mir jeweils ein kleines Stück der Wade und des Oberschenkels aufgeschnitten. Drei Zentimeter. Ich wollte eigentlich, gut gelaunt auf der kalten OP-Pritsche liegend, zusehen. Aber sobald Peter, der als leitender Chirurg alle Eingriffe vornimmt, das blitzende Skalpell horrorfilmartig in Richtung meines Beines senkt, schaue ich doch lieber zur Decke.

«Wunderbar», sagt er, nachdem der Schnitt gemacht ist. Er greift zur Zange und knipst jeweils ein Stück des Waden- und Oberschenkelmuskels aus meinem Fleisch. Trotz der Betäubung spüre ich, wie an dem Muskel herumgezogen wird und sich das Stück schließlich löst. Ein dumpfer Ruck, der selbst im Herzen noch nachhallt. Genäht und verbunden lehne ich mich zu der Ärztin hinüber, unter deren Mikroskop schon die Proben liegen. Zauberwürfel, sage ich leise. Wie ein frisches Stück Tintenfisch ruht der lilafarbene Muskel in der Schale – und glänzt.

«Es ist perfekt», sagt sie. Da sie ihre Augen auf das Okular gepresst hält, kann ich nicht sehen, ob sie gar vor Freude weint. Peter hat die Arme auf dem Rücken verschränkt und ist zufrieden mit seiner Aufschneide- und Rausknipserei.

Dies haben mich die letzten zwei Wochen bereits für immer gelehrt: Wissenschaftler sind sehr begeisterungsfähig. Die banalsten Dinge und Statistiken reißen sie in unendliche Verzückung, ein undurchsichtiges Paket an Zahlen und Nummern legt einen warmen Lichtkranz um ihre Seele.

Der Kardiologe während des Ultraschalls meines Herzens: «Ein Vorzeigeherz, phänomenal.»

Die Sauerstoffwerte während der Ausdauertests: «Wunderschön.»

Die Ausschläge des EKGs: «Wie im Bilderbuch!»

Die Leber-, Augen- und Urinwerte, Daten, Daten und Daten: «Einfach großartig, wirklich toll, nein: TOLL!»

Im Rollstuhl werde ich zurück in den Wohntrakt geschoben. Ich kann laufen, aber die Vorschriften wollen es so. Ich rolle in Dhias Zimmer, der gerade von der Zentrifuge gekommen ist. Auch er hat bereits einen Spitznamen, da ich begonnen habe, ihn aufgrund seines Buchstabens nur noch Dhia-K (gesprochen Dia-ka) zu nennen, ein Name, der mir bestens geeignet zu sein scheint für unsere Zukunft auf dem Mars.

Dhia-K ist mit 25 Jahren der Jüngste von uns, studiert Luft- und Raumfahrttechnik in Stuttgart und erzählt mir von seiner tunesischen Heimat. Einmal mit dem Reden und Erinnern angefangen, bekommt der dunkle Lockenkopf feuchte Augen. Die Sprache mit ihren zu verlautbarenden Worten ist stets zu langsam, um seinen pfeilschnellen Gedanken folgen zu können. «Djerba ist mehr als meine Heimat», sagt er, «Djerba ist mein Schatz.»

Er zeigt mir die Drohnenvideos, die er von den Kostbarkeiten seines Schatzes geschossen hat. Gemeinsam reisen wir in eine andere Welt, hören die brunnentiefen Stimmen der Berber, erkennen ein smaragdfarbenes Meer, das sich an eine endlose Wüste schmiegt, sehen das Gold, und die Datteln und das Salz glänzen im Licht. Am Abend tiefe, kirschrote Sonnenuntergänge, eine Erde federleicht in ihre Nacht wendend, gefolgt von den übrig gebliebenen Stecknadeln der Dörfer und flachen Häuser, Lichtknöpfe, von Genügsamkeit und warmen Winden bewohnt. Dann ein Magentamorgen und die alles flutende Sonne, das erste und letzte Symbol des Lebens, die eine uneinholbare Welt erneut in ihren Anfang setzt.

Dhia-K ist verstummt. Es sind Bilder von unglaublicher Leere und lebensstarken Farben, die nicht von diesem Planeten zu sein scheinen. Dann sehe ich das Pferd. Die Drohne surrt vom Himmel und landet am Rande eines schläfrigen Marktplatzes. Der Reiter, leere Teetassen, der Staub auf den Tischen. Die Musik. Ich kenne dieses Bild aus einer anderen Zeit und von einem anderen Ort, einer Stadt am anderen Ende dieser Wüste. Meine Hände beginnen zu schwitzen. Ich bin um dreizehn Jahre zurückgeworfen und sitze wieder auf meinem Pferd Salah, mit dem ich einst in kalten Dezembernächten zu den Pyramiden in der Wüste Kairos hinausritt. Ich spüre seine Wärme, drücke mich in den Sattel und kann ihn riechen. Die kalten Dezembernächte. Das Toben der Stille. Die Erinnerung wird so stark, es ist, als hielte ich mein geliebtes Pferd erneut in den Händen. Als blickten wir erneut, alleingelassen von den Menschen und ihrer allzu wirklichen Welt, über die Flanken der Cheops-Pyramide, die stumm zu den Sternen hinauffällt.

«Es ist wunderschön», sage ich.

«Hey, wenn wir hier raus sind», sagt Dhia-K, «kommst du mich in Tunesien besuchen. Ich fliege direkt von hier, mein Ticket ist schon gebucht. Und du kommst mit! Du weißt nicht, wie schön es dort ist!»

Er strahlt mich an, seine Arme mittlerweile so weit geöffnet, als wolle er jenen Weltenwillen umarmen, der ein Land wie Tunesien möglich gemacht hat.

Ich sage sofort zu.

Ich weiß ja nun, wie schön es dort ist.

Zurück in meinem Zimmer, schaue ich nach Flügen, die funkelnden Bilder Nordafrikas im Kopf, meinen Sinai, das weiße, atemhelle Wüstenlicht. Nach fünf Minuten habe ich einen Hinflug gebucht.

«Hast noch fünfzehn Minuten», sagt Jeremy, der plötzlich den Kopf ins Zimmer steckt.

Ich nicke, wohl wissend, dass ich keine Sekunde schlafen werde. Die Stationsärztin Friederike, in meinem Kopf nur noch Doc Frida genannt, kommt ein letztes Mal, inspiziert die Pflaster über den Biopsiewunden und dokumentiert den beginnenden Heilungsprozess mit Fotos. Dann ist die Tür zu.

Stumm blicke ich durch dieses nackte und kalte Zimmer, mein Zuhause aus weißer Haut. Ich bin allein. Auch dies ist etwas, was ich erst jetzt wirklich begreife, nachdem ich schon fast zwei Wochen hier drinnen lebe: Wir alle haben vollständig Abschied genommen von der Pflanzen- und Tierwelt, einem opulenten Verwandtschaftsreich, zurückgelassen in atmenden Wäldern und warmen Flüssen. Keine einzige Fliege gibt es hier drin, keinen Käfer oder Falter, von Katzen, Gorillas und Pferden ganz zu schweigen. Nichts lebt und gedeiht. Die Tore zur mannigfaltigen, bunten und tausendgeschöpften Welt sind fest verschlossen. Ich ziehe die Bücher aus dem Regal und krieche unters Bett, um irgendwo irgendein Insekt zu finden, etwas Krabbelndes, Flügelschlagendes, Summendes! In der Ecke hinter dem Kleiderschrank will ich zumindest die Überreste eines Spinnennetzes entdecken – aber nichts! Noch nicht mal ordentlich Flusen oder Dreck.

Ich knipse das Licht aus und schlüpfe unter die Decke. Das Rauschen des Atems und der Klimaanlage. Das ist alles. Wir haben ihn verlassen, einen grandios verlebendigten Planeten, und uns vollkommen alleine auf den Weg gemacht. Wie es sich wohl anfühlen wird, auf dem Mars von nichts und niemandem empfangen zu werden?

13. Tag auf Station

Noch 50.491.672 Kilometer
bis zum Mars
Letzter Tag vor der
Bettruhe

Die Gummierung der Tür schleift stumpf über den Boden. Als öffne sich ein Vakuum. Pia knipst das Licht an. Punkt 6 Uhr 30. Ich strecke den Arm in die Manschette und greife nach dem Fieberthermometer. Automatisch drücke ich den Kopf zurück ins Kissen, automatisch greife ich nach der Pinkelflasche und schlurfe ins Bad, anschließend zur Flaschenabgabe, zum Umziehen und zum Wiegen, zur Blutabnahme, zum Fragebogen, zum Zahnputzbecher, unter die Dusche und an den Frühstückstisch. Erst jetzt bin ich wach. Daniela erschient als Letzte, trägt einen knalllila Frottee-Pyjama mit Puschelpantoffeln und sagt: «Guten Morgen, all ihr süßen Knuffileins.»

Der Speiseplan befiehlt: ein Brot mit Butter und Salami, ein Brot mit Butter und Marmelade, dazu eine halbe Banane, Tee. Chris spießt seine Bananenstücke mit der Gabel auf und schneidet sie mit dem Messer in zwei Hälften. Will er sich die Illusion verschaffen, durch diese seltsame Verdopplung mehr Banane zu haben? Ich frage nicht, keiner fragt. Er schiebt sich beide Stücke gleichzeitig in den Mund. Wir alle sind müde, verschlafen und glücklich, einfach nur essen zu können.

Dami macht ein Foto für seine unermüdliche Dokumentation. Seine grüngrauen Augen blitzen vor Freude, als er die Kamera über seinen Teller hält. Ich rechne durch. Wenn wir in ein paar

Monaten ankommen und die Tür zur Außenwelt aufstoßen, wird er 360 Fotos von unseren Mahlzeiten und Snacks besitzen. Was zur Hölle wird er damit machen? Wird er sie sich jemals wieder anschauen? Und ist ein Foto, das niemals angeschaut wird, überhaupt geschossen worden?

Ich schließe die Augen und träume mich kurz an die Hauptpforte und die dahinter verborgene Welt, auf die altehrwürdige Erde, ebenso real wie unwirklich. Warme Luft. Rauschende Gräser. Vogelschwärme wie Arithmetik am Himmel, Farben im Himmel, alles vorbeiziehend und wandernd, Mücken, Frühlingstage, Kaffee und Sonnen!

Aber okay. Ich lecke die Brotkrümel vom Teller und weiß, dass uns durch das Nichtvorhandensein der bekannten Welt ein einmaliges Erlebnis bevorsteht. Nur noch zehn endlos lange oder kurzweilige Wochen! Dann werden wir erneut wissen, was es bedeutet, auf der Oberfläche eines Planeten zu stehen.

Als ich nur noch mit Dami herumsitze, erzählt er mir, dass er froh ist, sich nicht vor Studienbeginn noch verliebt zu haben, wie es anscheinend Felix geschehen ist, der jede freie Minute damit verbringt, sich mit der Liebsten auf der zurückgelassenen Erde zu schreiben.

«Ich habe es dieses Jahr verpasst», sagt er und schabt stumpf über seinen Teller. «Bei mir zu Hause gibt es einen See. Im Frühling ist noch niemand da, aber im Sommer sind dann die Enten draußen. Sobald sie da sind, hat man den Frühling verpasst und die Liebelei auch. Na ja, jetzt sind wir alleine zu zwölft, das macht dann auch nichts mehr.»

Ich bezweifle, dass es uns nichts ausmachen wird. Jeder Mensch hat das Bedürfnis nach Wärme, Geborgenheit und Geliebtsein, von Sex ganz zu schweigen. Für das Glück eines Menschen gibt es nichts Entscheidenderes, als in jeglicher Hinsicht *berührt* zu werden. Acht Männer und vier Frauen, umsorgt von einem jungen Team aus rund 20 studentischen Aushilfen, intim, eine geschlossene Gesellschaft auf engstem Raum. Da sind Annäherungen und Begehrlichkeiten, die eine Richtung bekommen oder vollkommen unerfüllt bleiben werden, so unvermeidlich wie Bettpfannen.

«Wir sind alle nur Menschen», sagte Doc Frida zu Beginn unseres Fluges, «und Selbstbefriedigung ist etwas ganz Natürliches. Ihr seid alle dazu eingeladen, euch bei all der Videoüberwachung etwas einfallen zu lassen, damit kein Druck entsteht. Wir wollen, dass es hier allen gutgeht.»

Chris erzählte mir gestern, dass er an dem offenen Schrank mit den Handtüchern statt «Bitte nicht selbst bedienen» bereits «Bitte nicht selbst befriedigen» gelesen hat.

Ich schabe mein Glas leer und verabschiede mich von Dami.

Es werden lange, lange Wochen und Monate.

Bis zum Abend durchlaufe ich die letzten Tests und Experimente der Prä-Liegephase. Auf jedem Wissenschaftlergesicht sitzt ein breites Lächeln. Ob ich schon aufgeregt sei, nervös, stolz, bekümmert? Ob ich einen letzten stehenden Wunsch habe? Ob ich bereit sei, nicht mehr auf Augenhöhe zu leben, sondern permanent an die Decke zu starren, horizontal zu leben, nein, noch nicht einmal horizontal, sechs Grad unter null! Bernd macht wie immer keine Umschweife und fragt direkt nach, anstatt das Eigentliche in durch allerhand Blumen gesprochene Formulierungen zu versenken: «Mein Lieber, wovor hast du am meisten Angst? Ich meine, so richtig Schiss bis auf die Knochen!»

Ich hatte diese Frage vor Studienbeginn oft gehört. Meine Antwort war immer dieselbe. Es sind genau zwei Dinge, vor denen ich hier Angst habe. Erstens: wie ein Trottel zu sterben, weil mir, halb kopfunterhängend, irgendein Äderchen im Kopf platzt und mein Hirn überschwemmt wird. Und dass man darauf meine Mutter anrufen muss mit den Worten: Tut mir leid, der Kopf ihres Sohnes ist mit Zeugs vollgelaufen.

Zweitens: geschrumpfte Kleidung aus dem Trockner ausgehändigt zu bekommen. Letztere Sorge ist auf ein tragisches Trockner-Trauma zurückzuführen, welches mir Mutter Indien verpasste. Auf meiner ersten Reise durch den Subkontinent war ich sechs Monate kreuz und quer im Land unterwegs gewesen, eine Initialreise, während der ich mehr erlebt und gelernt habe als in allen 21 Erdenjahren zuvor. Indien hat mich, in seiner schöpferischen Schamlosigkeit, alles gelehrt, was eine Welt möglich machen kann – das tiefste Grauen und den höchsten Frieden, den Beginn aller Verzweiflung und reine, kaltblütige Seligkeit, kurz: die Wonne des Verlorengehens. Trotz aller Herausforderungen war ich zu keinem Zeitpunkt an mein Limit gekommen. Bis mich das Mutterland mit einem Trockner bekannt machte.

Gegen Ende meiner Reise gönnte ich mir eine Nacht in einem jener besseren Hotels, die ich bisher gemieden hatte bzw. aufgrund von Geldlosigkeit stets zu meiden gezwungen war. Bislang hatte ich meine Wäsche selbst gewaschen, die gute alte indische Handwäsche, die man an jedem See oder Fluss von den Frauen lernt. Damals gab es keine Smartphones, kein WLAN und keine Waschmaschinen, zumindest nicht in Indien. In meinem klimatisierten Hotel aber gab es tatsächlich eine Waschmaschine und, wie sich später herausstellte, auch einen Trockner. Ich konnte es kaum glauben, als man mich mit ausgestreckten Händen fragte, ob ich *laundry* hätte! Fast hätte ich geweint. Dass ich meine runtergerockte Kleidung den Angestellten übergeben konnte und diese dann frisch und sauber zurückbekam, ohne dafür irgendetwas tun zu müssen, fühlte sich für mich an wie die Entdeckung der Doppelhelix oder des Nirwanas. Bis heute nährt mich die Wärme dieses Augenblicks. Anders hingegen stand es um meine innere Glückseligkeit, als ich meine Klamotten wenige Stunden später wieder überreicht bekam, staubtrocken und noch glühend von den hirnlosen Trocknerumdrehungen. Da ich mich mit einheimischen Stoffen eingedeckt hatte, die bislang nur lauwarmes Waschschüsselwasser kannten, waren drei Viertel meiner Klamotten bis zur vollkommenen Trageunfähigkeit eingelaufen. Alles war hin. Ich konnte es nicht glauben. Warum zur Hölle stellt man ein Gerät her, das die Klamotten, die die Menschen ja passend kaufen, ohne mit der Schulter zu zucken verkleinert?! Welcher Teufel hat sich so etwas ausgedacht! Hey, wir haben hier eine ganz tolle Erfindung: einen Trockner. Er ist sehr toll, denn er macht die Wäsche im Nu trocken. Einziger Haken: Man kann sie danach nicht mehr anziehen. Kostet 400 Euro. Wer will einen haben?

So lehrte mich Indien, was Luxus bedeutet: Für einen Augenblick, der entweder eine Sekunde oder ein Jahr lang anhält, ist ein wenig Last von der Seele genommen – und dann kommt die Leere zurück, leerer als jemals zuvor.

Als ich in den Studieninfos las, dass die Wäsche in einen Trockner kommt, habe ich nur alte Sachen eingepackt und gerade jene Hosen und T-Shirts, die ich entweder nie trage, die mir viel zu groß sind oder die ich sowieso habe loswerden wollen. Ich wollte hier drinnen kein einziges liebgewonnenes Kleidungsstück dem dreisten Trocknertod überlassen, und ich wollte auch nicht der Stationstrottel sein, denn ich sah mich bereits mit meinen grotesk eingelaufenen Shirts, die zwischen Hemdsaum und Hosenbund einen weißen, drei Zentimeter breiten und spärlich behaarten Äquator an Stofflosigkeit um meinen Bauch spannten, sah mich, wie ich als allzu menschlicher Tollpatsch in diesem High-End-Raumschiff herumschlurfte, und hörte die Tuscheleien hinter vorgehaltener Hand: Schau, wir hätten doch keinen Idioten mitnehmen sollen zum Mars. Bei der nächsten Fuhre terrestrischer Astronauten sollte besser klargestellt werden, dass sie das Tragen von menschlicher Kleidung beherrschen!

In Gedanken noch bei dem Trockner (und der Möglichkeit meines Wegsterbens), kehre ich am Abend zurück auf mein Zimmer. Dhia-K hat mir einen Link geschickt. Ich erwarte weitere Videos aus Tunesien, starre aber auf den Mars und auf den Rover namens Curiosity, der vor fast zehn Jahren unter abenteuerlichen Umständen auf der Marsoberfläche abgesetzt wurde. Sein Roboterarm schaufelt sich Proben des steinigen Eisenoxidbodens in das Labor, das im Herzen des Rovers verankert ist. Schritt für Schritt wird er das Sandpulver und das Gestein auswerten, Chemikalien und Mineralien identifizieren und die Ergebnisse zur Erde funken, wo wir in naher Zukunft die ein oder andere Theorie bestätigen oder ad acta legen werden. Stammt das irdische Leben ursprünglich vom Mars und wurde über einen Kometen zur Erde transportiert? Oder ist es genau umgekehrt? Gibt es nur eine Art und Weise, wie Leben beginnt und sich entwickelt, oder finden wir eine zweite Genese, Leben mit einer unbekannten DNA? So oder so: In ein paar Jahrzehnten werden die Erkenntnisse, die der Mars bereithält, unser Verständnis von unserem Sonnensystem grundlegend verändert haben – und damit auch das Selbstverständnis unserer Spezies, den Platz des endlichen Menschen in einem unendlichen Kosmos. Alles, was die Zukunft für uns bereithält, beginnt mit der Vereinigung von Mensch und Mars.

Es ist noch nicht allzu lange her, da stand der Mars für einen der größten Träume der Menschheit – und eine ihrer größten Enttäuschungen. Bevor das erste Bild der Marsoberfläche zur Erde zurückgesandt wurde, bot unser Bruderplanet mehr als genug Material, um Phantasie und Hoffnung der fieberhaften Erdlinge auf eine gewaltige Reise zu schicken.

Die Kanäle, die durch die ersten brauchbaren Teleskope zum Vorschein kamen, bestaunten einige Astronomen als von intelligenten Marsbewohnern konstruierte Bewässerungsanlagen oder gar Städte. Auch die Poesie kam nicht zu kurz. Die dunklen Flecken, die Wilhelm Herschel Ende des 18. Jahrhunderts am Äquator des Mars ausmachte, hielt er für einen beschiffbaren Ozean. Die Gegend nannte er *The Hourglass Sea*, das Sanduhrenmeer. Die Wissenschaft, die Weltraumliteratur und das Kino wurden vom roten Planeten beherrscht, der der Sehnsucht der Menschen lange nichts Handfestes entgegensetzte. Gab es dort oben Einzeller, Bakterien, organisches Leben, Wesen wie den Menschen, zehngehörnte Wurmwesen mit feuerspuckenden Mäulern? Gab es Wasser und Flüsse und Fische und atmende Dinge oder anders atmende Dinge? Gab es eine Art Leben, das nicht mit der organischen Evolution auf unserem Planeten vergleichbar wäre, besaß der Mars eine geodynamische Ader und eine Atmosphäre, um den Menschen aufnehmen zu können wie ein gütiges Großmütterchen? Gab es Farben, Düfte, klapprige Einbauschränke, Coca-Cola? Gab es dort geistige Wesen, von denen wir abstammen und die sich an uns erinnern würden? So weit dachte und träumte der Mensch, dass der Mars unter der Last der Erwartungen nur kollabieren konnte.

1976 war es so weit, dass die Viking-Sonden erste verwertbare Fotos von der Marsoberfläche an die Erde zurückschickten. Sie zeigten keinen Dschungel, keine Softdrinkfabrik und kein einziges erstaunt in die Kamera schielendes Wesen aus grünem Marsstoff. Das Sanduhrenmeer war trockener Staub, über dem lediglich eisige Winde und Ernüchterung hinwegzogen. Die Aufnahmen offenbarten eine karge, monotone und kraterübersäte Landschaft, kurz: Sie zeigten die nackte und lebensfeindliche Kälte, die der Menschheit bereits vom Angesicht des Mondes entgegenblickte. Sie zeigten lediglich – Bekanntes.

Das Marsfieber erlosch.

Aber es sollte zurückkehren, und zwar gewaltiger denn je.

Unter den Weltraumforschern kursiert noch heute ein uralter Witz: Für bemannte Flüge zum Mars existieren lediglich drei Probleme: Wie sollen Menschen dort hinkommen, wie sollen sie überleben, und wie bringt man sie zurück?

Die Probleme beginnen schon auf der Erde. Da sich Erde und Mars nur alle 26 Monate auf ihren Bahnen um die Sonne so nahe kommen, dass eine Reise möglich wird, muss an jenem Tag, an dem die Rakete zündet, alles fehlerfrei funktionieren.[1] Die geringste Verzögerung würde alles zerstören, und wir müssten erneut zwei Jahre warten, um den nächsten Versuch starten zu können. Erreichten wir den Mars, könnten wir dort nicht atmen. Die Atmosphäre ist hundertmal dünner als auf der Erde, es gibt nicht genug Sauerstoff. Aufgrund der kosmischen Strahlung, die auf den magnetfeldlosen Mars eindrischt und 250-mal intensiver ist als auf der Erde, würden wir nicht lange überleben und schneller an Krebs erkranken, als man «Heimatplanet» sagen kann. Wir müssten unterirdisch wohnen oder in noch nicht entwickelten Gebäuden, die es schaffen würden, die tödliche Strahlung abzuhalten. Vor der Türe wartet eine Kälte, für die es auf der Erde keinen Vergleich gibt. Die Durchschnittstemperatur beträgt minus 60 Grad Celsius. Der ständig zu tragende Raumanzug müsste nicht nur einen Teil des auf die Haut drückenden Gewichts der Erdatmosphäre simulieren können (ansonsten würde das Wasser in unserem Körper sofort zu kochen beginnen), sondern auch gegen den Marsstaub gewappnet sein, der mehr Rauch ist als Staub und sich in die kleinste Pore zu setzen vermag, um dort tödliche Schäden anzurichten. Ganz zu schweigen von jeder einzelnen lebenswichtigen Luke der Station, die er verstopfen und zerstören würde.

Auf dem Mars kommt es nicht selten zu Sandstürmen, die 25 Kilometer hoch sind und monatelang den gesamten Planeten bedecken. In so einem Fall würde eine Dunkelheit einziehen, die für die Energiegewinnung durch Solaranlagen ein schwarzes Inferno bedeuten würde.

1 Stehen sich Mars und Erde in ihren Umlaufbahnen um die Sonne am nächsten, nennt man dies planetarische Opposition. 56 Millionen Kilometer liegen dann zwischen den Planeten. Zum Zeitpunkt der planetarischen Konjunktion, wenn sich die Sonne in der Mitte beider Planeten befindet, beträgt die Entfernung 400 Millionen Kilometer.

Neben den technischen Problemen, die die führenden Wissenschaftler unserer Zeit vor gewaltige, aber letztlich machbare Aufgaben stellen, sind die Psyche und die Seele Risikofaktoren, die selbst mit den besten Vorkehrungen kaum einzudämmen sind. Niemand weiß, wie das Herdentier Mensch in so einer gewaltigen Isolation zurechtkommt, und jeder ahnt, wie sehr zwischenmenschliche Konflikte den Erfolg einer solchen Mission mit unkalkulierbarer Trauer, existenziellen Ängsten, Einsamkeit, Liebeskummer oder sogar gesundem Egoismus sabotieren können.

Eine Reise zum Mars dauert ungefähr sechs Monate, die wir schwerelos auf engstem Raum in der finsteren Leere des Unbekannten verbringen werden. Jederzeit kann eine winzige Kleinigkeit schiefgehen, die die größte Konsequenz nach sich ziehen kann. Es geht schlichtweg nicht anders: Während der ersten Marsmissionen reisen die Astronauten bei vollem Bewusstsein in den fast sicheren Tod. Es gibt nur wenige Menschen, die überhaupt eine sechsmonatige Hinreise ohne psychische Probleme überstehen würden, ganz zu schweigen von den Anforderungen und Jahren vor Ort, wo unter enormem Arbeitsaufwand in lebensfeindlichem Terrain eine individuelle und kollektive Geistesgesundheit erforderlich ist, um die Chance zu wahren, dass eventuell alles mehr als perfekt läuft.

Es erwartet uns eine Einsamkeit, die sich ein Lebewesen, das bislang noch nie den Binnen-Schutz seiner einzigen Welt verlassen hat, kaum vorstellen kann. Wahrscheinlich haben wir, die wir bislang kaum mehr als ein Dutzend Menschen für längere Zeit ins All gebracht haben, noch keine Ahnung, wie sehr wir mit unserem Heimatplaneten eine Einheit bilden, die nicht so leicht aufzutrennen ist. Womöglich schaffen es die rein mechanischen Komponenten unserer Physiologie, mit der neuen Welt zurechtzukommen, aber was ist mit jener ungreifbaren Entität, die wir nur sehr unzulänglich als *Seele* bezeichnen? Wenn wir die Seele salopp als jenen bewussten Urgrund und als Hintergrundrauschen definieren, das *a priori* den Rahmen für die Erfahrung von Körper und Geist schafft und diese beiden Positionen in Beziehung zueinander setzt, dann bezieht dies die Inhalte alles Weltlichen – und gerade das Vorhandensein auf der Erde – mit ein.

Und trotz allem, vor allem aber wegen alldem: SpaceX, das von Elon Musk geführte Raumfahrtunternehmen, will schon jetzt längerfristig in den Orbit, 2024 die ersten Cargo-Schiffe auf der Marsoberfläche absetzen und 2026 die ersten Menschen. 2050, so hält es Musk für möglich, weil es eben möglich ist, könnten Menschen bereits in einer Kleinstadt auf dem Mars leben – und so das Überleben der Menschheit sichern, falls unser Heimatplanet Zeuge einer atomaren, geologischen oder meteoroiden Katastrophe wird.

Wer bei all den oben genannten Schwierigkeiten daran zweifelt, ob diese bislang größte Reise der Menschheit wirklich durchzuführen ist, der unterschätzt den Pioniergeist, den Wagemut und die Sehnsucht unserer Spezies. «Es müsste Schiffe mit Segeln geben», schrieb Kepler an Galilei zu Beginn des 17. Jahrhunderts, «die für die himmlischen Lüfte geeignet sind. Dann gäbe es auch Menschen, die nicht vor der trostlosen Leere des Universums zurückschrecken würden.»

Schon immer haben wir Planeten und Sterne mit den Namen unserer Götter versehen und so den unbekannten Himmel in eines unserer Heiligtümer verwandelt. In unserer Geschichte haben wir wenig anderes getan, als neue Welten zu erträumen und jeden Erdenwinkel zu durchwandern. Wir stiegen auf die höchsten Gipfel und tauchten hinunter auf den lichtlosen Boden der Meere, um verwandte Lebewesen und unbekannte Götter zu finden. Fasziniert von Quarks, Quanten und schwarzen Löchern, erforschen wir den Mikro- und Makrokosmos einer Welt, die für uns niemals vollständig erklärbar sein wird. Immer war es den ersten, die sich aufmachten, war es Magellan, Shackleton oder Gagarin bewusst, dass ihr Traum sie eher ins Grab bringen würde anstatt zur Erfüllung desselben. Und doch gab es nichts, was sie zurückhalten konnte.

Nur oberflächlich geht es also um Wissenschaft und Forschung. Im Kern dreht sich unsere Suche stets um den mystischen Kern unseres Wesens. Es geht um das Staunen und die Neugier, um zu schreibende Geschichten, ohne die wir nichts zu erzählen hätten und nichts über uns wüssten. Reisen ist ein spirituelles Unterfangen, welches das Menschsein des Menschen überhaupt erst ermöglicht hat. Als ein transitorisches Wesen, das stets unterwegs ist und nie ankommt, können wir nicht anders, als immer wieder aufzubrechen. Die finale Frontier liegt nun nicht mehr auf der Erde, sondern Millionen von Kilometern entfernt. Und auch, wenn die Berechnungen von SpaceX, NASA oder Blue Origin optimistisch sind, eines ist so sicher wie das ferne rote Leuchten, das unseren Nachthimmel färbt:

Der erste Mensch, der den Mars betreten wird, ist heute schon geboren.

Woche Eins

1. Liegetag

Noch 49.835.936 Kilometer bis zum Mars

Am Frühstückstisch herrscht ein einziger Tumult. Gefühlt sind wir doppelt so viele Menschen wie noch vor ein paar Tagen. Um die Kerngruppe der Marstronauten, die wir verschlafen über unserem Früchtetee hängen wie ein hanebüchen interpretiertes Abendmahlgemälde, schwirrt der aufgeregte Schwarm der Blauen, Projektleiter, DLR-Mitarbeiter und Wissenschaftler, Menschen, deren goldene Lebensstunde geschlagen hat. Jahrelang hat man sich hierauf vorbereitet, gewartet auf Mareike, die sich den Schaber in den Schoß gelegt hat, als gäbe es dort etwas auszubrüten, gewartet auf Felix, der sich derart auf sein buttriges Salamibrot konzentriert, als könne er sich dort verstecken vor allen anderen und sowieso allem, gewartet auf das verschlafene Gesicht von Proband G. Auch Dhia-K ist geistig schon wieder in sein Bett abgestiegen. Sein sitzender Körper schafft es nicht, das Brot in den Mund zu bekommen, ohne die Hälfte über den Tisch zu bröseln, Krümel und Krumen, die er unter den Blicken der Köche mit nassem, tief im Rachen befeuchtetem Finger aufpicken muss.

Wir alle werden Zeuge, wie Dami unsere Runde komplettiert. Mein Zimmernachbar hatte sich nach dem Einwiegen lange im Badezimmer verbarrikadiert, nun schwingt die Tür auf, und da ist er.

Reinhard lässt sein Brot fallen. Daniela schreit. Ganz hinten am Tisch hört man Angelas Hand gegen ihre Stirn klatschen. In den Gesichtern des Studienteams steht, zittrig und dick, nur eine Frage geschrieben: Was haben wir getan?

Damian hat sich rasiert. Nass rasiert. Er hat sich das Gesicht rasiert und die Augenbrauen und den Schädel, rasiert wohl mit der stumpfesten Klinge, die in dieser Science-Fiction-Station aufzutreiben war. Sein nackter, weißer Schädel ist übersät mit blutenden Wunden. In seinem Gesicht hängen einige Klopapierfetzen, um die punktuellen Blutungen zu stoppen. Wenn man jetzt ein Bild von ihm machen und es der Ethik-Kommission schicken würde, die diese Studie durchgewunken hat, wäre unser Mars-Experiment sofort beendet. Mit Sirenen würde man vorfahren, um uns hier herauszuholen, und zwölf Psychotherapeuten würden uns in den Arm nehmen und betütteln. Wir könnten kosmische Traumata vorlegen, noch ehe wir losgeflogen sind.

«Heilige Scheiße», sage ich.

«Es ist das Schönste, was ich jemals gesehen habe», sagt Daniela.

«Der Beweis: Es gibt außerirdisches Leben, aber kein intelligentes», kommentiert Chris.

Dami hört sich das alles geduldig an, grinst, breitet die Arme zu einer Unschuldsgeste aus und sagt: «Hey, was denn? Ich wollte das schon immer mal machen!»

Ein Satz für die Ewigkeit. Nichts, keine Entfleischung, weder Skalpelle noch die kalte interplanetare Lebenswelt werden in den kommenden Monaten so tief in uns hineinsinken wie diese Worte. Ab dieser Stunde gilt: Sobald jemand etwas Fragwürdiges tut oder sagt, wird er oder sie die Arme ausbreiten und kundtun: Hey. Easy. Das wollte ich schon immer mal machen.

Heiner, der Studienleiter, hält seine Ansprache und schafft es, Dami mit keinem Wort zu erwähnen. Man merkt, um wie viel es geht, wie sich alle innerlich bekreuzigen und hoffen, dass alles glatt läuft, keine Komplikationen auftreten, niemand die Studie verlässt und man später der NASA jene Daten und Erkenntnisse vorlegen kann, für die der ungeheure Aufwand betrieben wird. Ganze Karrieren und Existenzen hängen an diesem Abenteuer. Heiner klatscht in die Hände: «Wir sind jetzt eine Familie. Das ist unsere kleine Welt, in der wir Großes erreichen. Lasst uns die Reise schön gestalten. So was erleben wir nur einmal im Leben.»

Aus dem Büro werden zwölf Luftballons herangeschafft. Daniela greift zu. Sie reibt sich die Plastikhaut über die Wange und stöhnt. In jedem Ballon steckt eine Karte für das Losverfahren. Um die Relevanz der Zentrifuge zu testen, muss es neben den acht, die täglich eine halbe Stunde auf ihr fahren werden, auch vier von uns geben, die in der Kontrollgruppe landen und im Bett liegen blieben. Wer fährt und wer nicht, entscheidet das Glück oder Unglück. Ich steche meinen Ballon mit dem Brotmesser auf. Eine laminierte Karte fällt auf den Tisch. Ich muss sie hochhalten und allen zeigen. Nur ein Buchstabe. Ein K. K wie Kontrollgruppe. Unmöglich zu sagen, ob ich mich freuen soll oder nicht. Wird es angenehmer sein, eine Stunde pro Tag mehr Zeit zu haben, oder wird es mir fehlen: das Driften im Siloraum, die wirbelnde Welt, der Rausch?

Alles, was an Buchstaben zwischen A und M anwesend ist, wünscht sich Glück und gutes Gelingen. Wir schaben unsere Schüsseln aus und gehen, ein letztes Mal, aufrecht in unsere Zimmer. Durchs Fenster blicke ich auf meinen Zen-Garten und merke mir jeden Zentimeter Moos auf dem Stein, als hinge mein Leben davon ab. Als sei dies nun kartographierte Grün eine Landkarte, mit deren Hilfe ich bald meinen Platz in der Welt wiederfinden muss. Schließlich packe ich all die Dinge, die ich oft brauchen werde, in Bettnähe und auf den Schreibtisch, den ich mir direkt ans Bett schiebe. Die Sphären-Trilogie von Sloterdijk, der ich mich hier drinnen endlich ausführlich widmen will, meine anderen Bücher, Computer, Stifte, Deo, Seife und meinen Steif-Gorilla, der mir als Geschenk mit auf die Reise gegeben wurde. Eine Premiere. Nachdem der Rhesusaffe Albert 1948 als erster Primat in den Weltraum geschossen wurde, ist mein ausgestopfter Kamerad zumindest der erste Gorilla im All.

Ich höre, wie im Nebenzimmer Chris mit großem Tamtam verabschiedet wird. Der Einzige, der schon bei mir ist, ist Bernd, der schnell hereingeschossen kommt und mir ein Buch in die Hand drückt. *Dragonfly* von Bryan Burrough. *The Terrifying Story Of MIR, Earth's First Outpost In Space.*

«Seite 92», sagt er, drückt mir herzlich in die Schulter und verabschiedet sich, als er schon in der Tür steht, mit zwei erhobenen Daumen. Ich schlage die Seite auf und finde den Text, den er meint. Bevor sich die russischen Kosmonauten auf ihre Rakete schnallen lassen und davonfliegen und wiederkommen oder nicht, singen sie traditionell ein altes Lied, das jedem Raumfahrer bekannt ist.

The Earth can be seen through the lit window
Like the son misses his Mother
We miss the Earth, there is only one
However, the stars
Get closer, but they are still cold
And like in dark times
The mother waits for her son, The Earth waits for its sons.
We do not dream about the roar of the cosmodrome
Nor about this icy blue
We dream about grass, grass near the house
Green, Green grass.

Alle sind sie nun da. Heiner und seine wichtigsten Mitarbeiter, Abgesandte der NASA und ein Fotografenteam, das den sich heldenhaft in Bettruhe Begebenden ablichtet, sobald er flachliegt. An der Decke schweben zwei Heliumballons, diesmal nur mit Konfetti gefüllt, als sei dies ein Kindergeburtstag.

Zum Glück muss ich keine Hände drücken oder Reden halten, ich habe kein Testament aufgegeben, niemanden für immer zu verabschieden, ich komme wieder. Jeremy stellt das Bett ein, ein Zweiter justiert nach. Perfekt. Minus sechs Grad. Die Fotografin nimmt die Klappe von der Kamera. Wenig feierlich setze ich mich auf die Bettkante und denke, seltsamerweise, ans Mittagessen.

Dann lasse ich mich fallen. Mein erster Ort ist der Waschmitteldduft des Bettbezugs. Da ist er also, denke ich, mein neuer Planet, mein Zuhause, neben dem es keine andere Welt mehr geben wird.

Die Fotografin sagt «So bleiben» und schießt ihr Foto.

Fertig.

We dream about grass, grass near the house.

Die größte Reise meines Lebens beginnt.

Ich liege.

Eine Stunde lese ich, als sei nichts gewesen. Ich warte darauf, dass etwas anders ist, aber es ist nichts anders. Ich liege nur mit dem Kopf nach unten für immer in diesem Bett und lese und denke, dass irgendetwas anders sein sollte.

Lenny schiebt eine blaue, schmale Transportliege ins Zimmer. Da Schulter und Kopf jetzt 60 Tage lang immerzu die Matratze berühren müssen, bleiben mir zwei Möglichkeiten, auf die Pritsche zu gelangen. Per Wurm oder Robbe. Entweder ich rolle mich entlang der Körperachse oder robbe Stück für Stück hinüber, indem ich das Becken leicht voransetze und den unteren und oberen Rest des Körpers nachziehe.

Ich entscheide mich für den Wurm.

Ich fahre an Chris' Zimmer vorbei und frage ihn, ob er die Links geöffnet hat, die ich ihm geschickt habe. Eine Studie hat gezeigt, dass der Stoff Resveratrol, den man unter anderem in Beeren findet, als eine Art Antioxidans wirkt und den Muskelabbau verhindert. Zukünftigen Marsreisenden könnte demnach Wein empfohlen werden, um sich an die geringere Schwerkraft des Mars anzupassen. Der zweite Link ging einfach auf die Webseite kleidliebe.de. Er hat es sofort verstanden.

«Gleitliebe?», sagt er und grinst.

«Ja ... Gleitliebe.»

Chris und ich stammen beide aus der Nähe von Frankfurt und besitzen somit eine Art Wettbewerbsvorteil. Hessen pflegen stets ein humorvolles und inniges Verhältnis zueinander und halten sich auch auf dem Mars an ein unausgesprochenes Einvernehmen, so was wie ein nie niedergeschriebenes Frankfurter Grundgesetz, welches den am Main Geborenen erlaubt, die Beleidigungen und den Blödsinn so weit zu treiben, bis es schon lange nicht mehr lustig ist. Ziel einer hessischen Freundschaft ist es, ständig zu prüfen, wie viel dunklen Humor der andere besitzt und wie weit man gehen kann, ohne die Freundschaft in Gefahr zu bringen. Die eigentlichen Worte, die zwei männliche Hessen und Herzen verbinden, hebt man sich für das Schweigen auf. So bin ich aufgewachsen und er auch. Wir starren uns an, den Kopf übermenschlich über die Matratze hinausgestreckt, und üben:

«Proband G stinkt.»

«Proband B behindert wie Behindertsein.»

«Proband G ist eher Subjekt G.»

«Hier kackt Proband B mit großem Interesse.»

«Der Herr G offen geschädigt, überall.»

Dutzende «Gespräche» in diesem Ton. Ich gebe ihm den Finger und erkläre, dass ich ihn liebe. Lenny schiebt mich weiter, bevor Chris irgendetwas nach mir schmeißen kann, vorbei an Salomons Zimmer, der nicht da ist und wahrscheinlich Zentrifuge fährt, vorbei am Büro und der bienenwabengelben Wiegekammer. Mit einem Klack öffnen sich die Schleusen. Kaum haben sich die zischenden Türen wieder geschlossen, höre ich das Wummern, Hämmern und Summen der MRT-Röhre, das außerirdischste Geräusch der ganzen Station.

Wer nicht weiß, was sich in diesem Raum befindet, würde alles erwarten. Ein schwarzes Loch. Eine Maschine, die Materie auseinandernimmt, Quanten und Strings in andere Multiversen zu schießen versucht. Ruhend und – ich muss es so sagen – graziös steht die Turbine mitten im versiegelten Raum. Ich robbe auf den MRT-Tisch und werde festgeschnallt. Aufgabe des in der Röhre liegenden terrestrischen Astronauten ist es, sich während der Untersuchung nicht zu bewegen.

Kopf voran gleite ich in den Koloss. Die am Körper anliegenden Arme berühren links und rechts die Wand, nur zehn Zentimeter über mir fokussieren meine Augen jeden Millimeter der grauen, mich nun vollkommen umhüllenden Röhre. Was ich vor zehn Tagen, als ich zum ersten Mal länger hier dringelegen habe, nicht erwartet hatte: Ich fühlte mich von der ersten Sekunde an wohl. Was für klaustrophobisch veranlagte Menschen ein Albtraum wäre, ist für mich eine Erholung. Ich bin in einen Schlund geschoben worden, zurück in eine Gebärmutter, wie von Wasser umgeben, umhüllt, geborgen. Es ist gemütlich. Und was für ein Sound! Das Schwallen und Dröhnen der ratternden Maschine ist derart laut, dass wir Ohrenstöpsel *und* Ohrenschützer bekommen müssen. Auf meiner Brust liegt ein kleiner Notfallballon. Ich soll ihn drücken, falls irgendetwas nicht stimmt und ich hier raus muss.

«Bist du bereit?», höre ich die Damen aus dem Kontrollraum über die Lautsprecher des Kopfhörers rufen. «Nicht bewegen!»

Es macht MendelMendelMendel und TöffTöffTöff und NöNöNöNöNö: schwere, stumpfe Salven, die unter dem Kopfhörer meditativ klingen. Ich gerate ins Schweben. Die Maschine zeichnet derweil die Drehimpulse meiner Wasserstoffatome auf, die alle positiv geladen sind und einen Spin besitzen. 60 Prozent des Körpers besteht aus Wasserstoff, und die winzigen Magnetfelder der Wasserstoffprotonen richten sich nun nach den Magnetfeldern, die das MRT selbst erzeugt. In gewisser Hinsicht bekomme ich auf diese Weise ein neues magnetisches Feld, das glaube ich zumindest, während ich, Stück für Stück in mich hineingetrieben, langsam einschlummere.

Kaum hat mich Lenny zurück auf mein Zimmer geschoben, klingelt das Telefon.

«Und, hast du schon deine hübsche Bettpfanne bezogen?» Ich kann Chris einmal über das Telefon hören und einmal über den Flur. Sein glucksendes, dreckiges Lachen.

«Tür auf oder Tür zu?», fragt Lenny.

«Zu.»

Es ist absolut still. Nicht einmal die Klimaanlage kann ich hören. Weiß und stumm schlummert das Zimmer. Ich schaue mich um, als sei ich gerade erst hier eingelagert worden. Rechts der Kleiderschrank, außer Reichweite, und der Abstelltisch direkt neben dem Bett, darauf mein Notizbuch, die Trinkflasche und der Zahnputzbecher samt Bürste. Zu meiner Linken das greifbare Ende des Schreibtisches mit den Büchern und dem Laptop. Holde Erreichbarkeiten! Direkt neben mir ist die Kamera in der Wand installiert, die mich 24 Stunden am Tag beobachten wird, und direkt über mir an der Wand klebt der manövrierbare Monitor. Er lässt sich über meinen Kopf ziehen, wenn ich ihn brauche, und in umgekehrter Richtung wieder aufrecht gegen die Wand schieben, wenn er aus dem Weg soll. Ein schwarzes Insekt, das sich flach und unbeweglich macht, um nicht gerissen zu werden. Der Blick zur weißgrauen Decke ist gefüllt mit kalter Luft. Trotz all dieser Fremde fühle ich mich wohl. Ich weiß, wo ich liege und schwebe, kenne mein unerschütterliches Jetzt acht Wochen und 60 Tage lang. 1440 Stunden Leben.

Die Kopfunterlage fällt mir nicht auf.

Noch ist alles okay.

Ich greife zu meinem Notizbuch und schreibe unter Tag 1:

K wie Kindergeburtstagsballons, Matratze, Null, MRT: Gleichgewicht.

Es klopft.

Doc Frida kommt herein und überreicht mir ein iPad. Der Bildschirm leuchtet auf. Es ist ein Fragebogen, den wir nun dreimal am Tag ausfüllen müssen. Auf dem Display erscheinen acht Gefühls- und Bewusstseinszustände.

Stark. Verärgert. Wach. Bekümmert. Gereizt. Begeistert. Stolz. Ängstlich.

Jeder ist mit einem Wert auf einer Skala von 1 bis 5 zu bemessen, ausgeschrieben lautet das Ganze: Gar nicht. Ein bisschen. Einigermaßen. Erheblich. Äußerst stark.

Zufrieden mache ich meine Kreuze für die ersten Liegestunden und telefoniere nach vorne. Lenny kommt und muss mir eine kurze Hose aus dem Schrank geben. Ich trinke aus der Wasserflasche mit Trinknippel. Von nun an ist alles Trinken ein halbes Nuckeln, damit auch ja nichts verschüttet wird. Und doch geht was verloren. Ich trinke auf der Seite liegend, den Kopf halb aus dem Bett hängend. Ein Fehler. Ich telefoniere nach vorne. Als Jeremy kommt, zeige ich stumm und blöd auf die wenigen Tropfen am Boden. Wir beide kennen die Vorschriften. Jeremy muss ein Tuch wiegen, die lächerliche Menge verschütteten Wassers aufsaugen und das Tuch erneut wiegen. Die Differenz muss wieder in die Flasche. Jeremy macht sich über mich lustig, während er grammgenau nachfüllt, und ich mache mich über ihn lustig, weil er grammgenau nachfüllen muss. Diesmal trinke ich auf dem Rücken und behalte alles drinnen. Als Jeremy weg ist, telefoniere ich erneut nach vorne, weil ich erstens pinkeln muss und zweitens vergessen habe, die Kopfhörer aus dem Regal zu holen. Ich spüre den ersten Druck im Kopf, der noch kein Schmerz und Unwohlsein ist. Nur eine Welle stumpfen Wassers fährt unter die Schädeldecke.

Jeremy kommt mit der Pinkelflasche. Ich rolle mich nach links, greife die Klappe, die man über die Kamera stülpen kann, und klicke sie vor das Objektiv. Ich pisse in die dickwandige Flasche und telefoniere anschließend nach vorne, um den Rücktransport zu veranlassen. So ist es, und so wird es bleiben. Nach vorne telefonieren und nach Pissflaschen, Bettpfannen und helfenden Händen fragen, kann ich bitte dies, gib mal jenes, bitte ausmachen, rüberstellen, wegschmeißen, abräumen, aufheben, herbringen! Bitte, danke! Bitte!

Ein erwachsener Mensch zurück in der Infantilität.

Jeremy holt die halbvolle, bilirubinvergoldete Flasche ab.

Ich schaue auf die Uhr. Vier Stunden Liegen. Ich spüre, wie sich Leber und Magen verschoben haben, oder glaube ich nur, spüren zu können, wie sich Leben und Magen verschoben haben? Die Organe drücken sich unter den Brustkorb. Ich klopfe auf die Rippen und drücke auf meinem Bauch herum. Wie soll man so kacken, denke ich, wie soll es sich nach oben pressen lassen, wenn alles erdenwärts arrangiert ist? Der Rest ist okay. Kein Kribbeln in den nun abblutenden, leerer werdenden Beinen. Der Druck im Kopf, ein fernes Glimmen, und das war's.

Das Telefon klingelt.

Es ist Dhia-K, der wissen will, wie meine erste Bettpfanne war.

Das erste Essen im Liegen. Pilz-Risotto mit zerschmolzenem Parmesan und Salat. Da wir nun bewegungslos unterhalb der Horizontalen ausharren und weniger Energie verbrauchen, sind die Portionen kleiner geworden. Jana aus der Küche stellt mir die dampfende Schale aufs Tischchen. Blöd starre ich auf den Teller. Wie also essen, wenn man mit dem Kopf nach unten liegt? Nachdem ich versucht habe, seitlich zu essen, und zuerst die Gabel und anschließend den Löffel schräg und in Zeitlupe zum Mund geführt habe, lege ich mich schließlich auf den Bauch und lasse Kopf und Arme über die Bettkante hinaushängen. Als schwämme ich auf dem Trockenen. So geht es. Seltsamerweise esse ich viel zu schnell, und das Fehlen der vertikalen Ausschöpfachse verkompliziert das Auskratzen. Wie gestört stochere und schabe ich im Teller herum. Der Nacken und die Schultern beginnen zu schmerzen. Das Gehirn hämmert gegen den Schädel. Es ist unmöglich zu sagen, ob ich satt bin oder nicht.

Ich träume von einem Mittagsschlaf, den ich nicht halten darf,[2] da steht auch schon Bernd im Zimmer. Ich robbe auf die Transportliege.

«So, so, so», sagt er und beugt seinen runden Kopf fröhlich über meinen, «na, das ist ja phantastisch, köstlich, der junge Mann ist nun völlig in unserer Gewalt. Ein Liegender! Wie ist es denn so in der neuen Welt da unten? Niemand schubst ihn bitte von der Liege, wir brauchen ihn noch. Er wird uns den Weg zu neuen Galaxien weisen!»

Grinsend schmeißt er mir die Probandenmappe auf die Brust, greift die Liege und schiebt.

Auf dem Plan steht heute kein Docking, sondern ARP, Autonomic Response Pattern. Eine psychophysiologische Übung, die ebenfalls von Bernd durchgeführt wird. Ein spezielles *Eyetracking*-Programm folgt meinen Blicken, an meiner Stirn und den Zeigefingern kleben Sensoren. Was ich in den kommenden 45 Minuten erlebe, ist eine intensive Abfolge von Stress- und Entspannungssituationen.

Auf dem Bildschirm erscheinen geometrische Figuren, die ich so schnell wie möglich per Spracheingabe zuordnen muss. Sie erscheinen immer schneller, und die Lösungen werden immer komplizierter, bis sie in der vorgegebenen Zeit überhaupt nicht

2 Damit es zu keinen Abweichungen in der Datenerhebung kommt, muss unter uns Probanden alles haargenau gleich sein. So bekommen wir, bemessen an unserem Grundumsatz und Geschlecht, die genau gleiche Anzahl an Nährstoffen und Kalorien, dürfen uns in der Stehphase tagsüber nicht hinlegen und in der Liegephase nur schlafen, wenn sichergestellt werden kann, dass alle anderen es auch tun. Also nur nachts, frühestens ab zehn und spätestens ab elf, wenn das Licht endgültig ausgeht.

mehr zu lösen sind. Ich will ruhig bleiben und mir den Frust nicht anmerken bzw. anhören lassen, aber schon knirschen die Zähne übereinander, meine Hände schwitzen, der Puls steigt – so, wie es von Bernd gewollt ist. Ich habe keine Chance gegen seine Technik. Meine Stimmlage verrät, wie ich mich fühle, auch wenn ich so tue, als sei alles in Ordnung (auf diese Weise kontrolliert man auch in dem Weltraumstreifen *Ad Astra,* ob sich Brad Pitt wirklich wohlfühlt oder nicht).

Mit einem Schlag ist die Übung beendet. Auf dem Bildschirm erscheint die Karl-May-Harmonie der amerikanischen Wildnis. Friedlich grasende Tiere, Panflötenklänge, eine Winterlandschaft mit all ihren warmen Marlboro-Bildern. Männer waten mit ihren Pferden durch den Prärieschnee. Die hoch aufsteigende Sonne morgens, die den majestätischen Berg freisetzt, das Wasserkochen über dem zwischen verschneiten Tannen lodernden Feuer. Wildlife-Romantik, oder wie man heute werbejargongerecht sagen würde: Wildlife-Romantik pur! Zärtliche Bilder der Natur eines Planeten, den wir gerade verlassen haben.

Kaum hat man verstanden, dass in Anbetracht dieser Bilder der Mensch nur eine sehr untergeordnete Rolle spielt, folgt die nächste frustrierende Aufgabe. Ich knurre; Bernd nickt zufrieden. Dann wieder selige Adlerflüge, das Halleluja weißer Wolkenfelder und ein Grand Canyon, so schwebeleicht, als entzöge er sich der beweisbaren Welt. Auch ich bin einst durch diese Täler und diesen Canyon spaziert und geritten, in meinem anderen Leben, früher, drüben auf der in Erinnerungen zurückgelassenen Erde.

Mein steigender Blutdruck wird Bernd alarmieren. Der Grand Canyon, das war ein Anblick, auf den ich damals nicht vorbereitet war, auf den ich, wie jeder andere Mensch, nicht vorbereitet sein konnte. Ich erinnere mich an das sprachlos machende Unvermögen, das vor den Augen Liegende begreifen zu können, und denke an den Mars, auf dem ebenfalls solche Canyons auf uns warten, dreimal so tief wie der Grand Canyon, kilometerbreite Narben, in den Planeten gerissen von all dem Wasser, das einst über seine Oberfläche strömte.

Bernd merkt, dass ich nicht mehr bei der Sache bin. Er zwickt mich in den Arm und bringt mich zurück in die Gegenwart. Noch zweimal Ärger und Entspannung, dann sind wir durch.

«So ein Mist», schimpft er, als er das Programm runterfahren will und die Tastatur nicht reagiert.

«Ich habe hier ein Instrument», sage ich und zeige auf meinen verkabelten Finger, «das könnte ich dir anpflanzen, um deine Aufregung zu messen, die Wissenschaft würde ...»

«Ja, ja», unterbricht er mich, «und ich dachte, es macht dir Freude!»

«Eine große Freude, ja. Und apropos Erde und Canyons: Wenn man dir anbieten würde, zum Mars zu fliegen, würdest du es tun?»

Bernd lässt seine Instrumente in Ruhe und schaut mich verschwörerisch an.

«Also erstens würde man einen übergewichtigen Herrn, der kurz vor der Pensionierung steht, nicht zum Mars schicken, und zweitens nein. Ich bleibe lieber hier und forsche daran, wen von der übrigen Menschheit man am besten losschickt.»

«Und wen schickt man? Reinhard meinte, er würde fliegen. Er sei jetzt, mit 54, quasi alt genug und so reich gemacht von den Abenteuern der Erde, dass er sich guten Gewissens auf den Weg machen würde. Ich übrigens auch.»

«Nun ... ich sag mal so: Es überhaupt tun zu wollen und sich keine Illusionen zu machen ist selbstredend das Erste, was ein Astronaut benötigt. Darüber hinaus braucht es für solch eine jahrelange Mission vor allem drei Eigenschaften: soziales Einfühlungsvermögen, Widerstandsfähigkeit, heute nur noch *Resilienz* genannt, und eine kerngesunde Psyche, die mit sich und der Welt im Reinen ist, egal, was geschieht. Das wäre der *Right Stuff* für Reisen, die den Mond hinter sich lassen.»

In der Tat ist die Frage nach dem *Right Stuff* so alt wie die Raumfahrt selbst: Wer von all den Freiwilligen, die sich von der Erde schießen lassen wollen, ist überhaupt geeignet für die Abenteuer des Weltalls? Welches Charakterprofil passt zu den Anforderungen interplanetarischer Reisen?

Die ersten Erdlinge im All waren keine Menschen, sondern Tiere. Die Hündin Laika, der Rhesusaffe Albert, die noch unabhängig von ihrer Persönlichkeit auserwählt wurden. Erst nach ihren mal mehr oder weniger erfolgreichen Flügen flog schließlich 1961 das erste Säugetier der Gattung *Homo sapiens* in den Orbit, ein Russe namens Juri Gagarin. Er lieferte die Antwort auf die Frage, wer für die wohl wahnwitzigste aller Aufgaben in Frage kommt: Testpiloten des Militärs. Nur dort fand man gut ausgebildete Adrenalinjunkies und eiskalte Typen, denen es Spaß machte, sich in eine winzige Kapsel zu zwingen, die auf etlichen Tonnen explodierendem Brennstoff sitzt, und sich in einem dantesken Feuerball von der Erdoberfläche schießen zu lassen.

Die erste Astronautengeneration schien geradewegs aus Hollywood-Streifen herausgeschnitten zu sein.[3] Sie waren die muskelbepackten, etwas vierschrötigen James Deans der Lüfte, kerngesund, hochintelligent und süchtig nach Abenteuern und neuen Horizonten, Männer, die mit funkelnden Corvettes und Kippe im Mundwinkel auf dem NASA-Gelände aufschlugen und sich nachts im Sternhagelvoll der einschlägigen Bars herumtrieben, furchtlose, von der amerikanischen Neuzeit-Sonne gestählte Vorzeigemänner. Seelische und emotionale Betreuung? – Lieber nicht! Der psychologische Support beschränkte sich teilweise selbst zum Ausklang des 20. Jahrhunderts auf

3 In Michael Collins' Buch *Carrying the Fire* hat der Apollo-11-Astronaut die Anforderungen an die Testpiloten und den Alltag der angehenden Astronauten so detailliert wie spannend niedergeschrieben.

einige Fragen nach der Schlafqualität und gab mit der Auswahl der cineastischen Bord-Bibliothek genügend Hinweise darauf, was man von den Männern dort oben erwartete. Norm Thagard zum Beispiel gab man folgende Filme mit hinauf zur Raumstation MIR: *Alien, Independence Day, Stirb Langsam* und – im Vergleich zu den anderen fast schon eine märchenhafte Schnulze – *Star Trek.*

Zu Beginn der Raumfahrt gab es weder längerfristig bewohnbare Raumstationen noch konkrete Pläne, im sozialen Verbund auf dem Mars zu leben. Damals wurde man Schulter an Schulter mit seinen Kameraden auf ein Triebwerk geschnallt, es machte RUMMS, und man starb oder kehrte als Held auf die Erde zurück, um durch New York oder Moskau paradiert zu werden. Heute haben sich die Anforderungen grundlegend verändert. Und es könnte sein, dass für die Raumfahrt der Zukunft weibliche Sternenfahrer besser geeignet sind als männliche.

Frauen besitzen für einen Flug zum Mars und das Leben vor Ort einige Vorteile, angefangen bei der Größe. Frauen sind kleiner als Männer und wiegen weniger. Das ist entscheidend, wenn es auf der langen Reise zum Mars auf jedes Kilogramm ankommt. Männer benötigen durchschnittlich bis zu 25 Prozent mehr Kalorien, sie verbrauchen dementsprechend mehr Sauerstoff und andere wichtige Ressourcen wie Wasser oder Nahrung. Eine durchschnittliche Frau besitzt ein Drittel weniger Muskelmasse als ein Mann und weist einen anderen evolutionären Körperbau auf, der im All ein großer Vorteil sein kann. Vieles deutet heute darauf hin, dass der weibliche Körper besser mit der Schwerelosigkeit zurechtkommt. Die hartnäckigen Augenprobleme scheinen seltener zu sein, zudem leiden weniger Astronautinnen an der sogenannten Weltraumkrankheit, die der Seekrankheit ähnelt. Was jedoch auf zukünftigen Reisen entscheidend sein wird, ist nicht die Beschaffenheit des Körpers, sondern soziale Kompetenz. Auf Langzeitmissionen zählen nicht nur holde Urprinzipien wie Wagemut und Risikobereitschaft, sondern ebenfalls

Einfühlungsvermögen und Kommunikation – Eigenschaften, die Frauen im Allgemeinen stärker verkörpern als Männer. Und schließlich: Frauen gebären Kinder. Es wäre kein Problem, einer Crew, die nur aus Frauen besteht, eine Samenbank mit auf den Weg zu geben, um erst mal ohne männliche Kollegen für den Erhalt der menschlichen Spezies im All zu sorgen. Es könnte gut sein, dass Marsianer nicht mehr durch Sex, sondern allein durch künstliche Befruchtung entstehen.

Doch bei all den theoretischen Vorteilen, die Frauen haben, kommt es natürlich immer auf die Einzelne und den Einzelnen an. Es gibt Milliarden Männer, die empathischer sind als Frauen, und Milliarden Frauen, die über weniger Verständnis verfügen als Männer. Letztendlich geht es also immer nur um die individuellen Fähigkeiten eines Menschen, unabhängig vom Geschlecht. Die bisherigen Forschungen bestätigen, was auch aus gesellschaftlichen Gründen die beste Wahl wäre: In den Untersuchungen, die Erfolg, Team-Bildung und soziales Verhalten analysieren, schneiden stets jene Crews am besten ab, die aus Männern *und* Frauen bestehen.

«Wen genau sollen wir deiner Meinung nach zum Mars schicken?», frage ich Bernd, der noch immer versucht, das Programm korrekt zu beenden.

«Alle», antwortet er. «Männer und Frauen und Japaner und Kanadier und Mondmenschen. Das Problem werden nicht die Unterschiede zwischen Männern und Frauen sein, sondern die Unterschiede in den Kulturen, Normen und Sprachen. Da kann ich dir einiges aus den Isolationsstudien, die ich selbst mitgemacht oder begleitet habe, erzählen. Eines ist sicher, mein lieber Liegender: Wir werden nicht am Weltall scheitern, sondern immer nur an uns selbst. Aber das erzähle ich dir das nächste Mal, hopp, wir müssen los.»

Zurück in meinem Zimmer, robbe ich mich aufs Bett, meinen breiten, weichen Kumpan. Bernd steht am Fußende und grinst.

Er lehnt sich ein Stück zu mir herunter und sagt: «Der erste Mensch auf dem Mond war ein Ereignis, das die gesamte Erde in Bann gezogen hat. So wird es auch mit dem Mars sein. Aber es sollte nicht um die Frage gehen, welcher Mensch zuerst den Mars betritt, eine Frau, ein Amerikaner oder ein Russe oder, oder. Das ist ja alles Quatsch! Ich hoffe, man macht ein Foto mit der gesamten Crew, und dieses Foto wird als Erstes zurück zur Erde geschickt. Männer und Frauen unterschiedlicher Nationen und Kulturen, Seite an Seite auf dem Mars. Das wäre die richtige Botschaft, und das wäre der *Right Stuff* für das 21. Jahrhundert.»

Ich trinke aus der Nuckelflasche und öffne den Computer. Meine Mutter schickt mir Bilder aus dem Urlaub, von Wanderungen im Schwarzwald. Inmitten dicker, dunkler Bäume stehen meine Eltern und winken in die Kamera. Die anderen Nachrichten, die mich aus der alten Welt erreichen, berichten von Paläoanthropologen, die auf den Philippinen eine neue Menschenart gefunden haben. *Homo luzonensis* lebte dort noch vor 50 000 Jahren, zur gleichen Zeit also, als der Neandertaler durch Europa zog.

Die Menschheit, die gerade dabei ist, ihren Heimatplaneten zu verlassen, macht also die Entdeckung eines neuen Menschen, der schon lange ausgestorben ist! Eine Welt geht verloren, eine neue wird erobert. Dort wartet das Ende, hier ein Neubeginn. Der *Homo luzonensis* und der *Homo marsianis*, der in 500 Jahren bereits seit etlichen Generationen auf dem Mars leben wird, sie werden zwei sehr unterschiedliche Wesen sein und trotzdem noch unter die Gattung Mensch fallen. Aber was für ein Wesen wird wohl wiederum aus dem *Homo marsianis* hervorgehen, wo wird es uns noch gleichen und was wird sich grundlegend verändern für den nächsten Schritt in der menschlichen Evolution? Wer oder was sind wir in 1000, in 10 000 oder 500 000 Jahren, wenn unser Sonnensystem nicht mehr unsere einzige Heimat ist? Eines ist sicher: Es wird nicht mehr lange dauern, da wird sich der kommende «Mensch» von uns heutigen so sehr unterscheiden wie wir heutigen uns von unseren nächsten Verwandten, den Schimpansen.

Ich klappe den Monitor an die Wand und starre hinauf zu meinen Füßen. Das weiße, leere Zimmer blickt stumm auf mich zurück, als erwarte es eine Antwort. Eine Antwort, deren Frage sein könnte: Wagen wir durch unsere Kopfunterreise zum Mars den ersten Schritt, der aus dem Menschsein ein neues Wesen hervorbringen wird?

Ich telefoniere nach vorne und lasse mich abholen. Jeremy löst die Bremsen und fährt mich rüber in den Aufenthaltsraum. Dhia-K, Chris, Angela, Daniela und Dami liegen hinter- und nebeneinander bis an die Wand geschichtet. An diesem Abend sieht noch niemand aus wie der kommende Mensch. Chris ist schon richtig aufgedunsen im Gesicht, ich lasse es ihn wissen. Daniela und Angela wirken erschöpft, und Damis Anblick ist noch immer gewöhnungsbedürftig. Dieser kreidebleiche, mit ersten krustenden Wunden übersäte Kopf, der auf den babyblauen Bettbezug gebettet ist und mich angrinst, als habe man ihn, auf seinen Wunsch hin, mit den Anästhetika eines ganzen Bezirkskrankenhauses sediert.

Im Fernsehen läuft Europapokal, Dhia-K spricht müde Sprachnachrichten in sein Handy, Angela und Daniela quatschen über ihre Tanten und Großmütter. Uns allen brummt der Schädel. Jetzt, wo es Abend geworden ist, macht sich der Druck bemerkbar, der verkrampfte Nacken und steife Rücken. Selbst Anna von den Blauen, die bei uns sitzen muss, um aufzupassen, dass nicht doch jemand den Kopf hebt oder sich ein Stück Decke unter den Kopf schiebt, taumelt mit offenen Augen vor sich hin. Alle sind wir taub gemacht von einem uns buchstäblich zu Kopf gestiegenen Körper.

Kurz vor Abpfiff des Spiels, das niemanden interessiert, werden wir in unsere Zimmer geschoben. Zähneputzen in Kopfunterlage ohne Verschlucken oder Sabbern. Ein letztes Mal pinkeln. Ich greife zu den Büchern und will noch ein Gedicht von Sarah Kirsch lesen, um mit dem Geruch der hellen Erde, mit einem Schweif Wald und Moos einzuschlafen. Aber schon ist das Licht aus, unwiderruflich.

Neun blinkende Mini-Lichter im Zimmer. Einer davon der Mars. Das große Ohm-Rauschen der Klimaanlage, noch 59 Tage Liegen. Noch fühle ich mich geborgen in dieser immerwährenden Gegenwart, von der ich mich frage, ob sie wirklich 59 Tage andauern kann – oder irgendwo da draußen auf der Strecke bleiben wird.

Ich lege mich auf die Seite und ziehe die Beine leicht an. Zwei Minuten später rolle ich mich wieder auf den Rücken. So geht es eine Stunde lang. Schwer liegt der Kopf auf der Matratze. Zum ersten Mal in meinem Leben spüre ich sein Gewicht, als hielte ich ihn in den eigenen Händen.

Er wiegt so viel wie ich.

Und doch, denke ich: Das Schweben, es trägt.

2. Liegetag

Noch 49.835.936 Kilometer bis zum Mars

Mitten in der Nacht wache ich zweimal auf, liege da und fühle den hellen Strom der Klimaanlage auf mich niedergehen. Die Kälte umfasst einen eigenen Raum, der sich von Leben und Traum unterscheidet, obschon er beide beinhaltet. Ich merke es mir, bevor ich es für immer vergesse: Die Hitze löscht aus, die Kälte hält alles zusammen.

Das Liegenbleiben ist bereits einprogrammiert. Weder in der Nacht noch jetzt, da Lenny im Zimmer steht und mir das Fieberthermometer in die Hand drückt, denkt der Körper auch nur eine Sekunde daran, sich aufzusetzen oder das Bett zu verlassen. Die anhaltende Matratzenhaftung hat einen vollgesogenen Schädel und verhärtete Rückenmuskeln zur Folge, aber noch ist alles okay. Temperatur messen, Blutdruck messen, Blutabnahme, die Wiegeklamotten anziehen – alles schwerfällig und lahm und gedämpft, als läge der Körper, der kaum etwas tun muss, außer weiterzuleben, in Blei gebettet. Ich schreibe es mir auf als möglichen Vergleich: «In einem Bleisee liegend, kein Himmel oben und keine Erde unten; nur die Anwesenheit des Wassers stiebt mich nach allen Seiten ins Horizontale.»

Nach dem erstmaligen Wiegen im Liegen steht Doc Frida an meinem Bett und überreicht mir ein Röhrchen, in dem sich ein stumpfes, drei Zentimeter langes Watteröllchen befindet. Die Anleitung lautet: Eine Minute darauf herumkauen! Das Ding soll sich voller Spucke ziehen, um den Melaninspiegel zu testen und Dutzende andere spuckeverwandte Stoffe, von denen ich nicht weiß, dass sie mich ausmachen oder ich sie. Ich lege mir das weiße Teil auf die Zunge und kaue, bis sich der Geschmack kalter Chemie in mein Hirn gefressen hat. Sobald es feucht genug ist, knatscht es im Mund, der Geschmack wird sekündlich schlimmer; es ist, als sutsche nun das Wattewasser in jede Pore des Mundes. Als ich das widerliche Ding nach einer Minute von den gespitzten Lippen sachte zurück ins Röhrchen drücke, ist mir übel. Mundausspülen mit Ausspucken nicht erlaubt. Nur Mundausspülen mit Runterschlucken.

Zum Frühstück wird uns Brot mit Käse, Schinken und Marmelade ans Bett gebracht, dazu ein seltenes Highlight des Speiseplans: Caro-Kaffee. Es ist schon erstaunlich, dass selbst diese lächerliche und allenfalls kriegsnottaugliche Nachahmung, die höchstens an Kaffeegenuss erinnert, tausendmal schöner ist als keine Erinnerung an Kaffee.

Seitliches Zähneputzen, erneut, ohne etwas zu verschlucken oder mir beim Ausspucken die halbe Backe vollzuschmieren. Ich glaube, ich kann das jetzt. Durch die Erinnerung an Kaffee ist mein Darm in Aufregung versetzt worden, ich lenke mich ab – die Bettpfannensache soll warten –, indem ich den Fragebogen ausfülle und den Tagesplan studiere. Heute ist der erste Tag, an dem wir den Vormittag fast völlig freihaben.

Jeremy kommt mit dem Duschplan, auf dem wir unsere bevorzugten Zeiten eintragen können.

«Ist jetzt sofort frei?», frage ich.

Er nickt.

«Sofort einduschen, ist notiert.»

Ich robbe mich auf die Transportliege und lasse mir die Seife, ein Handtuch und eine frische Unterhose aus dem Schrank geben. Und ein Paar Socken. Das Paar Socken feuere ich aus beträchtlicher Seitenlage auf Chris, als ich an seinem Zimmer vorbeikomme. Ich treffe ihn am Kinn. Als er zurückfeuert, bin ich schon weitergeschoben worden, die Socken knallen blöde und verloren gegen die Wand.

Lenny muss sich bücken und sie aufheben.

Was Chris mir hinterherschreit, kann ich schon nicht mehr verstehen, finde es aber trotzdem lustig und gelungen.

Die sterilisierten, obszönen Noppen des blauen Badelatschens! Die anthrazitfarbenen Kacheln! Das außerirdische Röhrenlicht, den Raum ausleuchtend, als laufe hier ein Scan nach intelligentem Leben!

Ich erinnere mich, dass Mareike anmerkte, die Dusche sähe aus wie der OP-Saal einer Tierklinik. Nackt liege ich auf dem Seziertisch. Das Duschen in Kopfunterlage ist noch immer mehr Arbeit als Entspannung. Ich frage mich, wann wir ein System für den besten Ablauf dieser Notwendigkeit entwickelt haben werden, einen Punkt, an dem es einfach geworden ist, sich mit diesem Duschstrahl irgendwie sauber zu bekommen. Es folgen das umständliche Nassmachen und Einseifen und Abbrausen, alles in schlittriger Seitenlage, zusammengekrümmt wie ein Embryo, Verrenkungen, Flüche, das Wasser in den wehrlosen Ohren. Immerhin beschließe ich, nach dem halb erfolgreichen Abseifen eine Weile auf dem Rücken zu liegen und den warmen Wasserstrahl langsam über den Körper laufen zu lassen, rauf und runter, Brust bis Zehe und zurück. Wenn das jemand sehen könnte. Den Gedanken, Lenny zu bitten, dies einmal zu filmen, verwerfe ich so schnell, wie er gekommen ist.

Meiner Großmutter gleich drücke ich den riesigen roten Knopf.

Als ich mich zurück auf die Transportliege wurme, merke ich jede Faser meines Rückens. Zurück in meinem Bett, rufe ich vorne an, warte auf Jeremy und lasse mir den Föhn aus dem Schrank geben, um mir, entzündungsvorbeugende Pflicht nach dem Duschen, die Ohren trocken zu föhnen. Danach blase ich die warme Luft an mir rauf und runter, Brust bis Zehe und zurück. Hiermit ist die Morgenroutine, das fast immer gleiche Procedere unseres Aufstehens, beendet.

Es hat 2,5 Stunden gedauert.

«Tür zu oder auf?», fragt Lenny, der wie selbstverständlich die Socken zurück in den Schrank legt.

Zu.

Als ich alleine bin, schließe ich die Augen und horche. Der Schmerz im Kopf ist bei genauem Hinfühlen kein Schmerz, sondern ein rotierender, strömender Druck. Als hätten sich die Schläfen verengt, als sei ein heller Raum abgedunkelt worden. Richtige Schmerzen sitzen nur in der Lendenwirbelsäule, aber die kannte ich schon von dem Leben auf der Erde. Alle fünf Minuten muss ich meine Liegeposition verändern, um diesen roten Knoten zu lösen.

Da ich seit fast zwanzig Jahren keinen Fernseher mehr habe, schiebe ich, vollkommen fasziniert von diesem grotesken Ensemble der Menschlichkeiten, den Monitor den Liegepositionen hinterher. Ich hatte vergessen, was für ein Wahnsinn das Frühstücksfernsehen ist! Dazu endlose Wiederholungen von US-Sitcoms, die schon in meiner Kindheit vormittags immerzu wiederholt wurden, und Kanäle, auf denen entweder hochdramatische oder fassungslos irrelevante Werbeclips laufen, ein Kanal nur mit Werbung, der auch so genannt wird, Dauerwerbekanal. Ob es an anderer Stelle des Universums, auf einem der Milliarden Exo-Planeten, Lebensformen gibt, die etwas Ähnliches mit ihrer Zeit anfangen?

Ich greife zum Stationshörer, wähle die Nummer von Chris und sage: «Große Fliesen verzeihen weniger.» Ein Satz aus einer Werbung für ein Bodenputzmittel. Er verspricht, es sich zu notieren, und empfiehlt mir noch, mir den Finger in den schwerelosen Arsch zu stecken, man merke das kaum.

Dami kommt in mein Zimmer geschoben. Augenscheinlich hat er direkt nach mir geduscht. Fröhlich liegt mein Zimmernachbar auf der Transportliege, nur in den allerleisesten Hauch von Stoff gekleidet. Seine Genitalien sind in eine ultraenge Unterhose gezwängt, ein Eingeschweißtsein, das beweisen möchte: Es ist ein Verbrechen, dem Penis-Hoden-Arrangement auch nur einen Millimeter Bewegungsraum zu schenken! Könnten seine Hoden atmen, erstickten sie gerade direkt vor meinen Augen.

«Ich war gestern und heute immer schon am Morgen auf der Pfanne, ging richtig gut, ich glaube, ich mach das immer sofort nach dem Aufstehen.»

«Immer?», frage ich. «Kannst du dir das aussuchen ohne regelmäßigen Kaffee?»

«Anscheinend schon, wie normal auch. Es kommt einfach, wenn ich aufwache, immer noch vor sieben. Du?»

«Noch nichts.»

«Noch Tüte-lüte-nichts», trällert er und lässt sich pfeifend von dannen schieben.

Als ob die bloße Erwähnung des Bettpfannengangs meinen Darm angeregt hätte, spüre ich es rumoren. Ich greife zum Hörer, und innerhalb einer halben Minute ist alles da. Die blitzende Metallpfanne, ein Unterlegtuch, feuchtes und trockenes Klopapier und ein Rasierspiegel, mit dem der Astronaut nachschauen darf, ob er sich untenrum/hintendran auch ordentlich sauber bekommen hat. Lenny zieht den Vorhang vor die Tür und verzichtet, Gott segne ihn, auf irgendwelche Scherze oder Anfeuerungen. Dann schließt er die Tür. Von draußen wird er das «Nicht eintreten»-Schild an der Tür anbringen. Der Vorhang zwischen Bett und Tür ist eine Sicherheitsvorkehrung, falls jemand das Schild übersieht und plötzlich im Zimmer steht. So hat der sich erleichternde, blank auf die Schüssel gestreckte Raumfahrer noch Zeit, panisch zu brüllen und zu mahnen, für den Seelenfrieden beider in diesen Augenblick verwickelter Personen.

Ich klappe den Sehschutz vor die Kamera, ziehe mich aus, lege das raschelnde Tuch aus, greife zur Pfanne, hebe den Arsch und klemme mir das Ding unter. Selbst in der Waagrechten wäre es eine Herausforderung, in dieser unnatürlichen Position jene körperliche Ausscheidefunktion zu vollziehen, für die die Evolution die Senkrechte und zwei angewinkelte Beine vorgesehen hat. In Kopftieflage fühlt es sich an, als stemme man sich gegen die Wirklichkeit eines gesamten Planeten, namentlich die Schwerkraft. Alles ist falsch. Die schwitzenden Hände sind ins Bettlaken gekrallt, der Kopf hämmert, und der Bauch ist steinhart. Es ist, als wolle ich mit bloßen Händen ein Haus verschieben. Meine Fußsohlen berühren die über das Bettgestell geworfene Decke, als sei damit die Illusion des Erdenkontakts geschaffen. Weißnackt, wartend und dämlich liege ich da, ein Menschenkind, eine Schüssel unter den Arsch geschoben, Pimmel und Hoden sinnlos herumliegend, vollkommen offenbart in der elysischen Hellsichtigkeit des Zimmers. Sowieso ist so ein Pimmel mit seinem Eigenleben das dümmste Ding der Welt, immer störend, proletenhaft und niemals zufrieden. Plump liegt er auf meinem Bauch, die beiden angelagerten Hoden machen ihn zu einem Pfeil, einem Wegweiser, der in dieser lächerlichen Situation direkt auf meinen Kopf zeigt, dahin, wo ich denke, sehnsüchte und bin. Schau dich an, sagt er, mein lieber Herr Menschensohn, das bist DU!

Ja, das Kosmische, das Loslösenwollen wird uns klarmachen, aus welchem Holz wir geschnitzt sind. Mit allen Mitteln will man zum Mars, will wissen, was das Wesen Mensch noch werden kann und was es mit diesem vollkommen unverstandenen Rätsel auf sich hat, das wir gemeinhin als *Bewusstsein* bezeichnen, als handele es sich um etwas Auffindbares, das sich mit dem Kunstgriff des Begriffs greifen ließe. Immer geht es um Erkenntnis und Wahrhaftigkeit, aber am Duschen und Kacken scheitert's!

Ich räume den ganzen Mist weg, dieses Versagen, decke mich

zu, telefoniere nach vorne und übergebe die noch immer blitzsaubere, jedoch an ihrem Rand in Erwartung eines ordentlichen Stuhlgangs hübsch vorgewärmte Pfanne.

Nur ein Teufel kann den Tagesplan so zusammengestellt haben, dass es direkt nach dem Mittagessen zur Augenuntersuchung geht. Von allen Experimenten ist die Augenuntersuchung die unbeliebteste, da sie langweilig und anstrengend zugleich ist. In dem dunklen Raum starren wir in einen dunklen Apparat, der uns wenig elegant auf den Augen sitzt und alle Welt verkleinert. Während ein Laserstrahl die Augenhöhle, die Pupille und die Netzhaut scannt, muss ich mich, ohne blinzeln zu dürfen, auf ein blaues Kreuz konzentrieren. Im Hintergrund flimmert die rote Lasermesslatte im Stakkato über den Bildschirm. Ich will überall hingucken, nur nicht auf dieses verdammte Kreuz! Ist das Bild nicht vollkommen klar, muss der Scan wiederholt werden. Es kostet mich unglaubliche Willenskraft, bei dieser Untersuchung, die knapp eine Stunde dauert, nicht einzuschlafen oder vor Frust rumzumeckern.

Als ich wieder in meinem Zimmer liege, sind die Kopfschmerzen real. Der Rücken brennt. Ich denke an Heiner und seine Beschwörung: Die ersten Tage werden schwierig, aber irgendwann wird es besser. Ich notiere: Erste Durchhalteparolen an Tag Nummer zwei.

Ich rufe Dhia-K an, der nicht in seinem Zimmer ist und kurze Zeit später, aus der Zentrifuge kommend, an der offenen Tür klopft. Er lässt sich hereinschieben und zeigt mir weitere Videos aus Tunesien, bis ich ihn höflich rausschmeiße, um es aus lauter Sturheit noch mal mit der Bettpfanne zu versuchen. Aber nichts. Nichts außer zynischer Selbst-Sabotage. Ich bleibe eine Stunde lang auf der Pfanne liegen, lenke mich ab mit Musik und Fernsehen, in der Hoffnung, dass ein märchenhaftes Sesam-Öffne-Dich ohne mein Zutun geschähe und hinterher, welch eine Überraschung, der entkörperlichte Stoff meiner Nichtanstrengung in der Pfanne schmorrt.

Ich liege. Und liege. Im Fenster der Wechsel der Tageszeiten. Tagsüber ist das Licht im Glas so klar und nüchtern wie die Station selbst. Hell und sauber fällt es in meine Augen. Abends allerdings, um kurz nach neun, malt ein mit blauen Kristallen durchzogenes Grün den Fensterrahmen aus. Was für eine Großtat, welch flutbare Schönheit: Licht! Ich lege mich zu diesem Rauschen und warte, bis die Scheibe stumm wird und schließlich, entkräftet von all ihrem Glanz, geräuschlos erlischt.

Die warmgebrütete Bettpfanne gebe ich leer und zufrieden zurück.

Ich bleibe auf dem Rücken liegen und beiße mich durch den Schmerz. Nach zwei Minuten liege ich wieder auf der Seite und starre ins Fenster auf der Suche nach den verlorenen Farben. Den Druck im Schädel spüre ich bis in die Haarspitzen. Im Rest des Körpers herrscht vor allem Verblüffung, eine grelle Nervosität ob der Neuordnung aller organischen Materie. Alle Abteilungen sind verwirrt und müssen sich neu orientieren. Ich spüre die bindungsfreudige Masse, welche der Leib ist mit all seinen Atomen, Blutbahnen, Knorpeln und Knochen, den Willen, der mich zustande bringt.

Durch die Gravitationskraft, so hatte ich es einst in der Schule gelernt, bleiben wir stets in Bewegung, sind immer angezogen und abgestoßen, egal, wie ruhend und still wir auch zu sein glauben. Ein halbes Leben später rolle ich hier hin und her und frage mich, ob es wirklich die Schwerkraft ist, dieses eiserne Gesetz der Natur, die alles Ruhende und Angekommene aus der Balance bringen muss? Oder trifft genau das Gegenteil zu? Ist das ständige Herangezogenwerden, die Konzentrierung jener Impuls, dessen Ergebnis eine absolutistische Ruhe und Ganzheit zustande bringt?

Kopernikus, der als erster Europäer die Sonne ins Zentrum unseres Planetensystems setzte und somit ein jahrtausendealtes geozentrisches Weltbild entthronte, schrieb in seinem Hauptwerk, er betrachte die Schwere als Teil des allumfassenden Plans des «Weltenmeisters» – namentlich als ein Streben dahin, dass sich die Dinge zu Kugeln zusammenzögen und somit eine Ganzheit bilden können. Der Drang zur Einheit. Die Aufhebung der Trennung.

Einstein hingegen wurde weniger metamorphisch und beschrieb die Gravitation als eine unerlässliche Eigenschaft der Raumzeit, wobei jegliche Form von Masse und Energie das Kunststück besitzt, selbige zu krümmen. Nach Einsteins Allgemeiner Relativitätstheorie besitzt die Schwerkraft allerdings nicht nur eine anziehende, sondern auch eine abstoßende Qualität. Sie kann entweder die Dinge zusammenziehen oder voneinander wegstoßen. Da wir im anziehenden Gravitationsfeld der Erde stecken, spüren und sehen wir Erdlinge nur erstere Variante dieser Kraft. In einem (Welt)Raum allerdings, der vollkommen gleichmäßig mit Energie gefüllt ist, herrscht die repulsive oder abstoßende Schwerkraft, auch Antischwerkraft genannt. Diese bezieht sich nicht nur auf den unendlichen Raum des Makrokosmos, sondern ebenfalls auf den Mikrokosmos. Die Singularität, also der unvorstellbar winzige Punkt, aus dem sich unser Universum gebar, könnte solch ein gleichbleibendes Energiefeld gewesen sein, in dem dann die repulsive Schwerkraft einsetzte und den Urknall verursachte, den Beginn alles Bekannten. Das Ergebnis dieser «Explosion» ist heute noch beobachtbar. Die Dunkle Energie, die das Wirkungsfeld dieser Antischwerkraft bildet, sorgt nicht nur dafür, dass sich das Universum weiterhin ausbreitet, sondern auch dafür, dass sich diese Ausbreitung seit jeher beschleunigt.

Ob nun die Schwerkraft aber einfach nur eine Schwerkraft ist oder Götterhandwerk, um die Welt zu einen oder unendlich auseinanderzutreiben: Fakt ist, sie ist überall vorhanden, mag ihre Kraft auf weite Entfernungen auch noch so klein werden. In einem Universum voller Sterne, Asteroiden, Staub und Planeten fehlt es jedoch nie an Masse, und sei diese auch noch so weit im Kosmos verstreut.[4]

Jegliche Art der Schwerelosigkeit, die wir Menschen bislang im All erfahren durften, ist somit «nur» eine Mikrogravitation, die vor allem durch Gegenkraftlosigkeit zustande kommt. Soll heißen: Unser Schweben ist immer ein Fallen. Die ISS zum Beispiel steht nicht schwerelos im gravitationslosen All, sondern sie fällt um die sich drehende Erde. In 400 Kilometer Höhe, wo noch 90 Prozent der Erdanziehungskraft herrschen, ist sie so passgenau in der Umlaufbahn positioniert worden, dass sich die Anziehungskraft der Erde und die Fliehkraft der Raumstation ausgleichen: Der luft- und kräfteleere Raum außerhalb unserer Atmosphäre führt dazu, dass alles mit der gleichen Geschwindigkeit Richtung Erde rast. Metall, Stifte, Menschen, Salamibrote und alles andere auf der ISS fallen mit 28 000 km/h unaufhörlich an der Erde vorbei – und sind somit schwerelos.

Auf der Erde spüren wir nicht nur die Gravitation unseres Planeten, sondern auch die des Mondes. Wir werden es kaum bemerken, aber wenn der Mond direkt über uns steht, hebt er uns ein winziges Stückchen an. Irgendwo in den Milligrammen

4 Trotz aller schier unüberwindbarer Gravitationskraft ergeben sich in einem System von mehreren Massen an einigen Stellen seltene Gleichgewichtspunkte, die Lagrange-Punkte genannt werden. Dort sind die im Raum wirkenden Kräfte perfekt ausbalanciert, die Zentrifugalkraft und die Gravitationskräfte heben sich gegenseitig auf. Im Falle des binären Erde-Sonne-Systems existieren fünf solcher Punkte, die die Weltraumbehörden gerne als «Parkplätze» benutzen. Völlig antriebslos kreisen zum Beispiel die Soho-Sonde oder das Herschel-Teleskop an einem der Lagrange-Punkte in absoluter Kräfteharmonie um den jeweils massereicheren Himmelskörper.

werden wir leichter – eine Erdtrabanten-Diät mit eingebautem Jojo-Effekt.

Wenn wir sehr hoch springen und wieder zu Boden fallen, stellt sich ebenfalls für einen kurzen Augenblick Schwerelosigkeit ein – einer der Gründe, warum Menschen süchtig nach einem Trampolin, Bungeespringen oder Achterbahnfahrten werden. Im Bremer Zentrum für angewandte Raumfahrttechnologie und Mikrogravitation steht ein 146 Meter hoher Fall-Turm, der es den Forschern erlaubt, in der zur Erde fallenden Kapsel für vier Sekunden lang Schwerelosigkeit zu erzeugen. Und in einem Parabelflug ist der Mensch in der Tat für 20 Sekunden von allen Bindungsmächten befreit.

Aber so aufregend diese kurze Erfahrung sein mag: Um der Schwerkraft und sich selbst fulminant abhandenzukommen, muss der Mensch die Erde verlassen.

Als der französische Astronaut Jean-François Clervoy aus dem All zur Erde zurückkehrte, sagte er über die Erfahrung der Schwerelosigkeit: «Du schließt deine Augen und vergisst deinen Körper, er ist nicht mehr da, er ist einfach verschwunden. Du bestehst nur noch aus deiner Seele, du bist ein Gedanke. Du verlierst das Gefühl, einen Körper zu haben.»

Außer den Hindus, die weit über die *Upanischaden* hinaus beschreiben, dass alles, also auch Körper und Materie, Brahman ist (die Urseele der Welt), zählt fast jede Religion auf den Dualismus von Körper und Geist, wobei Ersterer für das volle Inkrafttreten des Letzteren überwunden werden muss. Wir sind zu sehr an die apriorischen Gepflogenheiten unseres massereichen Leibes gebunden, diesen störrischen Tempel mit all seinen Instinkten, Drüsen, Ein- und Ausgängen, dem Schleim und den sich stets abnutzenden Organen, der dem Geist durch seine Sinne die einzig bekannte Erfahrungswelt diktiert. Es ist das leidige Körpersein, das alle Schwere und Verdichtung initiiert. Eine die Körperlichkeit zunichtemachende Entstofflichung würde schließlich zu einem Seinszustand führen, der ohne die Intervention der physischen Welt erlebbar wäre.

Ein reines Gewahrsein von Geist und Bewusstsein.

Zhuangzi würde sagen, wir müssten uns im Tao verlieren, so, wie sich die Fische im Wasser vergessen.

Jedes Mal, wenn ein Astronaut oder eine Astronautin einen Spacewalk vollzieht, halten die Zurückgebliebenen an Bord und die Verantwortlichen auf der Erde den Atem an. Nicht nur sind diese EVAs (*extravehicular activities*) mit enormen Gefahren verbunden, sondern man weiß heute auch, welch übermenschliche Macht das schwerlose Schweben außerhalb der Raumschiffwände haben kann.

Charles Duke jr. beschrieb, als er von seinem Spacewalk berichtete, die Dunkelheit des Alls als eine Art Gewebe. Er war der Meinung, er hätte diese Dunkelheit anfassen können, so intensiv sei sie gewesen. Und Ed White, der erste Amerikaner, der einen Weltraumspaziergang vollführte, musste mehr als einmal aufgefordert werden, an Bord der Raumstation zurückzukehren. Er war so gefesselt davon, im freien Raum zu schweben, dass er sich kaum vorstellen konnte, diesen Zustand aufzugeben. Als er wieder an Bord kam und sich die Luke hinter ihm schloss, beteuerte er später, dass dies der traurigste Moment seines Lebens war. Anderen erging es ähnlich. Die überwältigende Erfahrung, im All zu schweben, kommt einer spirituellen Erfahrung gleich, die man nicht wieder für das Zurückgeworfensein in den Körper aufgeben will.

Das Losgelöstsein also, die Auflösung ins größere Ganze: Findet genau in dieser Erleichterung die Sehnsucht des Menschen ein Ende, ist dies unser Ziel seit Anbeginn unserer Zeit? Müssen wir den Körper und das meiste, was wir unter unserem «Selbst» subsumieren, vergessen und liebevoll aufgeben, um zu erkennen, was wir darüber hinaus noch sind und, gerade in der Begegnung mit der Schwerelosigkeit, noch sein werden können?

Vielleicht hatte Kopernikus unrecht. Vielleicht ist es nicht das Sich-Anziehende und Einsammelnde, was die Dinge zu ihrem eigentlichen Kern und Zentrum zusammenschweißt, sondern das Schwerelose. Womöglich verrät uns gerade das Sich-Abhandenkommen den Weg zu jenem Einssein, das der Weltenmacher im Sinn hatte.

3. Liegetag

Noch 49.180.200 Kilometer bis zum Mars

Durch eine charmante Unachtsamkeit im Morgenablauf stauen sich drei Transportliegen vor der Wiegekammer. Drinnen liegt Dami in seinen Flamingoklamotten. Mein Blick fällt auf das Regal mit den Handtüchern. Ich strecke meinen Arm und zeige auf die Handtücher, Chris, der noch halb schlafend neben mir liegt, grinst und reckt den Daumen. Felix hingegen hat keine Ahnung, wovon wir gestikulieren. Ich nehme mir vor, ihm später von Chris' Selbstbefriedigungsverleser zu erzählen. Bis dahin kann er schön denken, wir würden jetzt schon den Verstand verlieren und, einander dümmlich angrinsend, an Wänden und Regalen auf Geisterjagd gehen.

«Ab auf die Pfanne», sagt Dami zu sich selbst und befiehlt der ihn schiebenden Katleen, am Bettpfannenlager haltzumachen. Mit dem Kopf zuerst wird er in den winzigen Raum geschoben, um sich die Bettpfannenspülmaschine erklären zu lassen. Während er noch Unterschiede in der Beschaffenheit der absolut einheitlichen Pfannen auszumachen versucht, liege ich wieder in meinem Zimmer und sehe seinen Instagram-Post von heute Morgen. Noch 74 Tage, 17 Stunden, 4 Minuten und 13 Sekunden stehen auf der strahlenden Uhr.

Ich bekomme die warme Schüssel und den Waschlappen für die Katzenwäsche im Bett. Erst jetzt bin ich so wach, um zu merken, dass ich vollkommen schmerz- und druckfrei bin! Der Kopf liegt wolkenleicht auf der Matratze, der Nacken ist warm, kein roter Pfeil bebt zitternd im Rücken. Mit großen Augen drehe ich mich hin und her. Ein leises Nachbeben in der Lendenwirbelsäule, und das war's! Ich lasse sogar den Kopf über die Bettkante hinaushängen und schüttle ihn hin und her, geheilt und versöhnt mit Plasma, nassem Gehirn und Leibeshaftigkeit!

Ein Glücksrausch flutet meinen Körper. Das Beerenmüsli esse ich so langsam und genüsslich, dass ich alles andere vergesse.

Der Fragebogen liest:

Stolz: Erheblich.

Begeistert: Erheblich

Stark: Äußerst stark

Vor Glück hätte ich beinahe nach der Pfanne gefragt, überzeugt, dass sich im Kometenschweif des neu erklommenen Wohlseins nun auch der letzte wunde Punkt erledigen würde. Nur noch diese eine Bewältigung, dieser letzte Berg, und die nächsten 74 Tage werden ein Kinderspiel. Der Tagesplan verrät: NeuroGravity, Knochendichtemessung, MRT und Docking mit Bernd. In Gedanken setze ich das Wunschprogramm für die Abendgestaltung hinzu: Duschen, Pfanne und Pokern.

Das erste NeuroGravity-Experiment im Liegen. Ich bekomme den Kopf mit Gel eingeschmiert und eine Haube übergestülpt, auf der unzählige Elektroden sitzen. Die Wissenschaftler setzen mir die VR-Brille auf. Eine Viertelstunde lang muss ich Pünktchen verfolgen, die sich quer durch den Raum bewegen, nahe kommen und in die Ferne driften. Anschließend geht es ins MRT, meine heilige Röhre. Tagträumend liege ich im wummernden Kraftfeld der außerirdischen Maschine und denke gar nicht daran zu schlafen. Die magnetischen Kreise ziehen ihre Bahnen in meinen Atomen, und ich lege mich zu ihnen und höre zu.

Zurück in meinem Zimmer, bleibt mir noch eine Stunde, bis Bernd und Alice mich abholen kommen. Ich beschließe, es noch mal mit der Pfanne zu versuchen und diesen Scheiß buchstäblich hinter mich zu bringen. Hatte Freud nicht geschrieben, das

Nicht-kacken-Wollen hänge mitunter mit narzisstischen Tendenzen zusammen? Bin ich also eine Art Egomane, der selbst von seinen Ausscheidungen nichts abgeben will? Muss alles immer mir gehören, nur mir ganz allein, sogar meine Fäkalien? Bin ich wie Trump, der in meiner Situation bestimmt auch nicht kacken könnte? Würde der Buddha einfach so abseilen, Krishnamurti, Peter Wohlleben, Susan Sonntag, ja trüge Michelle Obama ihr Darmdurchwalktes seelenruhig in die Schüssel?

Als ich vorne bei den Blauen anrufe, ist es Katleens Stimme, die sich meldet. Ins Zimmer aber kommt eine mir unbekannte junge Frau, alle notwendigen Apparaturen auf dem Arm balancierend. Unvermittelt stellt sie die Pfanne und all den Pfannenkram auf meinen Beinen ab. Dann reicht sie mir die Hand.

«Ich bin Klara.»

«Klara, hallo.»

«Hallo, und du?»

«Ich?»

«Hast du auch einen Namen?»

«Oh. Ja. Sorry. Dennis.»

«Hi, Dennis. Ist mein erster Tag heute hier bei euch.»

«Ja, meiner auch.»

Ich weiß nicht, warum ich das sage. Es ist weder wahr noch witzig, noch charmant, noch sonst irgendwas, es ist nichts, sogar gar nichts, es ist sogar noch unter nichts, lang und weit unter null, schlimmer, als sie schweigend anzugaffen oder zu sagen: «Jeder erste Tag muss immer ein erster oder ein anderer sein, ganz sicher, ciao Kakao.»

«Erster Tag?», hakt sie genüsslich nach, anstatt es einfach hinter uns zu lassen.

«Ja, erzähle ich dir später», sage ich und winke die Sache so verloren ab, als wollte ich ein Geheimnis wahren, das ich selbst nicht kenne. Das alles ist so unglaublich dämlich. Ich komme mir plötzlich unendlich albern vor, hier zu liegen und nicht weiterzuwissen. Mit rotrundem Kopf, meinem presswurstbreiten

Puffyface liege ich quer im Bett mit meinen zu großen Klamotten, die keinen Zentimeter eingelaufen sind, sechs Grad tiefer, als ein Mensch eigentlich liegen und leben sollte, und sie guckt von oben auf den Aufgequollenen herab und denkt sich: Was ist das für ein Trottel, warum macht der das nur!

Fast hätte ich gesagt: Es ist nicht so, wie du denkst.

Und die Bettpfanne glänzend poliert auf meinen Beinen, Klopapier daneben, mir ans Bett gebracht von der heiligen Klara.

«Nun, ich lass dich mal besser alleine», sagt sie. «Klingel einfach, wenn du mich brauchst.»

Mein Gehirn ist so kurz davor, ein «Klingelingeling» an Lippe und Zunge zu senden, und nur ein Gott, den ich nicht kenne und dem ich alles verdanke, hindert mich daran. Stumm und verstört schaue ich ihr nach, wie sie das Zimmer verlässt.

Ich packe die Klappe vor die Kamera. Des Schauspiels halber klemme ich mir die Pfanne unter den Arsch, die Hose nur ein Stückchen runtergezogen und das T-Shirt noch am Leib, was insgesamt lächerlicher aussieht, als vollkommen nackt dazuliegen. Nichts, aber auch gar nichts kann mich dazu bringen, dieser wunderbaren Frau meine dampfende Abfuhr zu übergeben, nicht jetzt, nicht am ersten Tag und vielleicht nie. Jeremy ja, Amir, Katleen, Lenny und Anna, sie alle dürfen ins stinkende Zimmer kommen, diese allzu warmgepupste Miefstube betreten, den Vorhang wegziehen und das mit ehrlicher Erde beschwerte Metall in den Bettpfannenspülraum wuchten, es dort leeren, grob auskratzen und dann in den Pfannenspüler stellen, alle dürfen sie sehen, dass ich Mensch bin mit Darm und Gasen wie alle anderen Affen auch. Alle, aber nicht sie! Nicht als zweiter Eindruck, nicht nach diesem ersten Eindruck.

Zwanzig Minuten schaue ich fern und starre in die traurigen Pappstudios der humorlosen Sitcoms. Zwanzig Minuten überlege ich, was ich am besten sage. Dann klingel ich nach vorne.

Noch während sie das Zimmer betritt, spüre ich ihre Wärme, die sie wie eine Atmosphäre umhüllt. In dieser kalten und weißen Welt ist an ihr alles lichtern. An meinem Bett angekommen, streicht sie sich ihre langen braunen Haare aus dem Gesicht und legt ihre Hände ineinander.

«Das war nichts», setze ich sie, viel zu laut in die Stille geschrien, von meinem nicht Zustandegebrachten in Kenntnis und übergebe die von meinem feuchten Arsch glühende Schüssel, als sei in der Tat nichts gewesen und dies die normalste Handlung zwischen zwei sich unbekannten Menschen: Da haste deine Bettpfanne zurück! Ich habe mich mit Deo eingesprüht und hoffe, dass ihr auffällt, dass es hier angenehm riecht, sie jedoch nicht bemerkt, dass ich es gerade erst an mich geschmiert habe wie ein Perverser.

«Der Plan sagt, dass du noch nicht warst, seit ihr liegt, richtig?»

«Der Plan?»

«Wir müssen ein Häkchen machen und jeden Stuhlgang protokollieren. Bei dir steht noch nichts.»

«Ja, ich war noch nicht. Irgendwie ist es seltsam, so in Unterlage nach oben zu pressen und ...»

«Nun, ich frag mal die Ärztin, wie lange du noch Zeit hast, bis wir nachhelfen müssen.»

«Nachhelfen?»

«Zäpfchen!»

«Zäpfchen ...», zischt es aus mir heraus.

«Wir werden sehen ... Bis später!»

Lächelnd verlässt sie das Zimmer und lässt die Türe offen.

Ich starre an die Decke.

Was für ein einzigartiges Gefühl, überglücklich und ohnmächtig zugleich zu sein.

Bis Bernd mich abholen kommt, haben mich Dhia-K, Chris und Felix angerufen, alle mit derselben Frage: ob ich die Neue schon gesehen habe? Bernd kommt ohne Alice und versinkt in einem enormen, aus seinem bulligen Körper aufsteigenden Grinsen, das sich über sein gesamtes Gesicht zieht. Ich habe diesen wonnewohlen Glücksbärchen-Mann noch nie schlecht gelaunt erlebt, außer, wenn ihn seine Computerprobleme nerven und er sich anschickt, zielgerichtet und in wunderschönen Tiraden die Technik zu beleidigen. Während er mich durch die Schleusen schiebt und der Lauf der Decken, Leuchtröhren und Türrahmen über mir hinweggleitet, berichte ich ihm vom Ende der Weltraumkrankheit. Kein Schwindel, keine Übelkeit, keine Schmerzen mehr! Nur noch glückselige Ohnmacht.

Im Docking-Raum salutiere ich wie immer vor der russischen Progress-Sonde, deren Foto zur Inspiration an der Wand hängt. Hinter ihr die zurückgelassene Erde, blau und leuchtend im All schwebend wie in einer Simulation, wie gephotoshopt. Bernd sagt: «Na, dann schlenz dich mal auf die Matte wie ein Spiegelei aus der Pfanne.»

Er knipst das System an. Mit einem leisen Summen fährt alles hoch. Auf meinem Monitor erscheint die Andockstation der ISS. Ich greife die beiden Steuerknüppel über meinem Kopf. Noch immer sind die Aufgaben recht einfach. Es gilt, sich bei einfachen Platzierungs- und Anflugmanövern bis ins Mark mit allen Anzeigen vertraut zu machen, die Telemetrie stets im Auge zu behalten und überhaupt jedes noch so kleinste Detail zu beachten, so lange, bis die ersten Automatismen greifen. Wir quatschen die gesamte Stunde durch.

Er erzählt von seinen russischen Jahren, seiner Zeit im Epizentrum von Roskosmos, der russischen Weltraumorganisation im sogenannten Sternenstädtchen.

Er erzählt von seinen Töchtern und wie sie ihm gefehlt haben, als er selbst an der Isolationsstudie teilnahm, die ihn 110 Tage von der Außenwelt trennte.

Ich erzähle von Indien, von meinem Motorrad namens Lotta, die dort auf mich wartet, von meinen Patenkindern und dass ich bald Zäpfchen bekomme gegen die Wand in meinem Arsch. So vergeht die Zeit. Als er mich schließlich zurück in den Wohntrakt schiebt, bin ich mir sicher, dass Bernd unser 13. Mann ist. Schon jetzt ist er für die meisten von uns zu einer Vaterfigur geworden, ein Vertrauter, den wir wahrscheinlich in den schweren Stunden und Tagen bitter nötig haben werden.

Am Abend kommt Peter und inspiziert ein letztes Mal die Biopsiewunden an Oberschenkel und Wade, die er mir einverfleischt hat. Auf der weißer werdenden Haut sind die Einschnitte zu rosafarbenen Kreuznarben verwachsen. Er sitzt am Bettrand, macht seine Fotos und erzählt wie immer, wenn wir uns sehen, von Kuba. Er will hören, ob ich seine dort gemachten Erfahrungen teile oder nicht. Es tut gut, von der Erde zu reden und zurückzureisen zu Mayra, Milsi und Alain, dem mächtigsten Zauberer von Santiago de Cuba, und Elvio, besonders zu ihm, mit dem ich Stunden und Tage im Rum-Museum verbracht habe, Elvio, der den ganzen Tag seine englischen Romane liest und den Tagestouristen jene Flaschen verhökert, die überall in Kuba von den Lastwagen fallen. Ach Elvio, Damian, Yanelis, mein Santiago de Cuba, Millionen Kilometer entfernt.

Es klopft. Klara schiebt die Tür auf. Sie lächelt. Wie ist es möglich, mit einem Lächeln alles auszulöschen, um es in einer besseren Welt wieder entstehen zu lassen? In meinen Handflächen bricht die Feuchtigkeit aus. Als sie sieht, dass Peter neben mir sitzt, wechseln ihre haselnussbraunen Augen zurück in ein nüchternes Arbeitsverhältnis. Langsam gleiten ihre Hände in die Kitteltasche. Höflich weist sie Peter darauf hin, dass hier bald die Nacht hereinbricht und der Patient, sie sagt tatsächlich Patient, sich bettfertig machen muss. Die beiden verabschieden sich, Klara zieht die Tür zu.

In der Dunkelheit zähle ich die blinkenden Lichter meines weißen Raumes.

Es sind Tausende.

4. Liegetag

Noch 48.524.464 Kilometer bis zum Mars

Das Liegen verlangsamt die Zeit. Alles dauert. Das Greifen, Anziehen, Ausziehen, Waschen, Kauen, Zähneputzen, Aufwachen. Ja, selbst das Antworten. Während der morgendlichen Stippvisite klopft Doc Frida, nachdem ich meine Beschwerdelosigkeit kundgetan habe, auf ihr Klemmbrett und sagt: «Dennis, mein Lieber, mir fehlt hier ein Bettpfannen-Häkchen. Was meinst du, wird das heute klappen?»

Ich brauche viel zu lange, um etwas zu sagen, liege da mit offenem Mund und gebe schließlich auf, indem ich einfach gar nichts sage. Geduld, denke ich. Wer zum Mars fliegen will, muss Geduld haben und einfach mal warten können mit allem.

«Es gibt jetzt leider nur noch zwei Alternativen. Entweder ich gebe dir noch eine Stunde, und du versuchst es noch mal, oder wir nehmen sofort ein Zäpfchen, das abführend wirkt. Es ist deine Entscheidung.»

Fünf Minuten später liege ich im abgedunkelten Raum mit dem Arsch auf der Pfanne und starre vergebens an die Decke. Ich hatte gebeten, an echtem Kaffee riechen zu dürfen, den es im Aufenthaltsraum der Blauen gibt. Aber selbst das ist nicht gestattet. Vollkommen ungereizt liege ich mit mir herum, nackt bis auf die Socken, die ich seltsamerweise anbehalten habe, und recherchiere das Stipp der Stippvisite. Es ist ein norddeutsches Wort und bedeutet so etwas wie Punkt oder kurzer Augenblick.

Ich rufe Chris an.
«Rate mal, wo ich bin?»
«Wahrscheinlich wie immer am Kacken!»
«Richtig. Hör mal, wusstest du, dass eine Stippvisite entweder ein kurzer Besuch oder das Vordringen eines militärischen Stoßtrupps ist oder aber, ich zitiere aus Wikipedia, eine intime Berührung mit den Fingerspitzen, eine gegenseitige sexuelle Stimulierung ohne genitale Vereinigung.»
«Aha.»
«Kein Witz. Aber es sagt nicht, wo berührt wird.»
«Soso!»
«Stippvisite kann also auch sein, ich kitzle dir das Ohrläppchen!»
Ich will mich daran erinnern, später noch Reinhard, diesem aufmerksamen Wortesammler, von der Stippvisite zu erzählen. Die leere, von keinem Lüftchen Leibeshaftigkeit berührte Bettpfanne stelle ich selbst beiseite, rufe vorne an und lasse das Licht heruntergedimmt. Sebastian, stellvertretender Leiter der Blauen, ist mit der Aufgabe betraut worden, mir das Zäpfchen unterzujubeln.
«Keine Sorge», sagt er grinsend, «ich werde es lassen, in den nächsten Monaten irgendwelche dämlichen Kommentare abzugeben. Bestimmt. Ich schwöre!»
Er stülpt sich die Einweghandschuhe über, klatscht und sagt: «Zack, zack.»
Ich rolle mich auf die Seite, strecke den Arsch raus und ziehe die Hose runter.
Ein Blupp, und schon ist alles vorbei.

Eine halbe Stunde später gebe ich eine gefüllte Bettpfanne ab und bin um eine Erfahrung reicher. Mit dem allzu ehrlichen Rasierspiegel bin ich den Körper hinuntergefahren, vorne und hinten, um die Gesamtheit dieser Situation nicht zu verpassen. Über die Brust, den schwammiger werdenden Bauch, dann wieder die Genitalien, die man besitzt, ob man das nun will oder nicht, ein Pimmelchen und die Hoden daneben wie zwei Blinker, als Hinweis womöglich, dass man auch noch andere Richtungen einschlagen könnte, in die Traurigkeit und die Schwere. Der Aluglanz der Schüssel, ihre neue Schwere, wenn man den Deckel draufschiebt und sie wegpackt, und dann zum ersten Mal im Leben der Blick auf den eigenen Anus, diesen kräuseligen Schlund. Niemals hätte ich geglaubt, dass sich dort hinten so viele Haare tummeln. Ich gehe mit dem feuchten Klopapier drüber, bis alles weggerubbelt ist, das Zimmer stinkt, und ich, Mensch seit fast vierzig Jahren, so entleert und tiefengereinigt bin wie nie zuvor.

Ich lasse mich in Damis Zimmer schieben und berichte, ohne das Zäpfchen zu erwähnen. Ihn jedoch, den täglichen Scheißer, diese Punkt-Sieben-Uhr-Maschine, langweilt mein später Triumph. Er liegt auf dem Rücken, die Hände auf der Brust gefaltet, und schaut Richtung Fenster.

«Ich glaube», sagt er, «ich werde hier drin nichts machen, die nächsten zwei Monate einfach nichts. Ich glaube, ich schaue einfach aus dem Fenster gegen diese Wand da draußen.»

«Ja», sage ich, «das ist gut. Siehst du am Abend auch immer den Wechsel der Farben im Fenster, wie das Grün im Blau aufgeht, als ob es in ihm vergraben läge und nur auf die Dämmerungsstunde wartet, um diese zehn Minuten aufzugehen wie ein Lotus, der nach kurzer Blühphase zurück in den dunklen Sumpf der Nacht fällt?»

«Nö. Am Abend drehe ich mich immer auf die andere Seite und starre den Schrank an.»

Ich lache so laut, dass ich einem Hustenkrampf erliege, Lenny schiebt mich aus Damis Zimmer und zurück vor meinen eigenen Schrank.

Bald geht das Licht aus.

Ich liege in der Dunkelheit und zähle die Lichter, meine neun Planeten. Das war's also. Das Schlimmste – die ersten Liegetage, das Erlernen der neuen Situation, der Bettstuhlgang – ist überstanden! Endlich erlöst und schwerelos, von wegen Narzisst! Die erste Etappe ist geschafft. Allerbester Laune rechne ich durch: Die nächsten 73 Tage auf diesem Raumschiff, das ich nun zum ersten Mal vollständig bewohne, werden bestimmt eine Kleinigkeit! Ich bin auf dem Weg und weiß, da draußen hängt er, festlich leuchtend im alldurchdringenden Schwarz des Weltenraumes, Mars, der Erwartungsvolle.

Mars, mein neues Zuhause.

Woche Zwei

10. Liegetag

Noch 43.278.576 Kilometer bis zum Mars

Am Anfang war das Licht. Das Licht schuf den Raum und die Zeit. Nun ist alles vorhanden; nun kann ich reisen. Ich liege. Und bezeuge die Trennung von Strahlung und Materie, Energie und Stoff, und das Ur-Leben zieht sich zu Dingen zusammen, zu ersten Galaxien, dem Inhalt der Sonnen und implodierender Sterne. Eine Protoerde kreist und kreist, dampfend und heiß und rot wie Feuer und schwarz wie Basalt, aus dem Himmel fallendes Wasser Jahrmillionen lang ohne Pause und weiter, Regen, von der Ewigkeit verwaschene Ozeane, Vulkane, an hydrothermalen Schloten, die sich am Meeresboden türmen, entstehen die ersten Zellwände, Einzeller, Zweizeller, Eukaryoten. Die ersten Tiere, das Heulen der Wölfe nahe den wandernden Primaten, Greifdaumen, Sprache, Lieder und Fragen, während die Milchstraße mit 200 km/h durchs Universum rauscht, dann die Gesangbücher und die Industrie und der Tanz, die ornamentierten Gräber der Menschen, Autos und Visionen von fliegenden Autos, schwebende Menschen zum Mars und zu Jupiters Monden, zu Ganymed und Sinope, und schon schlurft es draußen, und die schwere Tür schiebt sich auf, Jeremys Kopf mit der Haartolle eines Elvis, die fast federnden Haare, als Letztes noch das Wort Dosenfutter von irgendwo, ich will es mir merken in diesem zerstiebenden Traum, 14,7 Milliarden nach dem ersten Licht des Kosmos, doch ich gleite geräuschlos aus meiner Nacht. «Guten Morgen», flüstert Jeremy, «du hast gesprochen im Schlaf.»

Er klettet mir die Manschette an.

«Ich war auf der Umlaufbahn des Mars», sage ich, und Jeremy antwortet: «Natürlich warst du das», als sei ich ein dummes Kind.

Blutdruck und Fiebermessen und Blutabnahme und Wiegen und Fragebogen und Katzenwäsche mit dem Lappen. Auf Damis Uhr steht:

Tag 24. Noch 65 Tage und 13 Stunden.

Dann stehen wir wahrhaftig auf dem Mars.

Die Moderatoren des Frühstücksfernsehens, mit glatten Haaren und zwei Kannen schweren Kaffee intus, fröhlich gackernd um 7 Uhr morgens. Man kann es kaum begreifen, was aus einem Meer aus Protonen so alles werden kann in einem Studio aus grellem Licht. Das Frühstücksmüsli. Ich rolle mich auf den Bauch und hänge halb aus dem Bett, um alles aufschaben zu können. Wieder eine Sache erledigt. Ich schaue in die Listen, die ich zu führen begonnen habe, und schreibe:

Was hat sich in zehn Tagen Liegen in der Schwerelosigkeit verändert bzw. ist schwieriger geworden:

- Wäsche zusammenlegen
- Essen
- Trinken
- Creme aus der Cremetube drücken (tatsächlich)

Dinge, die man monatelang nicht mehr tut:

- Türklinken drücken
- Wasserhähne öffnen und schließen
- Blumen gießen
- Wecker stellen
- Fenster öffnen und schließen

- das Gewicht eines Schlüsselbundes fühlen
- Geld abheben
- Geld in der Hand haben
- Einkaufen
- Abwaschen
- Gemüse schneiden
- Verpackungen öffnen
- Himmel sehen, Wolken, Tiere

Was fehlt:

- Himmel mit Wolken
- Himmel ohne Wolken
- Kaffee
- Wein, Whisky
- warme Luft
- Fenster nach draußen
- Frühling
- der Geruch nebliger Wälder
- Jiu-Jitsu
- Kussmund

Auf dem Tagesplan stehen K-ICB, MRT, Cognitive Response. Ein fast freier Tag also, eine Seltenheit. Kaum habe ich den Plan beiseitegelegt, steht Valentin auch schon im Türrahmen, wie immer gut angezogen und die Höflichkeit in Person. Er hebt seinen Koffer zum Gruß. Gleichzeitig ist dies seine Frage, ob er eintreten dürfe.

«Ich lasse gewähren», sage ich kaiserhaft, was ihn derart erheitert, dass er den Weg ans Bett mit gespielter Scham und servil gesenkten Augen zurücklegt.

Er klappt seinen Koffer auf und überreicht mir die Instrumente. K-ICB ist das Kürzel für Kinetikardiographie, ein Experiment, für das ich vor allem meinen Atem kontrollieren muss. In dem fanatisch durchgetakteten Tagesablauf ist K-ICB wie eine angeleitete Meditation, die den gesamten Tag in eine andere Wolke zu heben vermag.

Mittlerweile haben wir gelernt, uns selbst anzuschließen. Der schwarze Batman-Koffer enthält ein Tablett, einige Elektrodenstreifen und zwei Geräte von der Länge und Breite des kleinen Fingers, die wir selbst mit frischen Klebeelektroden bespicken und uns dann auf die immer gleichen Punkte auf der Lendenwirbelsäule und der Brust setzen. Das Gerät beginnt, grün zu blinken. Als säße ein Diamant in der Brustschale. Wenn ich vorne anrufe und das Licht runterdimmen lasse, leuchtet der terrestrische Astronaut in den stillen Raum. Mit einem Menschwesen von der Erde hat er nur noch wenig zu tun.

Auf dem Tablett erscheint die Bestätigung: «Verbunden.»

Ich drücke auf «Play» und schließe die Augen. Zuerst öffnet sich eine knarrende Tür. Ich habe mit den anderen darüber gesprochen, niemand außer mir hört diese knarrende Tür. Laut ihnen sind es Seemöwen oder Pelikane. Die gesamte Geräuschkulisse spielt am Meer, ich höre Vögel, Wellen und das Rasseln eines unbekannten Wesens, überlagert von einem nassen Atem, einem bronchialen Rhythmus. Meine einzige Aufgabe ist es nun, diesem Darth-Vader-Sound passgenau nachzuatmen.

Ich träume hinweg. Die meditative Strandkulisse erinnert mich an das südindische Rameshwaram, ich sehe das Brackwasser, das in die Zisterne unter dem heiligen Tempel klatscht, das Rabenkrächzen, die gierigen Möwen. Das Experiment dauert nur zehn Minuten und ist zu schnell vorbei. Womöglich hat man Sorge, wir könnten unter der auditiven Sedierung wegschlummern, was erstens verboten ist und zweitens das Experiment zunichtemachen würde.

Die Stimmen und Vögel verstummen. Das grüne Atomlicht beginnt, blau zu leuchten. Ich entknöpfe mich, packe alles ein und gebe Valentin, der geduldig wie ein Mönch hinter der offenen Tür gewartet hat, seinen Piratenschatz zurück.

Daniela ist bis in alle Zimmer zu hören. Sie hat sich zum Büro und dem Aufenthaltsraum der Blauen schieben lassen und erzählt Geschichten. Plötzlich wird mir klar, dass ich, seit wir liegen, noch kein einziges Mal den anderen Flur besucht habe. Ich rufe nach Jeremy und bitte ihn, mit mir eine Tour durch den Wohntrakt zu machen.

Wir fahren im Uhrzeigersinn. Dami sieht wesentlich besser aus als noch vor zehn Tagen. Seit seine Haare wieder etwas nachgewachsen und die Schnittwunden verheilt sind, sieht er wieder aus wie ein Mensch. Selbst die Augenbrauen kommen langsam zurück. Er lebt. Doch wie ein Leichnam liegt er auf dem Rücken, die Hände über der Brust gekreuzt, und starrt an die Decke.

«Wie lange schläfst du immer?», fragt er.

«So viel, wie es geht», antworte ich. «Obwohl ich es vor elf gar nicht versuche, also immer von elf bis halb sieben.»

Er grummelt. «Ich bin immer schon um 5 Uhr morgens wach. Dann liege ich eine Stunde in der Dunkelheit herum. Sobald ich das Handy oder so anmache, sehen die es auf der Kamera und verbieten es mir. Ist dir aufgefallen, dass sie die Klimaanlage nachts zweimal hochfahren? Immer um 1 Uhr 30 und um 5 wird es eine Nummer kälter. Wenn ich da nicht eh schon wach bin, bin ich es dann.»

Ich winke zum Abschied, Dami nicht. Felix, ganz seinen bayrischen Traditionen verpflichtet, liest sich durch alte Ausgaben der *Süddeutschen* und ist bester Dinge. Auf Dhia-Ks Küchentablett liegt noch die Portion Zucker, die wir uns eigentlich in den Morgentee kippen. Er hat sie gehortet. «Diese Scheiß-Scholle gibt es heute Mittag», keift er und erklärt, was es mit dem Zucker auf sich hat: Die Scholle schmecke ihm so schlecht, dass er die süßen Zuckerkristalle drüberstreuen müsse, um das Fischzeugs überhaupt runterzubekommen! Er greift in seine Tasche und zieht eine Klammer hervor, die er sich prompt, damit ich auch ja sehe, wie beschissen er die Scholle findet, auf die Nase klemmt. Mit der aufgesetzten Klammer folgt eine näselnde Tirade über die

Unart, wie man in Deutschland Fisch zubereitet, abgeschlossen mit dem Versprechen, in Djerba serviere er mir nur ordentlichen Fisch, darauf könne ich mich verlassen.

Ein kurzer Plausch mit dem Küchenpersonal, in dem weder Dhia-K noch die Scholle erwähnt wird. Schließlich biege ich auf den anderen Flur, der mir fremd und eigenartig erscheint. Reinhard erzähle ich von Stipp. Er fragt mich, ob, wenn ich mir das Wort «Wespennestfrisur» visualisiere, vor allen Dingen das Wort «Penne» hervorsticht? Thomas hat von uns allen das am stärksten aufgequollene Gesicht, will es aber nicht wahrhaben. Kaya befürchtet, jeden Tag hässlicher und weicher zu werden («Und meine Haare, entsetzlich!»), Mareike erklärt mir die Vorrichtung, mit der Frauen im Liegen pinkeln müssen («Das sind architektonische Probleme, die ihr Männer nicht habt»), und Angela erinnert sich an die Seltsamkeit, dass sie immer nur aus der linken Achselhöhle stinkt, wenn sie Knoblauch gegessen hat. Mit gespielter Killermiene sagt sie: «Ich würde töten für ein Essen mit ordentlich Knoblauch drauf! Und Wodka!»

Daniela liegt noch immer vorne am Büro, zwitschert und flirtet mit Thomas von den Blauen, offenbar ohne zu ahnen, dass er homosexuell ist. Das ist dann alles. Die Runde ist gemacht, ich bin wieder auf meinem Heimatflur und fahre bei Salomon vorbei, der ein Videospiel zockt und meine Fragen blind beantwortet, indem er kein einziges Mal den Blick vom Monitor nimmt. Und Chris liest in seinem Segelbuch.

«Lass mich hier», sage ich Jeremy, der mich hierlässt.

Proband B legt sein Buch weg. Er hat sich ein Gummiband geliehen und aus zwei Stiften eine Spatzenschleuder gebaut. Seine Munition ist zusammengefaltetes Papier. Wir üben. Ich verspreche ihm, von den Blauen ein Foto von mir ausdrucken zu lassen und es an seine Wand zu hängen, damit er eine Zielscheibe hat.

Er sagt, das würde ihm gefallen.

Die Wäsche kommt. Sie riecht wie das Bett und ist warm. Die Klamotten scheinen leichter zu sein, wenn sie noch trocknerwarm sind. Warum? Steigen die Moleküle und Partikel dann stärker nach oben? Und wie heiß muss eine Socke werden, damit sie schwebt?

Es gibt Neuigkeiten von der Erde. Auf meinem Bildschirm erscheint die allererste Aufnahme von einem Ort, in dem der Inhalt des Universums verschwindet, ein mystisches Foto von einem nebligen, rotorangenen Ring, der um ein schwarzes Zentrum kreist wie das Spiel des Auges um die Pupille: das erste Foto eines Schwarzen Loches.

Ich sehe weinende Wissenschaftler, die sich in den Armen liegen und schluchzen. Und wahrlich, es war ein herkulisches Unterfangen, das diese Aufnahme möglich gemacht hat. Über zehn Jahre hinweg wurden die besten Teleskope aller Kontinente in einer Weise miteinander vernetzt, dass man die Leistungskraft eines Teleskops simulieren konnte, welches so groß ist wie die Erde selbst. Mit diesem Titanenauge blickten die Astronomen in das Zentrum von Messiah 87, einer Galaxie, die 55 Millionen Lichtjahre von unserer Sonne entfernt ist – in kosmischen Verhältnissen kaum mehr als die direkte Nachbarschaft. Und dann, dann endlich dieser Zauber: So viele Jahre hockten die Wissenschaftler und Wissenschaftlerinnen über leblosen Zahlen und nüchternen Datenbanken, bis plötzlich ein Bild aufleuchtete, ein Ganzes, ein optischer Beweis der Formeln und Fakten, der alle Anstrengung gleichzeitig bestätigte und in den Schatten stellte. Als zeichne man Gott jahrzehntelang mit einem Bleistift auf eine Serviette, und plötzlich stünde er höchstpersönlich und Beifall klatschend in der Tür. Und zwar genau so, wie man sich den Weltenschaffer immer vorgestellt hat.

Ich starre auf dieses Foto, den roten Nebelmund. Es ist nicht zu begreifen. In den Zentren ungezählter Galaxien kreisen Schwarze Löcher, die so massereich sind wie Milliarden von Sonnen. Nichts auf der Welt kann ihrer Schwerkraft entkommen, noch nicht mal die schnellste Entität, die wir kennen: das Licht. Kurz bevor es in die Dunkelheit (dunkel, da das Licht nicht mehr entweichen kann) eines Schwarzen Lochs gezogen wird, glüht es noch einmal auf, ein letztes Aufbäumen, bevor es für immer verschwindet. Der flammende Ring, der sich somit um das Verlöschende legt wie die Atmosphäre um die Erde, sorgt für eines der schönsten Wörter der deutschen Sprache, den *Ereignishorizont*. Den Ort, hinter den man empirisch nicht mehr blicken kann, das Unbekannte, welches unserem Messen und Zählen verborgen bleiben muss.

Als ich Bernd auf dem Flur höre, rufe ich ihn herein.

Ich schiebe ihm den Monitor hin.

«Da ist es also», ruft er. «Meine Güte!»

«Ja», antworte ich, «da geht alles hin ins ungreifbare Dahinter. Aber habe ich dir von meiner Theorie erzählt, dass eben wir dieses Unbekannte und Unbegreifbare sind?»

Ich mache eine dramatische Pause.

Bernd setzt sich an den Schreibtisch, lehnt sich zurück, faltet die Hände über seinem Bauch und sagt: «Na, dann erzähl mal, Einstein!»

«Nun. Ein Schwarzes Loch ist so kompakt und vereinigt derart viel Materie auf engstem Raum, dass seiner unvorstellbar starken Gravitation nichts entkommen kann, weder Strahlung, Materie noch Licht, richtig?»

«Jaaa ...»

«Das Schwarze Loch wird also immer massereicher, bis es seine maximale Kapazität erreicht hat und sich in ihm nichts mehr unterscheidet – ein Ozean gleichförmiger Energie, so gleich, dass sich die anziehende in die abstoßende Schwerkraft wandelt. Die Materie ist derart verdichtet worden auf nunmehr allerwinzigstem Raume, dass sich dort die Raumzeit nicht nur krümmt oder verändert, sondern in einer Weise alteriert wird, dass eine völlig neue und unabhängige Raumzeit entsteht.»

«Jaaa ...»

«Das andere Ende des Schwarzen Lochs bezeichnet man als Weißes Loch, richtig? Aber die Wissenschaftler haben noch keines entdecken können.»

«Japp.»

«Kurz gesagt: Mit dem Ende eines Schwarzen Loches bzw. seiner gravitären Umpolung beginnt ein neues Universum, wie zum Beispiel das unsere. Das Ende eines Schwarzen Loches ist also stets ein durch die repulsive Schwerkraft ausgelöster Urknall, die Singularität das Resultat dieser massiven Gravitationsarbeit. Dies Weiße Loch also, das wir suchen, sind wir selbst, es ist der Anfang unseres Universums – es hat Boom gemacht, und das Licht strömt aus, und wir sind da, und der Stuhl quietscht unter deinem Arsch, und ich liege hier herum und muss monatelang in Plastikflaschen pissen. Voilà! Ein Weißes Loch.»

Bernd breitet die Arme aus. «Und innerhalb des neuen Universums entstehen wiederum unzählige neue Galaxien mit unzähligen Schwarzen Löchern im Zentrum, deren Resultate wiederum neue Universen sind und so ad infinitum.»

«Korrekt. Ein Multiversum voller Multiversen. Unermüdliche Unendlichkeit.»

Bernd streckt die Beine aus, schaut zur Decke und sagt: «Nein. Es klingt aber gut. Ich werde es im Auge behalten, wenn mich meine Frau mal wieder bittet, die Klappe zu halten und einen Roman zu schreiben.»

Das leise, kaum vernehmbare Rollen der Transportliege über den Flur, das Schleusenzischen, Jeremys dumpfes Vorantappeln, quietschende Schritte, das dicker werdende, sich wie ein Tier nähernde Wummern des MRTs, dies voluminöse Schmung-Schmung-Schmung eines unsichtbaren Magnetismus: Kopfvoran geht es hinein in diese lebende Maschine, die mich in sich begräbt.

Ich habe ein Gestell aufsitzen, das an Leonardo DiCaprio in

Der Mann in der eisernen Maske erinnert. Nur ist meine Haube aus Plastik und nicht aus Eisen. Die Maske soll helfen, bestimmte Areale des Gehirns zu scannen. Über einen an ihr befestigten Spiegel sehe ich den Bildschirm am offenen Ende der Röhre, der mich mit Logik- und Erinnerungsaufgaben füttert. Die Röhre heizt sich auf wie noch nie; es wird so warm, dass ich einerseits zu schwitzen beginne und gleichzeitig die aus der Röhre baumelnden Füße arschkalt werden. Über die Gegensprechanlage bitte ich Heidi im Kontrollraum, mir ein Tuch oder irgendetwas über die kalten Zehen zu legen. Sie behilft sich mit einem Handtuch und wickelt meine Füße so fürsorglich darin ein, als wolle sie mich vor einem Gang über ein Meer aus Glasscherben schützen. Wir merken es uns. Von nun an bis zum Ende der Studie bekomme ich immer prophylaktisch ein Handtuch über die wenig durchbluteten Füße geworfen, sobald die Untersuchung beginnt.

Eine Stunde später werde ich aus der Röhre geschoben. Als ich mir die tief im Ohr steckenden Ohrenstöpsel rausdrehe, durchfährt mich ein Geistesblitz. Ob das gerade ausgeleuchtete Gehirn etwas damit zu tun hat?

Ich lasse mir eine Packung Ohrenstöpsel mitgeben und halte noch kurz im Kontrollraum, wo mir Heidi einige Bilder des Scans zeigt. Schwarzweiße Wolkenschleier, Kringel und gummiartige Flecken, umrandet von einer weißen Schale. Mein Gehirn.

Von Jeremy in die Duschkammer gerollt, packe ich die Stöpsel aus und drehe sie mir in die Ohren. Die Hälfte meines Körpers verschwindet. Taub liege ich da. Der Atem ist nur noch eine okkulte, in die Leere eindringende Bewegung des Brustkorbs. Ein schier endloser Raum. Kaum kann ich noch sagen, wo etwas beginnt oder endet. Erst als ich mir das Wasser über den Körper schieße und mich auf die Seite lege, um mir bei angewinkelten Beinen die Füße einzuseifen, ahne ich, dass etwas von diesen Empfindungen noch zu mir gehört.

Immerhin, es funktioniert. Kein Tropfen Wasser klebt in meinen Ohren! Ich halte den Strahl direkt auf mein Gesicht, von vorne, von der Seite, nichts! Eine Welle der Erleichterung durchrollt mich. Fast hätte ich Jeremy gegenüber behauptet, es sei die beste Dusche meines Lebens gewesen.

Nachdem ich mich in meinem Zimmer angezogen und mich dezent – Klara soll nicht denken, ich übertreibe oder hätte zu viel Gestank zu übertünchen – einparfümiert habe, lasse ich mich erneut eine Runde durch den Wohntrakt fahren, alle Flure rauf und runter, um jedem von dem Ohrenstöpseltrick zu erzählen. Keine zehn Minuten später steht in der Vorratskammer neben dem Duschraum eine große Kiste Ohropax, die man den MRT-Damen hat abschwätzen können.

Auf der Liste der neuen Dinge prangt der Eintrag:

- Duschen ohne Wasserscheiße im Ohr

Immer, wenn Klara bei mir im Zimmer sitzt, merke ich meine Lage intensiver als sonst. Als ob sie eine Art Weltenverstärker ist. Als ob alles realer wird in ihrer Gegenwart. Nervös versuche ich mich «gut», mitunter auch «normal» hinzulegen, was immer das auch bedeuten soll. Trotzdem weiß ich um meine Vergeblichkeit: Mit müdem Puffyface blicke ich von meiner Matratze auf und wünschte, ich hätte vernünftige T-Shirts eingepackt.

Die letzten Tage hat sie mich besucht, wann immer sie etwas Zeit hatte. Meistens steht sie am Bettende und legt ihre Unterarme auf dem Metallgestell ab, oder sie setzt sich neben mich auf den Stuhl. Heute erzählt sie, wie sich ihre Eltern kennengelernt haben. Klaras Mutter kommt aus der Tschechei und reiste als junge Frau per Anhalter durch Europa, wo sie von Klaras Vater und einem Kumpel mitgenommen wurden. Die beiden waren mit dem Auto in Spanien unterwegs. Sie luden sie in eine Bar ein, der Kumpel von Klaras Vater war total verliebt in die junge Frau, brachte Blumen mit und hätte sie am liebsten an Ort und Stelle geheiratet. Nach Hause gegangen aber ist sie mit Klaras Vater. Neun Monate später kam ein Baby zur Welt. Die beiden sind noch immer zusammen und wohnen mittlerweile in Bayern, wo Klara schon immer leben wollte, fasziniert von der majestätischen, weil vollkommenen Stille der Berge, ein Ton, der die Menschen «einsam in einer schöneren Welt» zurücklasse.

Ich schiebe ihr den Monitor hin und wiederhole meine Schwarzes-Loch-Weißes-Loch-Urknall-Theorie, insofern ein nicht zurückgehaltener Gedanke bereits als Theorie durchzugehen vermag. Gerade als ich sie fragen will, ob es ihrer Meinung nach im Inneren eines Schwarzen Loches lautstark tobt oder es dort so totenstill wie der Winter in den Alpen sei, sehe ich Chris' Kopf, der langsam in den Türrahmen geschoben wird. Oberpatient B, denke ich, und sage: «Na, wenn das nicht Oberpatient B ist.»

Er grinst und holt aus. Beinahe hätte ich das auf mich zurasende Paar Socken gefangen, aber er versagt und schmeißt zu kurz. Die Socken klatschen lautlos gegen die Metallstreben unter meiner Matratze.

«Hey», brüllt er kichernd, «das wollte ich schon immer mal machen!»

Ohne ein Wort zu sagen, hebt Klara die Socken auf und drückt sie mir in die Hand. Das war's. Diese simple Geste hat noch gefehlt. Ich bin endgültig verliebt. Wenn überhaupt noch etwas gefehlt hätte, dann dies, und jetzt ist es geschehen, sie hat es getan, mehr wird es nicht geben.

Wortlos nimmt sie den Kopf beiseite, und ich feuere die Socken zurück. Stumm schnellen sie über Chris hinweg. Er gibt mir den Finger und wird lachend davongefahren. Ich sage: «Ein Fehler in der Matrix, nichts weiter.»

Klara schiebt sich den Stuhl näher ans Bett.

Eigentlich hat sie Kulturwissenschaften studiert, arbeitet aber in einem Altenheim. Sie hat mir schon einige Geschichten erzählt. Heute ist Olaf dran.

«Wir haben einen alten Musiker bei uns, Olaf, der mir viel über sein Leben mit der Musik erzählt. Ich musste an ihn denken, als du mir das Foto vom Schwarzen Loch gezeigt hast. Er hat einmal zu mir gesagt, mit jedem neuen Ton erschaffe er ein neues Universum, eine neue Art zu sein, und umgekehrt. Mit jedem neuen Ton erschaffe das Universum ihn neu. Er sagt auch immer, dass dies eine enorme Verantwortung ist. Wir können Schönes und Hässliches, Gutes und Böses schaffen, es liegt immer nur an uns, welche Schwingung und welchen Ton wir der Welt und den Dingen geben, wie wir sie anstoßen.»

«Bist du deswegen Pflegerin, eine Kümmerin, hier und dort?»

Sie überlegt lange.

«Ach, wer kann das schon so genau wissen. Aber du hast recht. Ich muss nach den anderen schauen. Bis später.»

Die blaue Stunde im Fenster, synthetisch-blau zunächst und in ihrem Ende die Farbgewalt von Stickstoff und Meeresrauschen, umschlossen allein vom abnehmenden Grün in den Augen. Ein Hinabsinken in diese Farbe, die unter mir hinwegströmt, als wüsste sie, wohin es sie trägt.

Die blaue Blume.

Ich greife zum Telefon.

«Dami, was siehst du?»

«Nichts.»

«Keine Farben?»

Ich kann hören, wie er sich im Bett umdreht.

«Ein bisschen grün. Aber eher schon graudunkel. Spielen wir Risiko?»

Der niedrige Tisch, einen halben Meter hoch, und wir sternenförmig mit den Köpfen drangeschoben, Premiumproband Chris, Dhia-K, Dami und ich, Klara noch dazwischen, um aufzupassen und alles mit dem Gehalt ihrer Güte, ich denke tatsächlich Güte, geschehen zu lassen. Dhia-K mischt und redet ununterbrochen, ein Straßenhütchenspieler, der uns mit wirren Geschichten und psychologischen Tricks von seiner ehrlichen Schummelei ablenken will. Wir spielen Texas Hold'em. Die ersten Menschen seit der Erfindung der Menschheit vor 200 000 Jahren, die kopfunter liegend pokern. Zerknirscht muss der gute Dami mitziehen. All seine Versuche, uns doch zum Risiko-Spielen zu überreden, sind grandios gescheitert. In der Stehphase der ersten Wochen haben wir es zweimal gespielt. Dami hat beide Partien gewonnen. Von diesem Rausch hat er sich nie erholt.

Um uns zu beweisen, wie wenig er zu allem motiviert ist, was nicht seine Strategiebrettspielsucht befriedigt, schaltet er in sein Alter Ego. Ein Wesen, das in unserer Runde nur Kamikaze-M genannt wird. Nach zwanzig Minuten setzt er die Hälfte seiner Chips, ohne überhaupt in seine Karten geblickt zu haben. Wir versuchen, es ihm auszutreiben, aber Kamikaze-M hat keine Ohren, die unsere Beteuerungen erreichen könnten, kein Gewissen, in das sich argumentieren ließe. Kamikaze-M ist kein Mensch mehr. Dami liegt verschüttet und verborgen in seinem eigenen Körper und kommt erst wieder zum Vorschein, wenn das hier alles vorbei ist.

Immerhin, er verliert schnell und gnadenlos.

«Abmarsch», sagt er, und Klara schiebt ihn zurück auf sein Zimmer.

Es dauert nicht lange, bis Chris, Dhia-K und ich um unser Leben spielen. Wir wissen: Wer hier heute verliert, muss sich eine Woche lang Scheiße anhören von den anderen, bekommt hinterlistige Anrufe von morgens bis abends oder mitten in der Nacht, wird geächtet über das Raumschiff geschoben.

Klara sitzt mir gegenüber, die Beine übereinandergeschlagen und die Hände auf den Knien gefaltet. Ich gebe mir Mühe, so wenig wie möglich zu ihr rüberzuschauen. Als Dhia-K laut fluchend ausscheidet und Chris schließlich knapp, aber immerhin verdient, verliert, kommt es im Anschluss an unser Gebrüll zu einer einzigartigen Choreographie. Klara löst die Bremsen. Unsere Sternformation wird in einer fließenden Bewegung aufgelöst, in einem Guss rollt sie uns an die Wand. Sie tanzt mit unseren

Betten. Ich liege ganz hinten. Das in die Höhe verstellbare Bett hat sie so weit es geht nach oben gepumpt. Dhia-K kommt in die Mitte, und Chris bleibt, wie er ist. So bilden wir eine Tribüne. Jeder kann in Seitenlage gut über den anderen hinwegsehen an den Fernseher an der Wand, jeder kann sich bestens mit dem jeweiligen Untermann beschäftigen, nun eine perfekte Zielscheibe für Wurfgeschosse und Häme. Wir sind vollkommen zufrieden.

Der Europapokalabend beginnt.

«Und hierfür bekommen wir 'nen Haufen Geld», sagt Dhia-K, als könne er meine Gedanken lesen.

Klara sitzt an meinem Bettende und hat den Ellenbogen auf das Gitter gestützt, den Kopf auf die Arme gebettet. Ihr Haar hängt in mein Bett hinein. So sitzt sie da für eine halbe Stunde, versunken, die Augen zu oder auf, ich kann es nicht sehen, warm und weich, als wolle sie dort einschlafen oder an einen besseren Ort gleiten oder tiefer hinein in diesen.

Mittlerweile haben wir, was eigentlich verboten ist, unsere Nummern ausgetauscht. Ich hatte sie gebeten, mir eine Zeitung zu besorgen, die mich nicht interessiert. Als Vorwand hat es gereicht. Sie bewegt den Kopf, dreht ihn zu mir, lässt ihren Arm sinken und kitzelt mir grinsend den Zeh. Dann legt sie ihren Kopf wieder ab und tut, als sei nichts gewesen.

Ich nehme mein Handy und schreibe:

Ich hab's gesehen. Du hast getanzt mit den Betten.

11. Liegetag

Noch 42.622.840 Kilometer bis zum Mars

Um 7 Uhr kann ich hören, wie Damis Bettpfanne in die Bettpfannenspülmaschine geknallt wird. Der Mann ist ein Uhrwerk. Ich versuche, es ihm gleichzutun, doch schaffe es nicht. Ich kann nicht, wenn ich will, sondern muss nur, wenn ich kann.

Immerhin, es ist ein gemütlicher Morgen auf der Pfanne.

Ich versinke in dem Gewicht meines Körpers, diese Schwere, noch immer präsent trotz Muskelschwund und sich selbst abbauender Knochen. Ich schwinde, und doch bin ich vollkommen anwesend. Ich schreibe: «Der ewige Weltenraum des Innern bleibt unangetastet von körperlichen Auflösungsprozessen.»

Noch fühle ich mich vollständig an.

Ich schaue auf Damis Uhr: noch 50 Liege- und 64 Raumschifftage bis zur Ankunft auf dem Mars.

Von Bernd bekomme ich eine betrefflose E-Mail. Kein Wort des Grußes oder des Abschieds, nur ein einziger Link, der zu den Aufzeichnungen des InSight-Mars-Landers führt, der seit November 2018 mit gespreizten Solarflügeln auf dem Mars sitzt wie eine Wanze an der Wand. Zum ersten Mal überhaupt ist es gelungen, ein Marsbeben aufzuzeichnen.

Ich ziehe mir die Kopfhörer auf und schließe die Augen. Zunächst hört man nur Marswinde wie das Hintergrundrauschen des Universums, wie das weite Feld der Klimaanlage in diesem Zimmer; eine unheimliche Erwartung. Als das Beben einsetzt, intensiviert sich das Rauschen, schwillt an und wandert über den Planeten. Der Pulsschlag des Mars. Ich sehe, wie sich der Staub hebt und senkt, wie der kalte Planet atmet. Zum ersten Mal ist mit diesen Daten bewiesen, dass der Mars seismische Aktivität besitzt. Er ist so lebendig wie die Erde. Die Nachricht, die der Rover sendet, ist: Bursche, ich kann dich hören.

Das Handy blinkt.

Antwort von Klara.

Unser erster Tanz. Ich hoffe, der nächste wird besser.

Ich nehme den Laptop vom Tisch und lege ihn mir auf den Schoß. Jeremy kommt ins Zimmer, starrt mich einige Sekunden verwirrt an und sagt schließlich: «Mann, ein umgekehrtes Déjà-vu!»

«Umgekehrt?»

«Ja. Wenn man plötzlich etwas sieht, was man noch nie gesehen hat.»

Am Nachmittag macht das Gerücht die Runde, Dhia-K habe sich während seines Duschgangs die Ohrenstöpsel so tief reingeschoben, dass Anna sie mit einer Pinzette hat rausholen müssen.

Ich lasse mich zu ihm rüberfahren. Seit ein paar Tagen hat er begonnen, *Game of Thrones* zu schauen, und er macht sich weder die Mühe, den Ton leise zu schalten noch seine Zimmertür schließen zu lassen. Täglich schwallt nun ein zorniger Geräuschteppich aus Mord und Totschlag durch den Wohntrakt, man munkelt, das fiebrige Brüllen und Bluten der Horden sei sogar noch hinter den Schleusen zu hören. Aber weil Dhia-K nun mal Dhia-K ist und nichts Böses im Herzen tragen kann, lässt man ihn gewähren.

«Wie tief?», frage ich.

«Hab gar nicht gemerkt, dass es so tief war. Aber ging nicht wieder raus.»

«Nur mit Pinzette, pinzettentief.»

«Ja, mit so einem Pinzett-Dings. Aber kein Wasser im Ohr, nichts. Hat gut funktioniert. Schau mal hier, wollte ich dir noch zeigen aus Tunesien.»

Er greift nach seinem Handy und zeigt mir die Videos, die er im Ordner *Skorpion* abgespeichert hat. Ich sehe: Dhia-K, wie er einen sandfarbenen Skorpion fängt und hochhält. Dhia-K, wie er einen Skorpion schmort und isst, Dhia-K, der von einem riesigen Skorpion, den er stolz in die Kamera hält, gestochen wird. Skorpione auf Handrücken, Schultern, über Zehen krabbelnd. Ein Skorpion auf der Zunge. Was für wunderschöne Tiere, absurd in ihrer Rüstung, wie gemacht für die Existenz auf fremden Planeten, winzig, genügsam und mit einem tödlichen Stachel bewaffnet, vollkommen zum Krieg und Überlebenskampf gerüstet. Es würde mich nicht wundern, wenn man sie ebenfalls im rostroten Sand, unter den kalten Steinen des Mars oder in den heißen Schlünden der Venus finden würde.

Am Nachmittag bekommen wir unseren ersten außerirdischen Besuch. Ein US-Astronaut, der das letzte Mal vor vier Jahren ins All und zur ISS flog, befindet sich auf der Station und geht von Tür zu Tür, um die Liegenden «zu begaffen», wie Dami es ausdrückt. Zunächst aber steckt Sebastian den Kopf in mein Zimmer, um zu schauen, ob alles ordentlich und herzeigbar ist. Und in der Tat, es ist ordentlich und herzeigbar. Ein Vorteil der eigenen Unbeweglichkeit ist eben auch, dass man es vom Bett aus gar nicht schaffen kann, für die flächendeckende Vermüllung des eigenen Wohnraums zu sorgen.

Als der Spaceman schließlich neben mir steht, bin ich überrascht, wie gewaltig er ist. Vielleicht ist es mein Blickwinkel, der immer nur von kopfunten zu den Gesichtern hinaufschießt – aber er kommt mir fast schon hünenhaft vor. Ich frage mich, wie er es geschafft hat, sich in die winzige Kapsel der Sojus zu zwängen, und bin kurz davor, ihn zu fragen. Hüne oder nicht, er ist ein gutaussehender Mann, und ich merke, wie gut es tut, einen schönen neuen Menschen zu sehen. Glatt und rein sieht er aus. In seinem Gesicht liegen die tollkühnen Züge eines hyperamerikanischen Wesens, der selbstsichere *Smirk* eines texanischen Autoverkäufers, dem die Steuerbehörde egal ist, und das goldene Los der kalifornischen Surfer-Boys Anfang April. Ja, dieser Mann, dem ich frei Schnauze lateinamerikanische oder indigene Einflüsse andichte, ist das Produkt dieser ganz besonderen Sonne, dieses Sterns des immerwährenden Aufbruchs, der die Menschen jenseits des Pazifiks nach seinem Ebenbilde stählt. Der Mann ist eine Klarheit. Ich bin kurz davor, es ihm zu sagen: Captain America, Sie sehen auf eine fast unverschämte Art *gesund* aus!

Wir reden über die Erdatmosphäre, seinen Spacewalk mit Scott Kelly und über die Reise des Juri Gagarin. Ich habe es nicht gewusst, aber er sagt es mir: «Heute ist der Jahrestag von Gagarins Flug. Da konnte ich ja nicht anders, als bei euch vorbeizuschauen.» Er offenbart mir sein strahlendes Arizona-Lächeln mit den perfekten Zahnreihen, an denen jedweder Schmutz abperlt wie Öl an Teflon. Ich versuche, die eigentlichen Antworten aus ihm herauszukitzeln. Vor allem will ich genauer wissen, wie sich sein Weltraumspaziergang anfühlte und was er über den *Unview Effect* denkt. Aber er steht da wie ein überirdischer Held und antwortet wie ein Lokalpolitiker. Seine Sätze wirken schal und einprogrammiert. Als ich ihm meine Theorie des *Unview Effect* erzähle und seine Meinung hören will, spricht er lediglich über technische Schwierigkeiten, die noch überwunden werden müssen, damit wir zum Mars reisen können. Als ich präzisiere, beginnt er davon zu faseln, dass wir erst Cargo-Schiffe auf den Mars senden müssen. Auf die Art geht es weiter. Ich gebe nicht auf, komme immer wieder auf die beispiellosen psychologischen Herausforderungen zu sprechen, die der Mars für uns bereithält, das Verschwundensein der Erde und aller heimatlichen Anbindungen, doch er schaut mich nur stumm an mit seinen leuchtenden American Eagle Eyes.

Ob er mitfliegen würde zum Mars?, frage ich zum Schluss. «Nein», sagt er und lacht, «momentan wäre das noch ein Himmelfahrtskommando. Zum Mond, ja, aber zum Mars nicht.»

Das ist alles. Bevor er rüber zu Chris marschiert – oh, ich würde ihn so gerne warnen, es aussprechen, dass es im Zimmer nebenan permanent nach bösen Fürzen stinkt –, drückt er mir noch die Aufkleber seiner Missionen in die Hand, unterschreibt eine Autogrammkarte und holt eine Postkarte hervor: der im Niemandsland schwebende Mars. Darunter ein Zitat von Ovid aus den *Metamorphosen*:

God elevated man's forehead and ordered him to contemplate the stars.

Nach seinem Abgang widme ich mich dem Jubiläum des Tages. In der Tat ist es genau 58 Jahre her, dass Juri Gagarin, russischer Kampfjetflieger und Kosmonaut, als erster Mensch in einem Raumschiff die Erde umrundete – ein allzu phantastischer Startschuss, der unendliche Wege in den Himmel öffnete. Nicht einmal zehn Jahre später landete die Apollo 11 mit den Astronauten Armstrong und Aldrin auf dem Mond, und heute, lange nach dem ersten Flug Gagarins, der keine zwei Stunden dauerte, liegen wir hier und wandern schwerelos Richtung Mars.

Jedoch, in der Geschichte der großen Reisen und Abenteuer spielt der oder die Einzelne immer nur eine untergeordnete Rolle. Der individuelle Mensch, mit welcher Leidenschaft und Radikalität er auch immer ausgestattet sein mag, bleibt doch immer nur ein Avatar einer größeren, allumfassenden Macht. Denn egal, wo es uns hintreibt, und egal, was wir auch unternehmen, wünschen und hoffen, wir sind immerzu angetrieben von der größten Göttin, die das menschliche Herz anzubeten weiß: der Sehnsucht.

In einer uns stets übergeordneten und uneinsichtigen Welt, in der wir nur Endliches über das Unendliche zu sagen haben, bildet gerade im Deutschen das Wort Sehnsucht ein einzigartiges

Motiv, um den glühenden Kosmos des Innermenschlichen zu beschreiben. In anderen Sprachen zielt die Bestimmung des leidend-schmachtenden Trennungsverhältnisses stets auf die Nostalgie und somit in den entleerten Spannungsbereich zwischen der Vergangenheit und einer an sie geknüpften Gegenwart. Im Deutschen jedoch ist die Sehnsucht ein magnetisches Wort von himmelhochjauchzender Wucht, dessen Nadel, mit der Gegenwart als bindendem Kern, in die Vergangenheit *und* die Zukunft weist. Das Heute verspürt also nicht nur den Schmerz des Vergangenen und das Fernsein jener heftigsten Eindrücke, an denen es sich geschichtlich positioniert, sondern es enthält bereits alle Bilder des noch Möglichen, einer Zukunft, die erst noch gestaltet werden muss, indem genau jene Motive und Träume, die uns vorantreiben, verwirklicht und zur Gegenwart gemacht werden. So ist jedes individuelle Suchen immer nur Spiegelbild eines größeren Verlangens. Und wirft die Frage auf, warum wir denn eigentlich suchen, sehnen und aufbrechen.

Weil wir etwas bereits Bekanntes verloren haben?

Oder weil uns noch etwas fehlt?

Und könnte es sein, dass sich diese beiden Vermutungen nur oberflächlich voneinander unterscheiden, ja dass diese beiden Fragen enger miteinander verwandt sind, als es unserer Kategorisierungssucht lieb sein kann?

Viel ist über das Sehnsüchten, Lieblingssujet der Romantiker und Dichter, gedacht und geschrieben worden, und schon immer spaltet es die Gemeinschaft der nachdenklich gestimmten Frauen und Männer. Bei Kant zum Beispiel ist die Sehnsucht nicht viel mehr als ein lauer und leerer Wunsch, der die Zeit totschlägt, und ein Herr Hegel attestiert Dichtern wie Novalis kein voluminös in Brand gesetztes Herz, sondern eher Verblendung oder gar krankhafte Schwindsucht.

Schelling hingegen nannte die Sehnsucht die «Mutter der Erkenntnis» und versteht sie als Wunsch, den Grund der Welt in «wortfähigen Verhältnissen» aussprechlich werden zu lassen;

ein Unternehmen, durch das wir uns letztlich unserer wahren Existenz versichern. Andere Denker schließen sich diesem erotologischen Hinweis an, die Sehnsucht als jene Kraft zu verstehen, die als Ergänzungswunsch die noch unerfüllten Emanative zueinandertreibt, ein Vollwerdungswille, so tief in der Natur eingebettet, dass Hesiod den Eros als einen der Götter besingt, die als Erstes aus dem ursprünglichen Chaos der Welt geboren wurden. Ein Gott als Symbol einer Anziehung, die um Welten mächtiger ist als die Schwerkraft.

Denn was sich im Kleinen als amouröses Begehren erweist, ist stets nur das Abbild eines seine Manifestationen übersteigenden Weltwerdungstriebes, ist nichts anderes als die Schöpfungsgewalt der Natur selbst – jener Eros, welcher die getrennten Dinge zu binden versucht. Er durchzieht alle menschlichen und übermenschlichen Angelegenheiten und beinhaltet überall, wo er auftaucht, die Vereinigung zum größeren Sein, ja zum *Ziel.*

Kurz: das Initialgeschehen, das uns zu Reisenden macht.

In seinem Sri-Lanka-Reisebuch *Der Skorpionsfisch* schreibt Nicolas Bouvier:

«Man reist nicht, um sich wie einen Christbaum mit Exotik und Anekdoten zu schmücken, aber damit die Straße einen rupft, ausspült, auswindet wie jene vom Waschen fadenscheinig gewordenen Handtücher, welche mit einem Seifensplitter in den Bordellen gereicht werden. Man entfernt sich weit weg von den Alibis und den heimatlichen Verwünschungen, und was man vorbeigehen sieht in jedem dreckigen Bündel, das man in übervolle Wartesäle trägt, auf kleine, vor Hitze und Armut niederdrückende Bahnhöfe, ist unser eigener Sarg. Ohne solches Losgelöstsein und die Transparenz, wie kann man da hoffen zu zeigen, was man gesehen hat.»

Reisen ist der beständige Wunsch, sich neu in der Welt vorfinden zu wollen. Wir machen uns nicht auf den Weg, um uns in dem zu bestätigen, was wir bereits über uns oder die Welt wissen. Das Reisen zwingt den Wanderer, die fundamentale Erfahrung der Welt zu machen. Die sich offenbarende Welt ist uns stets genauso freundlich wie feindlich zugewandt; sie ist ehrlich, weil sie nichts von uns weiß. Sie hat keinen blassen Schimmer von unserer Menschenaffen-Moral und hält den Erwartungen des Abenteurers allein jene Erkenntnisse entgegen, die er braucht, anstatt jene, die er vorfinden möchte. Es ist die größtmögliche Freiheit, im Unbekannten verlorenzugehen. Nur so haben wir die Chance, uns unter den Sternen neuer Erkenntnisse wiederzufinden.

Nicht nur für die großen Reisenden, sondern auch für Platon war jegliches Lernen immer nur ein Wiedererinnern. Bereits in der Antike begriff er die eigentliche Tiefe des Weges, auf den uns die Sehnsucht jederzeit schickt. Immerzu sind wir auf der Suche nach jenen Bildern, Geschichten und Gewissheiten, die uns aus unserem Innersten bekannt sind, vergessene Orte und Landschaften, auf die wir in der Gegenwart nicht zugreifen können und denen es nicht an Vorhandensein, sondern lediglich an Offenbarung mangelt. Wir müssen uns an die Gesamtheit unserer Seele, platonisch gesprochen, erinnern, um uns durch das zu ergänzen, was wir immer schon waren.

Auch Bouvier weiß das. Es ist kein Zufall, dass er den Sarg nicht mit einem schweren tränenreichen Entschwinden assoziiert, sondern mit Losgelöstsein. Denn nie lösen wir uns in ein Nichts oder Weniger auf, sondern stets in größere und allumfassendere Verhältnisse. Das ist die Beheimatung, die wir suchen und bis in alle Ewigkeit suchen werden. Reisende wollen nach Hause. Immer. Sie wissen nur noch nicht, wo ihr Zuhause ist.

Für die Versinnbildlichung der Reise, die die Individuen in eine Ganzheit zurückführt, indem sie das Getrenntsein aufzuheben versteht, hat Platon den Kugelmenschenmythos verfasst.

Er erzählt, dass es in früheren Zeiten noch ein weiteres Menschengeschlecht gab, neben Männlein und Weiblein ein ihnen vorangehendes Wesen, das die beiden Geschlechter vereinte: «Ferner war damals die ganze Gestalt jedes Menschen rund, indem Rücken und Seiten im Kreise herumliefen, und ein jeder hatte vier Hände und ebenso viele Füße und zwei einander durchaus ähnliche Gesichter auf einem rings herumgehenden Nacken, zu den beiden nach der entgegengesetzten Seite voneinander stehenden Gesichtern aber einen gemeinschaftlichen Kopf, ferner vier Ohren und zwei Schamteile, und so alle übrige, wie man es sich hiernach wohl vorstellen kann.»

Was sich schwer nach Marsmännchen anhört, war der ganzgeschlechtliche Mensch, der so stark und selbstbewusst war, dass er selbst keine Furcht davor verspürte, sich übermütig mit den Göttern anzulegen. Zeus und seine Geschwister sahen sich zum Handeln gezwungen. Nachdem die erste Idee, die Menschen schlichtweg zu töten, vom Tisch war (denn wer sollte die Götter dann anbeten?), urteilte Zeus, die Kugelmenschen in zwei Hälften zu zerschneiden, um sie zu schwächen. Seitdem laufen wir alle als sehnsüchtige Zweibeiner über die Erde und suchen nach unserer anderen Hälfte, nach dem Urzustand vor unserem unglücklichen Bewusstsein.

«Seit so langer Zeit», endet Platon seinen Mythos, «ist demnach die Liebe zueinander den Menschen eingeboren und sucht die alte Natur zurückzuführen und aus zweien eins zu machen und die menschliche Schwäche zu heilen.»

In den Armen unserer Geliebten, in unbekannten Ländern, auf den weltlichen Märkten, den Bordellen und Sternenwarten, auf dem Mars:

Das Sehnen, das Sich-auf-den-Weg-Machen ist stets der Wille zur vollendeten Heimkehr.

Jedes Mal, wenn wir aufbrechen, errichten wir Tempel für Eros.

Woche Drei

16. Liegetag

Noch 39.344.160 Kilometer bis zum Mars

Noch vor der großen Fremdweckung bin ich wach. 5 Uhr 40. Ich habe geträumt, geträumt von einem Planeten, der nicht fest war, sondern durchsichtig und fließend, und doch konnten wir alle auf seiner Oberfläche stehen, ein Planet, der selbst immer weiterzog durch das seinerseits immer weiterziehende Weltall – und uns trotzdem trug. Wir wollten ihm einen Namen geben, aber er hatte keinen, und wir konnten auch keinen finden. Trotz aller Anstrengungen blieben wir stumm und taumelten blindlings durchs Universum.

Mit der Handytaschenlampe und meinem Notizbuch krieche ich unter die Bettdecke und warte eine Minute. Nichts tut sich. Niemand kommt. Ich schreibe:

Worte, die wir Menschen mitnehmen zum Mars:

- Hunger
- Sehnsucht
- Raum
- Körper
- Gott
- Gebiet

Worte, die wir im Laufe eines Marslebens verlieren werden:

- Körper
- Blau
- Meer

Worte, die wir neu bestimmen:

- Himmel
- Heimat
- Liebe
- Mensch

Amir ist der Wachmacher, der Traum-Ender, Überleitler. Nach Klara ist er mein Lieblingsweckling, ein umsichtiger junger Mann, der auf Zehenspitzen ins Zimmer schleicht, dem die Störung leidtut, der die Blutdruckmanschette zart um meinen Arm klettet und sich, so lautlos, wie er gekommen ist, im Rückwärtsgang wieder davonschleicht.

Wer so geweckt wird, den erwartet nichts Böses.

Der gelbe Wiegeraum, der auch irgendwie gelb riecht.

Die Nadel im Arm, das weinrote Blut matt in den Röhrchen.

Das Nacktmullduschen ohne Geräusch.

Das Müsli, die Milch, aus der Schale schlabbernd, dann noch mit dem Schaber hinterher für die letzten Tropfen.

Alles okay.

Der Vormittag ist frei, und ich lese und telefoniere mit Reinhard, den es ein bisschen erwischt hat. In seinem Ohr haben sich die Trabakel, die für den Gleichgewichtssinn verantwortlich sind, gelöst. Ihm ist mulmig und schwindlig. An seiner Laune aber ändert das wenig. Im Hawaiischen, erklärt er mir, gäbe es ein Verb für die Nettigkeit, wenn einem jemand im Ohr herumpult. Es folgen weitere Raritäten. Mein Favorit: ein Wort für den Umstand, den Weg, nach dem man gerade gefragt und den man auch erklärt bekommen hat, sofort zu vergessen.

Als ich auflege, fällt es mir schon nicht mehr ein.

Ein aufgedunsener Kopf erscheint im Türrahmen. Chris fragt: «Was sind sechs plus sechs in der Schwerelosigkeit?»

«Was?»

«Was sind sechs plus sechs in der Schwerelosigkeit?»

«Wie bitte?»

«Du Penner. Sechs plus sechs in der Schwerelosigkeit?»

«Sechs plus was genau?»

«Du Waschlappen, du hast noch ein paar Wochen für die Antwort. Wenn keine kommt, musst du die Studie wiederholen.»

Das Mittagessen aus Reis, Feta, Paprika, Zwiebeln und Soße für das Schabwerk. Danach geht es zu einem der Messexperimente, die mich persönlich wenig interessieren und bei denen ich vollkommen abschalte und höchstens ein paar Witze mit den Wissenschaftlern hin und her werfe. Welche Daten hier abgezogen werden, habe ich sofort nach der ersten Erklärung vergessen. Eine halbe Stunde lang werde ich am gesamten Körper so penibel verklebt und verkabelt, eine Feinjustierung, dass es schon fast eine Frechheit ist. Alles muss perfekt sitzen. Dann die zweiminütige Datenübertragung, gefolgt von stoischer Entklebung und Entkabelung. Ein «Bis zum nächsten Mal», und das war's. So vergehen die Stunden des Tages, der folgende kognitive Test, das MRT und die Augenuntersuchung. Der Nachmittag ist absolviert. Aber das Schlimmste des Tages steht uns allen noch bevor.

Als müssten wir geschlossen das bald mit der Dunkelheit aufziehende Grauen aus unseren Köpfen verdrängen, kommt es zu einer kindlich-ausgelassenen Versammlung in Chris' Zimmer – ein Härtetest für die Kapazitäten des Raumes. Das Ergebnis: Wenn man es drauf anlegt und verschiedene Mittel und Schiebewege ausprobiert, passen drei Probanden in ihren Betten, zwei auf Transportliegen und fünf nicht der Horizontalität verpflichtete Blaue in das Zimmer von Proband B.

Doc Frida hat ein Spiel mitgebracht. Jemand beginnt mit einem Wort und reicht es auf dem kalenderartigen Block weiter. Der Nächste zeichnet das Wort, der Nächste muss die Zeichnung mit einem Wort erraten usw. Ein Kinderspiel, das eine Versammlung Erwachsener in Wogen der Albernheit mit sich reißt. Auf das Gejohle folgt Geschrei, die Stimmung ist derart aufgepeitscht, dass alle bleiben wollen und es uns erlaubt wird, das Abendessen hier im Zimmer einzunehmen, solange nichts danebengeht. Im Bett ohne Tischchen: Noch nie haben wir so langsam und vorsichtig gegessen.

Wir bleiben und bleiben. Niemand will zurück ins eigene Zimmer, wo die kalt-elektrische Realität des Schlafexperiments auf uns wartet.

Zweimal haben wir es schon hinter uns gebracht, zweimal während der Prä-Liegephase, zweimal mit katastrophalem, weil schlaflosem Ergebnis. Die kürzeste Erklärung des Experiments: Eine Stunde vor dem Schlafengehen schiebt Anita ein Kofferwägelchen ins Zimmer und sagt: «Ach, ach, ach.» Die gute alte Dame unserer Station ist so süß, dass man ihr sogar die Durchführung dieses nervenaufreibenden Experiments verzeiht. Die nächste Stunde redet sie, ein Segen in segensarmer Zeit, ununterbrochen vor sich hin und verlautbart jeden Gedanken, der sie überkommt («Wo sind die Schere und das Klebeteil, ach hier, nu gut, ach, dann leg ich mir die Schere nun hier bereit, der Kleber, ja, nun wie auch, da isser ...»). Mit einer weißen Klebepaste befestigt sie 16 Kabel an meinem Kopf. Das Ankabeln dauert ewig. Jedes Kabel muss einwandfrei kleben, oft muss sie scheuern, rumputzen, entfernen und wiederkleben. Die Kabel laufen zu einer Maschine, die neben dem Bett steht. Dort werden die Schlafqualität, unsere Gehirnströme oder der Sauerstoffverbrauch aufgezeichnet, alles, was noch lebt, während sich das Wachbewusstsein in den Urgrund der Nacht verabschiedet hat.

Jedes Mal, wenn Anita sagt: «So, fertig», fällt ihr beim Aufräumen und Einpacken ein, was sie noch alles vergessen hat.

Das erste Mal *fertig* ist stets nur der Countdown zur letztendlichen Fertigkeit, nur der Beginn der letzten Ankabelungsphase. Ich weiß: Es dauert nun noch ungefähr viermal *fertig*, bis es geschafft ist.

Wenn alles hängt, baumelt und zerrt, kann ich mich kaum noch bewegen. Ich bin gefangen. Gefangen in meinem eigenen Bett.

Vor Studienbeginn habe ich alle möglichen Menschen beschwichtigen müssen, die glaubten, ich würde hier an die Matratze gekettet und dürfte mich zwei Monate lang überhaupt nicht bewegen. Lachend verneinte ich all diese Sorgen. Schweben werde ich, sagte ich stolz, schweben und frei sein ohne Körper und alte Welt. Und nun? Starr liege ich unter einem Berg von Kabeln und traue mich nicht, die Zähne zu putzen. Jede Bewegung langsam und ängstlich. Als das Licht aus ist, nehme ich mir vor, die einmal eingenommene Rückenlage mit leicht abgespreizten Armen nicht mehr aufzugeben und einfach einzuschlafen.

Mit weit aufgerissenen Augen starre ich an die dunkle Decke.

Ich bin so wach wie seit Wochen nicht mehr.

Immerhin: Das neongrüne Licht des Co_2-Gerätes strahlt unter dem Bett hervor und erleuchtet die Nacht. Es ist, als schwebe das Bett in der Mitte des Raumes.

17. Liegetag

Noch 38.688.424 Kilometer bis zum Mars

Die halbe Nacht liege ich wach und phantasiere über Methadon. Das Restless-Legs-Syndrom, an dem ich schon ein ganzes Leben zu leiden habe, hockt elektrisch in den Beinen. Aus einem Halbschlummer schrecke ich auf, weil ich mich laut lachen oder weinen gehört habe. Anitas «Ach, ach, ach» und «Wo isses, ach, da isses» geistern durch meinen seidendünnen Traum, sie ist auf der Suche nach ihren Pasten und Stiften.

Amir weckt mich. Verschüttet liege ich da. Jetzt, wo in zehn Minuten alles vorbei sein wird, plötzlich entnervt bis in die Zehen. Ich lasse mir das Gerät aufs Bett stellen, gehe fluchend durch die Anzeigen der Elektroden und notiere alles im Dokumentationsheft. Dann reiße ich mir die Kabel vom Kopf, ohne mich besser zu fühlen. Die weiße Klebepaste hat mein gesamtes Kopfkissen eingeschmiert. Das Zeugs riecht nach Zahnpasta. Man versichert mir, dass es sich nicht um Zahnpasta handelt, und bittet mich, es nicht in den Mund zu nehmen. Ich lasse mir neue Bezüge bringen, und zum Glück ist Klara da und macht alles warm mit herbstbraunen Augen. Mit dem Waschlappen aus der warmen Schüssel schrubbt sie mir den Kleister und die roten Markierungen vom Kopf. Ich liege da und spüre ihre Anwesenheit im Raum, ihren blühenden Duft, der Erinnerungen an Drogerien, Weinstuben und warme Küsse weckt. Gesalbt worden bin ich, denke ich, gesalbt von der heiligen Klara, bleibe aber, mit Ausnahme dieses einen Gedankens, untergetaucht, fortgewaschen von der bleiernen Nacht. Ich will ihr Danke sagen oder ihr sonst irgendetwas erklären, will meine Hand ausstrecken, bis meine Finger sie spüren, will, zum ersten Mal, einfach aufstehen und sie in den Arm nehmen. Einfach vor ihr stehen und mich fallen lassen.

Aber ich sage nichts und stehe nicht auf.

Sobald sie das Zimmer verlassen hat, rolle ich mich auf den Bauch und drücke das Gesicht in die Matratze, als ginge es durch sie hindurch, als gäbe es da noch eine andere Seite fern dieses Tages. Was für eine Scheiß-Nacht! Der Fragebogen wird die Alarmglocken läuten: Proband G völlig entnervt und mit ersten Minusgraden im Seelenwohl.

Stark: ein bisschen.

Verärgert: Erheblich.

Wach: Gar nicht.

Bekümmert: Einigermaßen.

Gereizt: Äußerst stark (ein «Erheblich» hätte gereicht, aber was soll's).

Begeistert: Gar nicht.

Stolz: Einigermaßen.

Ängstlich: Ein bisschen.

Unter die Dinge, die neu sind, setze ich ein krakeliges:

Haltlos werden.

Seltsamerweise fühlt es sich gut an, zum ersten Mal Angaben im Sinne von *schlecht* und *äußerst stark beschissen* in die leeren Gräben zwischen den Gefühlszuständen zu ritzen. Man will ja nicht, dass Zweifel an der Ernsthaftigkeit aufkommen, mit der ich mich dem täglichen Fragebogen widme. Trotzdem bleibt meine Laune stabil schlecht. Lustlos lasse ich mich in die Duschkabine rollen. Das Verrichten der immer gleichen Handgriffe ist ein einziges Ärgernis. Immerhin belohne ich mich damit, dass ich so lange das warme Wasser den Körper hinauf- und hinabschieße, bis Klara an der Tür klopft und fragt, ob denn auch alles in Ordnung sei.

Es geht mir schlecht, will ich ihr sagen, ich bin müde, tief müde, und fühle nichts. Aber ich sage nichts. Sie schiebt mich hinaus und an Danielas Zimmer vorbei, die mit ihrer Tante telefoniert und in den Hörer schreit: «... und dann lasse ich alles hinter mir und fahre an die Küste, ins Blaue, da suche ich mir einen richtigen Mann!»

Ich lasse das Zimmerlicht dimmen, als ginge es auf die Bettpfanne, und bestelle mir eine eiskalte Schüssel mit Waschlappen.

Tür zu oder auf?, fragt Klara.

Zu.

Das Frühstücksfernsehen hält keinerlei Zauber bereit. Ich bin durch damit, es war lustig, so ein Theater mal gesehen zu haben, es ist notiert, eingetragen, abgespeichert, ich brauche es nie wieder zu sehen. Eines der letzten Worte, das aus dem Fernseher in mein nunmehr analoges Leben schallt, ist Wetterleuchten.

Langsam lege ich den kalten Waschlappen auf meine Stirn wie ein Fisch, den man, an der Flosse in die Höhe gehalten, mit sich senkender Hand auf eine Fischplatte schnalzt. Waschlappen, man hätte auch Waschtuch sagen können oder ein gänzlich neues Wort erfinden, den Hankauer oder so was wie Bieber. Gib mir mal den Bieber, bitte, ich muss mir die lästigen Achseln und das Gesicht schrubben! Aber nein, es musste ein Lappen sein, etwas Dämliches, damit man auch irgendwann menschliche Waschlappen als Waschlappen bezeichnen konnte. Mit dem tropfenden Ding auf der Stirn rufe ich Chris an und sage:

«Nenne mir eine bessere Beleidigung als Waschlappen», und er sagt: «Missgeburt.»

Ich versuche, dunkle Flecken auf all dem Weiß auszumachen, dem Weiß der Wände, der Decke, der Schranktüren. Aus der Küche werden mehr Eiswürfel für die Waschschüssel gebracht. Die Kälte schwebt im Raum und ist scharf und beißt in den Augen. Umso stärker ich den Lappen auf mich presse, desto angenehmer. Vielleicht ist das schon Homöopathie. Als ich versuchen will, diese lahme Stimmung zu nutzen, um etwas zu schreiben, fallen mir die Titel meiner bisherigen auf dem Raumschiff verfassten Gedichte auf.

Chrom. Blau. Strom. Weiß. Habe.

Keines mehr als fünf oder sechs Zeilen, die meisten komprimiert auf haikuähnliche Beobachtungen, winzige Impulse, die genannt werden wollen, da sie nichts weiter enthalten als die eigene Flüchtigkeit. Bevor das Gedicht überhaupt entsteht, sind die Verse schon weitergezogen.

Voller Möglichkeiten liegt das Notizbuch auf meiner Brust. Es wiegt. Jedes Wort, das ich zu fassen in der Lage bin, streiche ich sofort durch. Es sammeln sich dünne Striche über den Seiten, ein Volk von schwarzen Würmern, das Papier ist ihr Nest.

Kante. Morph. Kranz. Fibrin. Seel.

Das Telefon klingelt.

Dami sagt, dass heute der Tag ist, an dem er aufgehört hat, ständig an das Kopfende des Bettes zu rutschen.

Chris hat sich ausgerechnet den heutigen Tag ausgesucht, um Jeremy zu beauftragen, mir heimlich seine Bluetooth Box unterzujubeln. Mein liebster Pfleger spielt seine Rolle prächtig. Überzeugend sitzt er an der Bettkannte, fragt nach meinem Befinden, hätte gehört, ich habe scheiße geschlafen, ach ja, aha, soso usw. Ich klage ihm meine Müdigkeit und tappe voll in die Falle. Keine Sekunde, nachdem er verschwunden ist, tönt das Grauen Kölscher Karnevalsmusik durch mein Zimmer, so laut, dass es eine Kleinigkeit ist, Dhia-K's *Game-of-Thrones*-Gemetzel zu übertönen, und es Kaya auf der Zentrifuge noch hört. Ich hänge den

Kopf aus dem Bett und sehe die Box auf dem Boden, so präzise platziert, dass ich nicht drankomme, Humptataa, Humptataa, das schellenschlagende Lebensgefühl wie kohlendes Konfetti in der Seele, ein einzigartiges Spektrum aus willkürlich vollzogenem Lärm, den man nur im heldenhaften Glanz eines Vollrauschs überlebt.

Oh oh oh oh oh oh – Oh oh oh …
Häs du ne Fründ oder och net
komm einfach zu uns un drink eine mit
Wat hammer jehühlt, wat hammer belach
Mer han de Naach zum Daach jemaht
Oh oh oh oh oh oh – Oh oh oh …
Oh oh oh oh oh oh – Oh oh oh …

Erst als Chris das zweite Mal anruft, nehme ich ab.

«Ich wollte das schon immer mal …», sagt er, bevor ich ihn unterbreche und einfach auflege. Ich werfe die Decke über die Box, und es funktioniert. Sofort ist das alberne Bumsfidelbums gedämpft und sogar irgendwie angenehm. Ein kleiner Sieg für Proband G, zumindest so lange, bis Doc Frida im Zimmer steht, «Ihr seid doch blöd!» ruft und behauptet, jetzt müsse wegen unseres Affentheaters die Bettdecke neu bezogen werden.

Bleierner Nachmittag. Ich kann es nicht fassen, an dieser Reise teilzunehmen, auf der ich nicht einfach schlafen kann, wenn ich schlafen will. Auf der ich nicht schlafen kann, wenn ich schlafen muss. Auf der ich nicht schlafen kann, wenn ich einfach verschwinden will.

MRT. Es ist das erste Mal, dass ich keine Lust auf die Röhre habe, zumal es heute nicht nur ums stille Herumliegen geht, sondern ums Aufgabenlösen. Ich trage einen Klettgürtel um den Bauch, auf dem ein Knopf und ein Joystick befestigt sind. Über den

Spiegel an der Gesichtsmaske starre ich auf den Monitor am offenen Kopfende der Röhre. Wie in einem Memory-Spiel erscheinen die unterschiedlichsten Objekte auf dem Bildschirm, und ich muss angeben, ob es sich um neue, identische oder fast identische handelt. Währenddessen zeichnet die Maschine erneut Bilder meiner Gehirnareale auf, kleine dunkle und helle Seen oder Ballen. Die Aufgaben machen Spaß. Dazu habe ich das Gefühl, das treibende Wummern der schwingenden Magnete sauge den Mist aus meinem Kopf und die Trägheit aus dem Körper. Ich liege im kreisenden, tobend-hämmernden Sound wie erlöst von all dem energetischen Schmutz des Tages. Als ich rausgeschoben werde, bin ich klatschnass geschwitzt, aber zufrieden.

Das Zaubergerät hat meine Stimmung gereinigt.

Ich dusche ein zweites Mal, diesmal mit einem Lied auf den Lippen, die sphärische Stille des Raumes genießend, diesen Ort der Nichtanwesenheit, mein Alleinsein mit mir ohne mich.

Zum Abendessen kommt Nudelsalat an meine Heimstätte gerollt. Die salzigen, kalten Fetastücke schabe ich so glücklich aus der Schüssel, als schürfe ich erfolgreich nach Gold. Ich lecke den Schaber ab, bis er nur noch nach weichem Plastik schmeckt.

Heute gibt es keine große Zusammenkunft im Aufenthaltsraum, den wir unter uns nur noch Casino nennen; alle bleiben wir für uns allein auf unseren Zimmern. Ich lese. Telefoniere mit Dami, Mareike, Dhia-K und Daniela. Kurz vor elf erreicht uns noch ein einzigartiges Foto, das die Astronomen des Hubble-Teleskops veröffentlicht haben. 16 Jahre hat es gedauert, um aus 7500 Einzelaufnahmen ein exklusives Panoramabild des frühen Universums zu erstellen. Vollkommen verstummt starre ich Milliarden Jahre in unsere kosmische Vergangenheit. Die Aufnahme umfasst unvorstellbare 265 000 Galaxien, deckt 96 Prozent der Vergangenheit ab und reicht zurück bis in eine Zeit, als das Universum nur 500 Millionen Jahre alt war. 13 Milliarden Jahre lang ist das Licht gereist, bevor es hier vor meinen Augen erscheint. Ich sehe: ein schwarzer Hintergrund mit nichts als weißen, gelben oder rötlichen Glimmpünktchen, ovale Mittelpunkte, das gesamte Laster und Wunder des Lebens geschultert. Und dennoch, will man rufen, schön und gut, aber dennoch! Denn trotz all dieser Zahlen und Fakten, was lässt sich mit so einem Bild schon anfangen? Was können wir, Lebewesen von Anfang und Ende, unserem allzu mangelhaften Empfinden über das Summa Summarum von Milliarden Jahren suggerieren, über Ereignisse, die in unendlichen Multiversen verschäumen? Was lässt sich sagen und aufzeigen, wenn sich das eigentlich Mitzuteilende der Vermittelbarkeit entzieht? Nein, all diese Zahlen bedeuten nichts, wenn sie uns nicht vollkommen sprachlos machen und lediglich einen Hinweis hinterlassen auf all das, was sich dem Zählen und Wissenkönnen entzieht.

Ich starre auf dieses Bild und lege mich in die Zeit vor den Sternen. Der eigentliche Inhalt der Welt, das *Wesentliche*: Es lässt sich nur poetisch beschreiben, in einer Sprache, die an der Schwelle des Erzählbaren verendet wie schwarze Würmer in ihrem Nest.

19. Liegetag

Noch 37.376.952 Kilometer bis zum Mars

Ein fast freier Tag.

Lange Telefonate mit Angela, Dhia-K und Mareike. Einfach drauflosquatschen über dies und das. Den Vormittag liege ich ausführlich auf der Pfanne. Den Rest des Tages lese ich oder fühle in meine Kopfunterlage, bis ich die Gewalt und Schwere meines Körpers spüre, den Blutrausch im Kopf.

In Sloterdijks *Sphären* stoße ich auf den Satz: «Noch nie haben die Menschen unmittelbar zur sogenannten Natur gehört, und erst recht haben ihre Kulturen niemals den Boden dessen betreten, was man die nackten Tatsachen nennt; sie haben ihr Dasein immer schon ausschließlich im gehauchten, geteilten, aufgerissenen, wiederhergestellten Raum. Sie sind die Lebewesen, die darauf angelegt sind, Schwebewesen zu sein, wenn Schweben bedeutet: von geteilten Stimmungen und von gemeinsamen Annahmen abhängen.»

Zu Beginn des Kapitels «Innenraum denken» zitiert er meinen geliebten Michaux mit den heiligen Worten: «Ich lege einen Apfel vor mich auf den Tisch. Dann lege ich mich in diesen Apfel. Welche Ruhe!»

20. Liegetag

Noch 36.721.216 Kilometer bis zum Mars

Über den Flurfunk erreichen mich die Gerüchte. Ich muss es mit eigenen Augen sehen und lasse mich rüberschieben. Aber natürlich ist es wahr: Seit heute Morgen hat Dami die Blauen angewiesen, das Zimmerlicht auf 100 Prozent zu stellen, obwohl es bereits bei 50 Prozent taghell ist. Wie in einem Solarium liegt er da und trägt einzig seine blaue, knallenge Unterhose. Wäre die Unterhose eine Hand, würde sie versuchen, mit aller Kraft seine Hoden zu zerquetschen. Hinzu kommen ein frischrasierter Achtziger-Jahre-Schnauzer und eine überdimensionale Sonnenbrille; ich kann ihn kaum erkennen im gleißenden Weiß der Wände und Decken. Jemand von den Blauen war so aufmerksam, ihm ein Cocktailschirmchen zu organisieren, welches er nun wie einen Zahnstocher im Mund trägt. Es schmerzt, in dieses Zimmer zu blicken. Ich rufe: «Na, wie ist es da drinnen?», und Dami schreit: «Irgendwie komisch, irgendwie kosmisch, aber toll!»

Für eine halbe Stunde lasse ich mich zu ihm schieben.

Beide haben wir die Augen geschlossen und sprechen kein Wort.

Unterm Lid alles weiß, unendlich, umfangen. Wenn ich mich anstrenge, spüre ich die Wärme des künstlichen Lichts auf der Haut. Als Bernd in der Tür erscheint, um mich einzusammeln, flüstere ich Dami zu: «Das war toll, mal sehen, ob du heute Abend schon einen Rappel bekommen hast. Immerhin, wenn du hier als Verrückter rauskommst, kannst du immer noch behaupten, es sei deren Schuld gewesen!»

Ich rolle mich auf die Seite und kralle mich an Chris' Türrahmen fest. Mit einem Ruck, dem Bernd, der die Transportliege schiebt, mit Absicht kaum etwas entgegensetzt, drücke ich mich den halben Meter zurück in die offene Tür.

Proband B liegt auf dem Rücken und liest ein Buch, obwohl ich vermute, dass er gar nicht lesen kann.

«Chris?»

«Jaaa?»

Er legt das Buch beiseite. Ich sehe, wie er heimlich seine Hände in Stellung bringt, um sich wehren zu können.

«Es gibt eine Sache, die wollte ich dir schon immer mal sagen.»

«Aha.»

«Ich habe dich sehr lieb.»

«Okay.»

«Ich war die ganze Nacht allein in meinem Zimmer ohne dich.»

«Ich weiß.»

Aus dem Ohrenwinkel höre ich Bernd kichern. Mit rotem Gesicht steht er am Bettende und grinst.

«Es war schlimm, ich wünschte, ich müsste das nie wieder tun.»

«Okay, verstanden.»

«Du bist toll.»

«Ja.»

«Richtig, richtig toll.»

«Ja, ich weiß.»

«Gut. Ich geh jetzt Docking machen, bis später, mein lieber Freund.»

Bernd hat mich schon außer Sichtweite geschoben, da kralle ich erneut den Türrahmen, drücke mich zurück, sage: «Ach, und noch etwas», strecke beide Arme aus und gebe ihm zwei steife, extra langgemachte Finger, die Rolle Toilettenpapier verfehlt mich, und, zack, landen meine versteckt gehaltenen Socken mitten im Lappengesicht von Proband Behindibus.

Lachend schiebt Bernd mich zur Schleuse. «Einfach köstlich», sagt er. Ich grinse ihn an und sage, ohne mit der Wahrheit zu sparen: «Das wollten wir schon immer mal machen.»

Die eigentümliche Gemütlichkeit, das Foto der Progress-Sonde an der Wand, das Bett mit dem schwebenden Monitor, die Steuerknüppel darunter, Bernds Chefplatz hinter dem Computer. Der Docking-Raum. Mein Lieblingsort auf dem gesamten Raumschiff.

«Ich habe in dem Buch über die Isolationsstudien gelesen», sage ich, «das du mir gegeben hast, und deinen Beitrag in dem Weltraumbuch.»

Der Bildschirm springt an, vor mir erscheint die Leere des sternlichterbetupften Universums, angereichert mit einem Fadenkreuz. Am unteren rechten Rand sitzt das Navigationsfenster, das ich brauche, um zur ISS zu finden.

«Stimmst du mir zu, dass die psychische und seelische Belastung der Knackpunkt aller langen Weltraumfahrten sein wird?»

«Mit Sicherheit, ja ...» Bernd ist kein Freund einfacher Antworten. Ich kann sehen, wie es in ihm rattert, was er hier noch alles richtigstellen, ergänzen und zurücknehmen will. Fürs Erste aber scheint er es vermeiden zu wollen, den Hasenbau dieser Frage hinabzufallen. Ich fahre fort.

«Der Knackpunkt also, gut. Und die größte Belastung entspringt hauptsächlich aus dem sozialen Miteinander, richtig? Und bei allen Gefahren, die der Auszug auf neue kosmische Kontinente mit sich bringt, bei all den eintausend Dingen, die schiefgehen könnten, stellt die Natur des Menschen den größten Risikofaktor dar, auch hier ist der Mensch dem Menschsein ein Wolf, richtig? Und Ängste und Depressionen werden sich gut abfedern lassen, wenn man sich unter Freunden und Kameraden gut aufgehoben fühlt, und gleichzeitig ist ihnen kaum etwas entgegenzusetzen, wenn es an einer gesunden Gemeinschaft mangelt. Richtig?»

Bernds Gesicht erscheint neben dem Bildschirm und starrt mich an.

«Mensch, Wolf, Schaf, am besten noch Affen! Wollen wir docken üben oder rumpalavern?», fragt er.

«Beides.»

«Ja, ja, alles auf einmal und möglichst schnell dazu, wie immer, der rastlose Herr im umgekippten Bett! Fang erst mal an, und dann sehen wir weiter.»

Er haut auf die Enter-Taste seines Keyboards, als wolle er selbige durch den Tisch dreschen. Der Countdown beginnt. Mit einem kleinen Schubser nach rechts setze ich meine Sonde in Bewegung. Ich fliege. Durch sorgfältige Geschwindigkeitsschübe, die meine Flugkurve aufrechterhalten, gleite ich in die Mitte des leeren Raumes. Hier entscheidet sich, was 80 Meter später schiefgeht oder nicht. Wenn ich mein Schiff nicht passgenau auf Position bringe, bevor es fast nur noch in den Vorwärtsgang geht, ist es nahezu unmöglich, gegen Ende des Anflugs den Kurs noch zu verändern, ohne komplett aus der Bahn und in die ISS geworfen zu werden.

Konzentriert suche ich meine Position im Nichts.

Bernd räuspert sich und kratzt sich den Fünfstundenbart.

«Nuuun», sagt er schließlich, «die Isolationsstudien, und ihr macht ja auch eine, haben ganz unterschiedliche Ziele. Früher wollten wir wissen, was die Isolation mit den Menschen macht, damals waren das fast ausschließlich Männer. Die Russen hatten die teilweise einfach lange isoliert und geschaut, ob und wann sie verrückt wurden, übertrieben ausgedrückt. In diesem Jahrhundert ging es eher darum, Gruppendynamiken und nachhaltige Stimmungen zu erforschen, diese Dinge eben. Und zwar unter möglichst realen Verhältnissen.»

Er verschwindet hinter seinem Bildschirm und überprüft schweigend, ob ich auf Kurs bin. Ich weiß, was er wortlos sagen will: Palavern gerne, aber nur, wenn es die Performance nicht beeinträchtigt. Ich nehme mir alle notwendige Zeit, um Millimeterarbeit an meiner Ausgangsposition vorzunehmen, und denke gleichzeitig an all die Isolationsstudien, über die ich gelesen hatte. An Mars500, wo sechs Männer 520 Tage lang in einem kleinen künstlichen Habitat Arbeit und Leben auf dem Mars simulierten; über Hi-Seas, wo eine aus Männern und Frauen bestehende Crew Ähnliches ein Jahr lang erprobte, mit dem Unterschied, dass sie, in voller Raumanzugmontur, die Vulkane und Kraterlandschaften Hawaiis erforschten, als lägen diese auf dem Mars, wissenschaftliche Feldarbeit, die auch die Teilnehmer der Mars160-Studie immer wieder aus ihrer winzigen Kolonie trieb, allerdings nicht auf Hawaii, sondern in der Arktis und der fast leblosen Wüste Utahs. Und natürlich das berüchtigte SFINCSS-99-Experiment, das in genau der Weise endete, die man tunlichst vermeiden will.

Noch 50 Meter bis zur Dockingluke. Mein Fadenkreuz sitzt. Für einige Sekunden nehme ich die Hände von den Armaturen. Ich schwebe. Dann gebe ich Gas.

«Für das Leben auf dem Mars, für das Überleben auf einer Kolonie müssen wir folgende Dinge lösen.» Bernd macht eine theatralische Pause und wartet, bis ich meine Augen vom Bildschirm nehme und ihn anschaue. Er grinst sein Bärengrinsen und zeigt auf den Bildschirm, auf den ich mich verdammt noch mal konzentrieren soll.

«Nachhaltigkeit, also Ressourcennutzung und Energie, Nahrung, menschliche Beziehungen, Kommunikation und die Psyche. All das in einem hermetisch geschlossenen System, dem man von außen nichts zufügen kann.» In seinen letzten Worten liegt wohl die größte Herausforderung. Denn was, wenn es weder Nachschub gibt, noch ein Ausweichen auf Plan B oder die Möglichkeit, eine Mission nach dem Start abzublasen, um noch Verbesserungen vorzunehmen? All das klingt stark nach dem größten Projekt, das in diese Richtung jemals unternommen wurde: Biosphere 2.

Die erste Frage: Was ist mit Biosphere 1 geschehen? Die Antwort: Nichts. Es gibt sie noch immer wie eh und je. Biosphere 1 ist nichts anderes als die Biosphäre unseres Planeten, dieses über Jahrmilliarden entstandene Produkt aus dem ewigen Wälzen und Walten der Kräfte, die die Dinge zueinander- und auseinandertreiben und somit eine Welt erschaffen. Und Biosphere 2 ist die künstliche Nachahmung dieser nicht menschlich erschaffenen Realität, die mitten in der Wüste Arizonas steht.

Ende der achtziger Jahre wurden 150 Millionen Dollar investiert, um ein futuristisches Habitat zu erschaffen, das hermetisch von der irdischen Außenwelt abgeriegelt ist und sich selbst versorgen kann. Was aussieht wie eine gänzlich aus Glas konstruierte Mischung aus Luxusresort und dem Hauptquartier einer religiösen Sekte auf Neptun, ist die Erschaffung einer zweiten Arche Noah. Die mehr als 200 000 Kubikmeter enthalten neben einem Mangrovensumpf, einer Wüste, einem «Ozean» und einem Regenwald rund 3800 Tier- und Pflanzenarten, um ein einzigartiges Ökosystem zu erzeugen. 1991 bezogen acht Frauen und Männer, «Bionauten» genannt, für zwei Jahre diese einzigartige Welt. Sie mussten ihren eigenen Sauerstoff erzeugen, alles, was sie aßen, selbst anbauen und möglichst wiederverwerten, was sie an Ressourcen verbrauchten. Ein ambitioniertes Projekt, das misslang. Nicht nur musste eine der Bionautinnen außerhalb der Biosphäre medizinisch behandelt werden, weil sie sich bereits in der ersten Woche die Fingerkuppe abschnitt. Es kamen zudem etliche kleine bis große Probleme hinzu, die das Überleben in der Biosphäre nicht gewährleisten konnten, hätte man nicht aus der externen Muttersphäre nachgeholfen. So kam es etwa zu einem zu hohen Anstieg von CO_2, sodass Sauerstoff in die Kuppeln gepumpt werden musste, einige Insekten vermehrten sich auf verheerende Weise, und es musste immer wieder mit Kalorienpaketen nachgeholfen werden, um die bald schmachtende Besatzung aufrecht durch die zwei Jahre zu bringen. An handfesten wissenschaftlichen Erkenntnissen gewann man wenig, da die autarke Ökosphäre besonders aufgrund der Sauerstoffzufuhr nicht aufrechterhalten werden konnte. Immerhin: Da vor allem Karotten und Süßkartoffeln gut gediehen, verlieh das viele Carotin den Bionauten eine leicht orange Farbe. Fleischlich zumindest eine erste Annäherung an den roten Planeten.

Als die mager gewordene Crew – pro Tag kamen trotz intensiver Arbeitsbelastung nur rund 2000 Kalorien auf den Teller – nach zwei Jahren das Projekt verließ, war sie hoffnungslos zerstritten. Die achtköpfige Besatzung hatte sich in zwei Lager gespalten und lamentierte über die Art und Weise, wie den aufkommenden Problemen zu begegnen sei, zudem gab es Kompetenzgerangel und Auseinandersetzungen mit den Projektleitern draußen auf Biosphere 1.

War das Projekt am Ende erfolgreich, weil es die Crew geschafft hat, zwei Jahre lang die sozialen Widrigkeiten zu meistern und bis zum Ende in Biosphere 2 zu leben? – Ja. Ist das Projekt misslungen, weil die Autarkie der Sphäre nicht eingehalten und somit keine brauchbaren Daten gewonnen werden konnten? – Ja. Und Nein. Denn genau das sind schließlich der wissenschaftliche Prozess und der Sinn allen Experimentierens: zu erforschen, was funktioniert und was nicht, und anschließend diese Erkenntnisse zu nutzen, um sicherzustellen, dass bei Wiederholung des verbesserten Experiments auch bessere Resultate zustande kommen. Ohne das Glück, dass ein Wagnis schiefgeht, kämen wir in unserem Wissen nicht voran.

«Lassen wir mal Nahrung», beginnt Bernd wieder, «und Trinkwassergewinnung, Gewächshäuser, Stromerzeugung und all das beiseite und konzentrieren uns nur auf das Zwischenmenschliche, denn da haben wir schon genug Probleme, zum Beispiel interkulturelle und die elementaren Unterschiede zwischen Männer und Frauen. Ein Japaner geht mit der Verletzung seiner Ehre anders um als ein Tschetschene, und die Art, Befehle zu geben oder Konflikte zu lösen, unterscheiden sich in jeder Kultur. Da muss jeder lernen, wie der andere tickt, und ein Bewusstsein dafür entwickeln, was und vor allem wie man etwas kommuniziert oder auffasst. Das bedeutet nichts anderes, als stets sich selbst und die eigene kulturelle Prägung für das große Ganze hintanzustellen, sonst gibt es immer nur Menschen, aber nicht *die* Menschheit. Mensch, das ist ein Satz, den kannst du dir gerne genau so aufschreiben! SFINCSS-99 hatte ich schon mal erwähnt, oder?»

«Hast du.»

«Ich hatte ja damals die zweite Phase selbst mitgemacht und die dritte von außen begleitet. Sieben Probanden für 110 Tage in Isolation, darunter vier Russen und eine Kanadierin. Kurz und knapp: Alles ging gut, bis an Silvester Wodka auf den Tisch kam – das war zwar offiziell verboten, doch die Studie fand in Moskau statt, verstanden, das ging einfach nicht ohne, der Schnaps fand seinen Weg. Kurze Zeit später prügelten sich zwei Kerle, eine Lippe blutete. Aber es war keine Feindseligkeit, sondern einfach die russische Art, diese Feste zu feiern und ein wenig zu raufen, Dinge, die nun mal so sind und niemand der Beteiligten schlimm findet. Einer der Russen packte sich irgendwann herzhaft die Kanadierin und wollte sie küssen, so, wie es in Russland Tradition ist und man sich küsst an Neujahr, ein altes Spiel zwischen den Geschlechtern, was nichts mit Sexualität oder Gewalt zu tun hat. Jedenfalls, die Kanadierin wähnte sich vergewaltigt. Ihr persönliches Anliegen, westliche Frauenrechte im Weltraum zu erkämpfen, selbst wenn kein horrendes Unrecht vorlag, zerstörte letztendlich die gesamte Mission. Natürlich ist das alles ein hochsensibles Thema und war komplexer, als ich es hier so salopp darstelle, aber es lag kein Vergewaltigungsversuch und keine böse Absicht vor, sondern eine geringfügige Verletzung, die auf dem Missverständnis zwischen kulturellen Gepflogenheiten beruhte. Ich kann dir nach all meinen Jahren in

Russland ein Lied davon pfeifen, und nein, mich hat kein Russe je küssen wollen, die Damen allerdings sind da weniger scheu ... Na ja, nun, letzten Endes hatte man die Teilnehmer, weder die Russen noch die Kanadierin, streng genug ausgesucht und sie nicht auf ihre psychologische Tauglichkeit getestet, das war der eigentliche Fehler, wa? Sie wurden genommen, weil sie sich vor allem freiwillig gemeldet hatten. Es gab keine vorherige kulturelle Sensibilisierung und nichts, nun ja, und dann auch noch Wodka. Es genügt ein solcher Vorfall, um so ein Unterfangen mit Schmackes in den Sand zu setzen. Es gab eine andere Studie, die über ein Jahr ging, da mussten die Teilnehmer mit extrem wenig Wasser haushalten. Jeder hat ein Mal die Woche für eine Minute duschen können, bis, warum auch immer, jemand das Bedürfnis hatte, sich zwanzig Minuten unter die Dusche zu stellen. Was macht so ein egoistischer Regelbruch, der für alle höchst unangenehme Konsequenzen hat, mit den Teilnehmern, mit der Gemeinschaft? Wie löst man solche Situationen, welche konstruktiven Strategien gibt es, solche Vorfälle aufzuarbeiten? Ich denke, solche Probleme werden uns begleiten, solange wir Menschen sind. Denn selbst wenn wir die technischen und finanziellen Mittel haben und eine Kolonie auf dem Mars errichten können, reicht ein Duschgang oder jemand, der zu laut schmatzt, um alles zu zerstören. Kleinigkeiten, die einen zunächst überhaupt nicht stören, können nach Monaten oder Jahren in der Isolation ein reines Blutbad anrichten, theatralisch ausgedrückt. Aber na ja, warum nicht theatralisch werden bei dem ganzen Menschheitstheater. Schneller vielleicht?»

«Was?»

«Schneller. Schau mal, wie viel Zeit dir noch bleibt, Towarisch.[5]»

Eine Minute. Ich knurre ihn an, während ich mir sein «reines

5 Towarisch: Bernds Aussprache des russischen *tovarišči* *(товáрищ)*, was «Genosse» bedeutet.

Blutbad» noch auf der Zunge zergehen lasse. Es ist ein ewiges Streitthema zwischen uns beiden. Die Anweisung lautet, die Anfluggeschwindigkeit im richtigen Verhältnis zur noch zurückzulegenden Distanz zu halten. Doch wenn ich dies eisern befolge, bekomme ich den Rüffel, nicht schnell genug zu sein. Es könnte eine Falle sein. Bernd stiftet Verwirrung und beobachtet, was das mit mir macht, welche Erkenntnisse er gewinnen kann. Ich bleibe bei meiner Geschwindigkeit und gehe das Risiko ein. Wenn ich Glück habe, erreiche ich mein Ziel in allerletzter Sekunde.

«Konfliktlösung ist absolut entscheidend, denn es ist nie die Frage, ob Konflikte entstehen, sondern nur wann und wie schwerwiegend. Es muss allen klar sein, dass es Streit geben wird und es auch mal laut wird und dass das nicht das Ende der Welt bedeutet. Wer hierfür nicht verständnisvoll und uneigennützig genug ist, wird ein ganzes Raumschiff in die Luft jagen und zerschrotten, theatralisch ausgedrückt. Mann, bin ich heute in Stimmung!»

Er zeigt auf die Wand, an der eine Kamera befestigt ist.

«Die Tatsache, sich permanent durch die Kameras und die anderen Astronauten beobachtet zu wissen, ist durchaus gefährlich. Durch Videoüberwachung kann man vorbeugen oder auch verschlimmern, denn es kann sein, dass anschwellende Konflikte nicht ausgetragen werden, weil man fürchtet, als teamunfähig oder Schwächling dazustehen, und ein Unterdrücken von Problemen wird die Probleme nur verschlimmern, das ist einfachste Psychologie. Neben all der Überwachung muss es also einen Raum geben, wo man unbeobachtet ist, alleine oder mit der Crew, wo man anders miteinander sprechen kann, freier, und wo man zusammen Sport macht oder dergleichen, denn Entspannung ist wichtig. Für die Vorgängerstudien wollte ich hier auf der Station einen Pool einbauen lassen, es ist aber leider nicht gestattet worden. Aber so oder so: Die Verantwortlichen müssen aufpassen, dass die Mission nicht nur Arbeit, Druck und Anstrengung ist, sondern auch den nötigen Ausgleich bietet. Zuckerbrot und Peitsche, wobei das Peitschenbild nicht ganz passt, na ja, eigentlich stimmt das gesamte Bild nicht, du weißt schon, vergiss es einfach.»

«Was ist mit einem Meditationsraum?»

«Gerne, ja, das hilft natürlich, und der kameralose Entspannungsraum könnte auch der Einkehr dienen. Wir wissen ja längst, dass Meditation Stress abbaut, und das ist ja meine und unsere Aufgabe, neben der Prävention natürlich, dafür zu sorgen, wie man aus der Ferne, also von der Erde aus, erkennen kann, ob und wo sich Stress bildet, und wie man diesem dann entgegenwirkt. All diese Fragebögen, ob man sich gut fühlt oder nicht, Angst hat, stolz ist, also auch das, was ihr täglich macht, bringen rein gar nichts. Man muss andere Mittel finden, Stress zu messen. Deswegen sitze ich ja hier mit euch und lasse euch docken. Wenn ich euch richtig verkabelt habe und nicht nur die Performance messe, sondern auch euren Puls, Bluthochdruck und wie stark die Handflächen schwitzen – nun, hier habe ich dann eine Körperreaktion, die nicht lügen kann. In Fragebögen kann man sich verstellen, aber endokrine Drüsen oder die Stimmung, die sich aus der Stimme herauslesen lässt, lassen sich nicht austricksen. Nun, wir haben noch keine gültige Formel, keine Gleichung, die es einfach anzuwenden gilt, aber wir arbeiten dran. Aber weißt du, was für einen Astronauten meiner demütigen Meinung nach unabdingbar ist, neben einem angenehmen Wesen, Intelligenz und genereller Ausgeglichenheit? 35 Sekunden, ich sag's nur, ne ...»

«Nein.»

«Humor. Es gibt Menschen, die nicht verstehen, dass das, was zum Beispiel Chris und du miteinander treibt, und auch Dhia und Felix, ein permanenter Verbrüderungsprozess ist, dass ihr dieses Stinkefinger-und-guck-mal-du-Arschloch-Spiel miteinander nur spielen könnt, da ihr euch bereits eurer Freundschaft versichert habt und dies euer Weg ist, spielerisch, wie Affenbabys eben so sind, nicht nur die gegenseitige Zuneigung zu bekunden, sondern auch klarzustellen: Du kannst dich auf mich verlassen, wenn es hart auf hart kommt!»

«Zuneigung!»

«Ja, ja, tu mal nicht so, ihr mögt und liebt euch alle, und das ist auch gut so. Dass Crew-Mitglieder den gleichen Humor besitzen, ist von schier unermesslichem Wert. Wir haben fast die Hälfte der Studie rum, und ihr funktioniert super miteinander, auch, wenn ihr alle verschieden seid, eine so gute Stimmung wie in dieser Studie habe ich selten erlebt. Diese Nähe zwischen euch deutet darauf hin, dass ihr die Probleme, die noch auf euch Einzelne und die Gruppe zukommen werden, hoffentlich ebenfalls meistern werdet.»

«Wie ist die Studie gelaufen, an der du teilgenommen hast?»

«Nun, wir haben es durchgestanden. Spannend war, was man über sich selbst lernt, es wird einem sehr stark der Spiegel vorgehalten. Ich war ja nur mit Russen zusammen und habe gemerkt, wie deutsch ich doch in vielen Dingen bin, ach herrje, etwas pedantisch, übergenau, das kommt auch von Berufs wegen, hier und da intolerant, zu direkt, Berlin eben. Aber Humor hab ich, das ist mal klar!»

Zehn Sekunden. Neun. Nur einmal habe ich minimal in der Anflugkurve nachgebessert, so wenig, dass ich mich fast nicht getraut hätte, den Schalter überhaupt zu berühren. Vier Sekunden vor Ende macht es klack, ohne klack zu machen, und ich klebe angesaugt an der Raumstation. Punktabzüge bei der Geschwindigkeit und einer leichten Verschiebung auf der Längsachse, geringe Probleme also. 98 Prozent Genauigkeit. Alles über 95 Prozent bedeutet ein erfolgreiches Andocken. Ich komme zur nächsten Übung, es erscheint eine neue Aufgabenstellung. Die ISS schwebt erneut in weiter Ferne. Alles auf Anfang.

«Weißt du, was die zwei Dinge waren, die die NASA bei all ihren Forschungen niemals zugelassen hat, so etwas wie ein internes Motto? NASA – alles außer Rektalsonden und Psychologie! Ja, das waren noch die *Right-Stuff*-Zeiten, als man Cowboys brauchte, die sich auf einem Pulverfass Richtung Mond schießen ließen und denen dabei nicht mal der Puls hochging. Aber gerade in der Erforschung der Psyche haben wir noch einiges zu tun, bis wir gesund zum Mars kommen.»

Er fummelt an seiner Tastatur herum, murmelt irgendwelche Zahlen und kommt wieder zum Vorschein.

«Ein Kollege hat mir mal ein Buch geschenkt», beginnt er wieder, «da ging es um eine Marsmission, und die Crew ist schon bereit, zu starten, da kommt im letzten Moment noch ein Unbekannter an Bord. Keiner weiß, wer das ist, aber er fliegt mit. Ist er ein Spion? Ein Wissenschaftler? Jedenfalls ist er freundlich zu allen, stets nett und humorvoll, ein richtiger Sunnyboy, der gute Laune verbreitet. Hinterher stellt sich heraus, dass er ein Clown war.»

«Ich habe mal einen Clown zum Frühstück gegessen, aber der schmeckte irgendwie komisch.»

«Na, sehr witzig, halleluja, gut, dass du kein ...»

«Ich habe noch einen, willst du?»

«Nein danke, mir ist jetzt schon schlecht von deinem Clown. Aber zurück zum Thema. Dhia zum Beispiel ist so ein Benjamin, eine Frohnatur, die es schafft, viele Spannungen abzufedern und für Leichtigkeit und Ausgeglichenheit zu sorgen. Und er ist einer der besten im Docken, nicht so wie ...»

«Ja, ja, ja, schon klar. Ich bin auch fertig hier.»

Der gefrorene Bildschirm zeigt mir an, dass die Dockingstunde vorbei ist.

«Na ja, ist ja nicht schlecht gelaufen», seufzt Bernd, klopft sich auf die Schenkel und sagt: «Wir haben ein paar freie Tage und sehen uns erst nach dem Bergfest wieder. Sauft nicht zu viel!»

Als er mich zurück in mein Zimmer geschoben hat und zum Abschied die Hand hebt, frage ich: «Glaubst du, es wird schön auf dem Mars?»

«Schön? Nein. Der Mars ist absolut schrecklich und lebensfeindlich.»

«Warum fliegen wir dann hin?»

«Genosse G, was für eine Frage: Weil wir es können!»

Dhia-K liegt zusammengerollt im Bett und telefoniert mit seiner Verlobten in Tunesien. Er fuchtelt herum, soweit es seine bettlegerischen Gliedmaßen zulassen, und schaltet die Videofunktion ein, damit ich seiner Frau Hallo sagen kann. Grinsend winken wir in die Kamera. Hier Vater Weltraum. Dort Mutter Erde.

«Er kommt mit mir, wenn wir fertig sind, ich bringe ihn mit nach Djerba», schreit er immer wieder, während er auf mich zeigt, als sei ich etwas, das man eben so mitbringe vom Mars. Ein Weltraumsouvenir. Mit dem Finger unbeweglich auf mich gerichtet, präsentiert er seiner Liebsten die Highlights meiner Biographie. Verzückt von seinen beachtlichen Halbwahrheiten, höre ich mir alles an und bessere lediglich etwas nach, wenn es eindeutig zu wild wird. Schließlich verabschiedet er sich kussschmatzend, legt auf und seufzt: «Boah, jeden Tag mindestens eine halbe Stunde anrufen und reden, auch wenn nichts passiert ist, einfach reden. Sonst krieg ich Ärger. So viel Zeit kostet die Liebe, aber was soll ich machen ...»

Dhia-K beginnt, mir seine Philosophie der Liebe zu predigen, aber ich unterbreche ihn und gestehe, warum ich eigentlich gekommen bin. Ich bin hier, um neuen Gerüchten nachzugehen. Von dem Küchenpersonal habe ich gehört, dass Dhia-K in den letzten Tagen gelernt hat, auf dem Rücken liegend zu essen, wobei er den Teller auf der Brust balanciert und sich von dort, kleckerlos, alles in den Mund stopft. Auch Suppen, frage ich und bekomme als Antwort, ja, er schaffe auch Suppen.

Also bleibe ich liegen und warte. Als das Abendessen kommt, klatscht er in die Hände und schiebt den Monitor weg, damit ich auch alles gut sehen kann. Der einzige Grund, erklärt er mir, warum er mit dem Auf-der-Brust-Essen angefangen habe, sei, damit er gleichzeitig seine Serie gucken kann. Katleen stellt den böseligen Gemüse-Burger ordnungsgemäß auf dem Tischchen ab, Dhia-K hievt ihn sich auf die Brust und drückt auf «Play». Angespannt liege ich neben ihm, den Blick auf seine Hände gerichtet. Er knabbert und kaut und schmatzt und rülpst und pult sich die Rote Bete aus den Zähnen. Aber nichts. Kein einziger verdammter Krümel landet auf seinem Shirt, kein Soßenklecks klatscht auf den Hals oder schmiert ihm kurz vor der Unterlippe ans Kinn. Kopfunter liegt er da, Mister Saubermann, und begleitet das Morden auf seinem Bildschirm so frisch wie eine Blume.

«Solltest mal Suppe sehen», sagt er und lacht, «das ist noch einfacher!»

Wir rufen Jeremy an, der uns zum Pokern abholen soll, aber es ist Klara, die in der Tür erscheint, unsere Bremsen löst und uns rüber ins Casino fährt – Klara vorne am Bettende mit der Aura der Unbesiegbarkeit. Genau so stelle ich sie mir vor, besonders da draußen in der Außenwelt, unbesiegbar trotz eines Lebens, das man unter Menschen führen muss, unerschütterlich in ihrer Liebe, auch wenn die Welt nicht weiß, wie man sie erwidert.

Über die Hälfte der Mannschaft ist bereits versammelt und flurendurchmischt in- und aneinandergeschoben, als Daniela von Sebastian hereingerollt wird und entzückt aufschreit ob der Menschenmasse. Sebastian, der Angelas Bett ein wenig höherstellt, damit sie besser sehen kann, wird von Daniela geradeheraus bescheinigt, in einem anderen Leben eine perfekte Puffmutter gewesen zu sein. An Pokern ist in diesem Tumult nicht zu denken. Während Reinhard in aller Seelenruhe alleine vor dem Fernseher liegt und eine Teutonen-Doku schaut, greifen wir anderen zu Tabu, auch wenn Dami schwört, so eine enorme Runde sei Grund genug, aufs Neue mit Risiko anzufangen und das endlose Spiel wenn nötig über mehrere Abende zu strecken.

Aber niemand will.

Uns allen geht es viel zu gut, um es derart aufs Spiel zu setzen.

Angela zeigt Fotos von einem Iglu, das sie einst aus 300 Tetrapaks gebaut hat. Seit ich ihr auf ihren Social-Media-Kanälen folge und mich köstlich über ihre humorvollen Posts amüsiere, ist sie mir noch mehr ans Herz gewachsen. Mareike schabt die letzten Flecken Abendessen aus ihrer Schüssel, was Daniela daran erinnert, uns zu erzählen, dass sie bereits einen «Special-Deal» mit ihrer Mutter gemacht hat: Wenn Frau Mama in zwei Monaten kommt, um sie abzuholen, bringt sie ein Bouquet mit, einen hübschen Feststrauß, zusammengestellt nur aus Teigschabern.

Die Stimmung ist siedend. Wir sind laut. Menschen, die das Schlimmste schon hinter sich haben und das Härteste noch vor sich. Klara stellt sich in die Ecke und schießt ein Foto. Als ich das Bild sehe, bin ich kurz schockiert. Dass die anderen auf so absurde Weise ans Bett gefesselt sind, sehe ich jeden Tag. Nun aber sehe ich mich selbst inmitten dieses aberwitzigen Haufens, blass, unrasiert und derart schräg liegend, dass es ein Wunder ist, dass ich tatsächlich aufgehört habe, permanent gegen das Kopfende des Bettes zu rutschen.

Der Mensch ist ein außergewöhnliches Tier.

Er gewöhnt sich an alles, wenn er nur will.

Was noch geschieht: Während des Ratespiels will ich auf das Wort «glühen» hinaus, Chris hat schon die «Glühbirne» richtig geraten, und ich sage: Gut, aber ich brauche das Verb des ersten Teils des Wortes. «Glühbirne?», wiederholt er fragend, als hätte er mich nicht gehört, und ich sage, ja schreie fast: «Ja, Glühbirne, und jetzt den ersten Teil dieses Wortes als VERB!», und er fragt: «Glühbirnen?»

Doch es ist Dhia-K, der für den Höhepunkt des Abends sorgt. Er muss pinkeln, lässt sich die Flasche bringen und von Klara an die Wand schieben. Er dreht uns den Rücken zu. Unter seiner Decke vergraben, singt und summt er beim Pissen. Als sein Wuschelkopf unter der babyblauen Bettdecke wieder zum Vorschein kommt, hat sich ein strahlendes, stolzes Grinsen in seinem Gesicht zementiert. Klara bekommt eine knallvolle, bis zum letzten freien Zentimeter gefüllte Flasche überreicht. Das Auffinden des heiligen Grals wäre kaum bestaunenswerter.

«Leute», schreit er, «schaut euch das an. Das ist der fucking Rekord!»

«Nein, das ist vor allen Dingen unmöglich», schaltet sich Reinhard ein, und er hat recht.

«Du hast geschummelt!», ruft Daniela, denn selbst als Frau, die ihre Urinella samt Röhrenkonstruktion zum Pinkeln benutzen muss, weiß sie, dass es anatomisch unmöglich ist, seitlich liegend die Flasche vollzubekommen. Es sei denn, man hänge Flasche und «Pimmelmann» (Daniela) gleichermaßen aus dem Bett – ein gängiges Prozedere unter uns Männern, das Dhia-K vehement abstreitet. Nichts darf dem sakralen Ereignis seiner vollen Flasche in die Quere kommen.

Wir streiten eine Viertelstunde lang. Dhia-Ks Liturgien sind berauschend. Felix behauptet, er habe sich erhobenen Beckens hingekniet, aber wir alle haben gesehen, dass er jederzeit seitlich lag. Damit gibt es letztendlich nur eine logische Erklärung: Es ist schlichtweg ein Wunder.

Um Viertel vor elf sind wir zurück auf unseren Zimmern. Klara bringt mir die Nachtschüssel und setzt sich zu mir. Erst jetzt fällt mir eine kleine Schramme an ihrem Unterarm auf. Sie legt ihre Hand auf die Matratze. Ich kann sie riechen, ihr strömendes Mittagslicht noch immer. Ihre kognakfarbene Haut, meine betrunkenen Augen. Sie schaut auf den Boden, während sie sich die Haare zusammenbindet. Sie will etwas sagen, schaut mich an, wartet kurz, ich sehe die Worte, die sich hinter ihrer Stirn zusammensetzen wollen, richtige Worte, die Zeit brauchen, aber da ruft Katleen aus dem Büro.

«Ach, ach», sagt sie und lehnt sich ein Stück in meine Richtung, bevor sie sich lachend umdreht und zur Tür geht. «Dann eben nicht.»

Woche Vier

29. Liegetag

Noch 30.163.856 Kilometer bis zum Mars

Lenny weckt mich. Das Ratschen des Klettverschlusses um meinen Arm, das Fieberthermometer im Mund, die Nadel im Arm. Ewiges Morgenzeugs, so sehr Leben wie das Atmen und Hoffen. Der psychologische Test bescheinigt: alles gut bis äußerst gut. Mit der Zahnbürste im Mund schmeiße ich die Nachrichten an und sehe Jeff Bezos, der sagt: «This is an incredible vehicle, and it's going to the moon.»

Den Schaum spucke ich in die leere Schüssel, während mir eine andere voller warmem Wasser gebracht wird, eine Heilsschüssel, Segenswärme, das Geschenk, das ich einem Gott machen würde, läge er genauso verbraucht unter einer unabstellbaren Klimaanlage, eine warme Waschwasserschüssel mit vorgewärmten Waschlappen. Hier nimm, alles wird gut, lappe dich ab. Neben Bezos steht das Gerät, das er gerade vorstellt und gepriesen hat, der Lunar Lander seiner Weltraumfirma Blue Origin, der 2024 erneut Menschen auf dem Mond absetzen will. Das Ding sieht aus wie ein Wäschetrockner, wenn es irgendwo eine andere Spezies geben würde, die überdimensionale und galaktisch hässliche Wäschetrockner zur Zerstörung ihrer Kleidung herzustellen wüsste.

Als Doc Frida zur Blutabnahme anrückt und mir den Zugang in die bereits vom vielen Zustechen gebeutelten Arme legt, denke ich nur, dass es zum Glück diese besonderen Bonzen-Milliardäre à la Bezos, Branson und Musk gibt, edelmutige Kosmoanthropen, die ihr Geld und ihre Leidenschaft in die Weltraumforschung, in Raumschiffe und Rover stecken anstatt in traurige Villen und Proletenkarren. Die Zukunft ist noch nicht verloren, wenn der wagemutige Traum von neuen und besseren, ja gar der bestmöglichen aller Welten mit ordentlich Kohle befeuert wird.

Ich rufe Dami an und gratuliere zum neuen Hobby. Seit heute Morgen flimmern neuartige Videos über seine Social-Media-Kanäle. Sich selber filmend, nutzt er alle seinem Handy zur Verfügung stehenden Effekte und Filter, um Klassiker der Popgeschichte auf Dami-Weise zu interpretieren.

Er rapt Eminem, während sich die Hälfte seines Gesichtes immerzu in ein Monster verwandelt. Zu Guns'n'Roses steht sein Kopf in Flammen, feuerrote Wolken wogen um seinen Schädel und blitzen ihm in die brennenden Augen. Im nächsten Video wird er zur bunten, glitterverhangenen Drag-Queen usw.

«Erstens», beginne ich mein Resümee seiner Anstrengung, «hör nie auf damit. Und zweitens: Darf ich mir einen Song wünschen?»

«Weiß ich noch nicht.»

«Hä, wieso? Sind dir deine Fans egal?»

«Ja.»

Ich wusste, dass er das sagen würde.

«Dami, wo ist das Problem?»

«Ich werd's mir überlegen, außerdem hab ich schon so viele Lieder, die ich machen will. Da muss dein Wunsch schon ordentlich funken!»

«Bon Jovi. You give love a bad name.»

Schweigen am anderen Ende der Leitung. Schließlich ein Räuspern, als habe man ein schlechtes Signal eingefangen, das finstere Lichtjahre im All unterwegs war.

«Okay», sagt er, «das funkt!»

Nach dem Duschen robbe ich mich zurück in mein Bett und lasse die Tür schließen. Ich lese meinen Meckel. Plötzlich lasse ich das Buch fallen und kralle die Hände in die Matratze. Etwas Seltsames geschieht. Ich falle! Völlig unbewegt beginne ich zu sinken. Ich kralle mich tiefer ins Bett, um mich eines Bodens zu versichern, einer bleibenden Fläche. Die Matratze liegt unter mir und bewegt sich nicht, aber mein Körper gleitet durch sie hindurch, als schwebe er durch Nebel. Alle drei Sekunden schrecke ich hoch, ohne aufzuschrecken, und nur die Handinnenflächen und mein Verstand sagen mir, dass alles in Ordnung ist. Unter mir spüre ich ein endloses Nichts. Ich werde zum Erdmittelpunkt gezogen. Ich sinke. Oder steige. Ist es also so weit, ist das schon Schweben?

Ich versuche, es auszuhalten. Nach zehn Minuten rufe ich vorne an. Sofort stehen Doc Frida, Peter und Sebastian an meinem Bett. Ich erkläre genau, was mit mir geschieht, ein Schwindel, ein vertikaler Schwindel ohne Drehen, als sinke ich in einen betäubten Raum. Als würde ich von einer Hand unter die Decke gehoben, die es nicht gibt.

«Seit wann geht das schon so?», fragt Doc Frida.

«Zehn Minuten.»

«War heute irgendwas anders als sonst?»

«Dami dreht diese TikTok-Videos. Aber das wäre was, wenn er und ...»

«Würde ich jetzt einfach mal ausschließen», unterbricht mich Peter, «aber das Ganze ist seltsam. Lass schauen, was damit passiert. Es gibt erst mal keinen Grund zur Sorge. Fühlst du dich sonst wohl?»

«Bestens.»

«Gut.» Doc Frida kratzt sich den Kopf. «Ich komme in einer Stunde noch mal. Sag uns aber sofort Bescheid, falls es schlimmer wird.»

«Okay. Darf ich Dami erzählen, dass es seine Schuld ist?»

«Natürlich!»

Eine Stunde liege ich auf dem Rücken und strecke die Glieder in die Winkel des Bettes. Ein lautes, stoßhaftes Ausatmen hilft der Zentrierung. Ich mache mich groß und lang. Ein Segel, das weniger schnell zu Boden sinkt. Keine Musik, kein Buch; ich atme, meditiere, schließe die Augen und versuche, mich zu entspannen. Wenn das Sinken zu stark wird, greife ich meinen Oberschenkel oder klemme die Hand unter den Arsch, sodass der Handrücken das Bett berührt. Dieser Griff hält mich vorhanden. Lange denke ich darüber nach, ob so ein Satz noch einer semantischen Logik entspricht: «Der Griff hält mich vorhanden.» Mit den Händen drücke ich mich nach oben. Es ist seltsam: Sobald mein Sinkflug kurz aufhört, will ich sofort, dass er wiederkehrt.

Als Doc Frida wieder da ist, sage ich, weder lügend noch die Wahrheit sagend, ich hätte mich einigermaßen gefangen. Mit erhobenem Daumen werde ich am Büro, an den Blauen und den Ärzten vorbeigeschoben, dann durch das Klacken und Zischen der Schleusen bis in den breiten, lichten Flur, dessen Weite mich kurz verzaubert.

In der Magnetspule kommt mir der letzte Rest des neuen Gefühls abhanden.

«Es ist mir weggesaugt worden», erkläre ich anschließend, ohne mich darüber zu freuen. Damit sind es mittlerweile schon zwei Dinge, die mir das MRT rausgesaugt hat: schlechte Laune und den freien Fall in die Unwesentlichkeit. Ich werde ermahnt, mich sofort zu melden, falls es erneut auftauchen sollte, und auch darauf zu achten, ob es womöglich einen Auslöser gibt.

Von Damis psychedelischen TikToks einmal abgesehen.

Die nächste Überraschung: Aus Lenny ist Thorsten geworden, einfach so. Wahrscheinlich ist Danielas ziellose Kreativität der Patient Zero. Auf ihr Konto gehen bereits: Sebastian ist eine Puffmutter, Mareike eine Disney-Prinzessin, Dhia-K unser Habibi-Mausi. Und nun wandelt auch Lenny nur noch als Thorsten bettpfannenausteilend über die Flure. Es hat bereits so stark die Runde gemacht, dass ich mich frage, ob wir uns am Ende der Reise noch an seinen richtigen Namen erinnern werden.

Ich greife zu meinem Notizbuch. In die Liste der neuen Dinge schreibe ich:

- Thorsten = Lenny
- durch die Matratze gleiten

Ich zähle nach und kann es kaum glauben. Tag 43. Damis Uhr bestätigt es. Wir sind jetzt fast sechs Wochen hier drin, liegen fast vier. Morgen ist das Bergfest, die Hälfte von allem geschafft. Ab morgen sind wir näher am Mars als an der Erde. Im Casino ist eine große Feier mit dem gesamten Team geplant, inklusive eines Überraschungsgastes, der uns erst heute enthüllt wurde. Angela hatte mich angerufen und es mir schreiend verkündet: «Weißt du wer, weißt du wer? Der Gerst! Astro Alex kommt uns besuchen!»

Direkt nach dem Mittagessen geht es zur Augenuntersuchung. Ich bin so müde, dass ich mich in der Tat fünf Minuten ausruhen darf, einfach daliegen mit geschlossenen Augen, atmen, um irgendwo Kraft zu finden für die kommende Stunde. Die Untersuchung wird katastrophal. Immer wieder scheitere ich daran, mich auf das blaue Kreuz zu konzentrieren, während der Laser flackernd und zuckend durch mein Auge zieht. Der Raum ist still und einsam. Die Hälfte der Tests muss wiederholt werden. Ich spüre die Frustration der beiden Wissenschaftler, ihnen geht es kaum anders, auch sie müssen direkt nach dem Mittagessen zurück in diesen sauerstoffarmen, abgedunkelten Raum und sich aufs Äußerste konzentrieren, um ihre Arbeit vernünftig zu erledigen. «Nur noch sechs Wochen», sage ich so laut, dass ich das Gefühl habe, die Stille erschreckt sich. Aber es hilft niemandem. Kommentarlos wird nachjustiert, ein neues Kreuz, ein neues Scheitern.

Eine dunkle, unnachgiebige Stunde.

Ich meine, in der kaltgestellten, gähnenden Leere des Raumes ein Seufzen zu hören, so sanft und leise wie Glas.

Für die letzte Aufgabe bekomme ich Tropfen ins Auge, um die Pupillen zu weiten. Irgendwie müssen wir vorankommen. Mit den Tropfen kann ich nur noch punktuell nahe sehen. Schaue ich normal in den Raum, verschwimmt alles. Der Effekt wird bis in die Nacht andauern, sagt man mir und wühlt in der Schublade.

«Hier, die Brille musst du bist zum Schlafengehen aufsetzen. Sonst bist du blind wie ein Maulwurf.»

Seit Wochen versuche ich herauszufinden, ob mir der süße *und* saure Himbeershake, den es oft als Nachmittagssnack gibt, schmeckt oder nicht. Da ich mich aber mittlerweile auf ihn freue und immer eher mehr will als weniger, beschließe ich, dass der Shake gut ist.

Chris versichert, er habe das gleiche Problem mit Weißbier, draußen in der zurückgelassenen Welt.

Am Abend sind wir schon früh im Casino verabredet, um auf jeden Fall drei volle Stunden Spielzeit zu haben. Dami braucht nur eine einzige Runde, um sich in Kamikaze-M zu verwandeln. Ich frage mich, warum wir ihn überhaupt noch mitspielen lassen. Er mischt die Karten, setzt enorm hohe Beträge und verliert erbärmlich schnell. Dami, der Zerstörer. Er lässt sich von unserem kleinen Tisch entfernen und wird vor dem Fernseher geparkt.

Es wird das härteste Pokerspiel der gesamten Studie. Zwischen Dhia-K, Chris und mir kommt es zu bösen Gefechten. Ich schwitze so stark, dass ich wirklich überlege, ob ich vorm Schlafen noch mal duschen sollte. Es wird so schlimm, dass ich das Gefühl habe, die auf meiner Nase sitzende Brille, Ziel Dutzender zu Recht hämischer Kommentare seitens Proband B, trage zu meinen Hitzewallungen bei, da mir ihr Bügel die Poren meiner

Nase verstopft. Ich denke: Wegen der Scheiß-Brille sutscht mein Gesicht!

Seit ich heute Mittag die Hand unter den Arsch und den Oberschenkel geklemmt habe, um mich vor dem Gefühl des Sinkens zu bewahren, wandert sie immer wieder dorthin. Mit Schrecken stelle ich fest, wie viel Muskelmasse ich in den Beinen bereits verloren habe, wie aufgeweicht der Körper mittlerweile ist. Immer wieder greife ich mit Daumen und Zeigefinger ein Stück Haut, ziehe sie von meinem Schenkel weg und staune über alles, was fehlt. Nur noch Luft und Leere, wo vorher Muskel war. Im Geiste notiere ich unter die Worte, die wir auf dem Mars neu bestimmen werden: Masse.

Während Dhia-K dabei ist, einen souveränen Sieg einzufahren, erkunde ich meinen schwerelosen Körper. Die Brust schwabbelt unter meiner Hand. Der Trizeps ist kaum noch zu spüren. Selbst die Finger sind schwächer und dünner geworden. Wenn ich sie zusammenstecke, scheint die Hälfte zu fehlen. Der Vorteil dieses Verschwindens: All die Verletzungen und chronischen Probleme meines Kampfsporttrainings, alle Kapsel- und Gelenkschäden, die Risse und Schwellungen sind ebenfalls wie weggeblasen. Zum ersten Mal seit vielen Jahren bin ich in der Lage, meine linke Hand vollständig und schmerzfrei zur Faust zu ballen.

Pünktlich um Viertel vor elf müssen wir zurück auf unsere Zimmer. Als Doc Frieda noch einmal vorbeikommt, gebe ich ihr meinen Befund: «Meine Hände sind dünner, meine Oberschenkel werden weniger. Vielleicht schwebe ich deswegen.»

«Nein, nein», sagt sie, «das glaube ich eher nicht. Aber deswegen bin ich auch gar nicht hier. Ich habe andere Neuigkeiten für dich, die ich dir am besten jetzt noch sage. Nun ja, es ist auch meine Pflicht, es dir sofort zu sagen. Die Augenärzte haben mit uns gesprochen. Dein Sehnerv ist geschwollen. Geschwollen heißt, dass sich dort durch die Kopfunterlage Flüssigkeit ansammelt, ein bekanntes Problem, mit dem alle Astronauten zu kämpfen haben. Also noch kein Grund zur Beunruhigung. Nur etwas, das wir beobachten müssen. Tut mir leid, aber Augentest gibt es jetzt fast täglich, in deinem Sinne.»

«Ganz gewiss nichts davon in meinem Sinne!»

«Wie gesagt, es ist noch nicht ernst, kann es aber werden. Du bist bei Stufe eins. Wir haben da klare Vorgaben. Falls es schlimmer wird und du Stufe vier erreichst, müssen wir dich wieder in die Vertikale bringen, und die Reise ist für dich vorbei. Dazu wird es hoffentlich nicht kommen, aber wir müssen es beobachten, *vor allem* in deinem Sinne, mein Lieber.»

Als sie fort ist, schließe ich die Augen und stelle mir vor, wie die Flüssigkeit, wie ein Wassertropfen mein Auge schweben lässt, es so leicht macht wie Luft. Das Auge will nach oben, aber schwer liegt der Körper auf der Matratze und lässt es nicht zu, dass es in den Himmel hinaufsteigt. Ich beginne eine neue Liste.

Dinge, die die Körperlichkeit zurückhält:
- das Aufsteigen des Auges
- das Aufsteigen der Seele

Ich spucke das Zahnputzwasser in die Schüssel und lösche das Licht. Auf dem Tisch leuchtet das Handy auf. Punkt 22 Uhr 59. Diese Frau ist ein Uhrwerk. «Schau mal», lese ich, «das ist Olaf. Der Nada-Brahma-Quantentheorie-Mann, von dem ich dir erzählt habe. Heute hat er gesagt, die Welt sei eine Melodie, eine wunderschöne, perfekte String-Melodie, die sich selbst nicht braucht, aber trotzdem existiert. Deswegen ist alles so schön: Weil es auch ohne uns erhaben und gut ist. Er hat gesagt: Wir sind erleuchtet, ob wir das nun bemerken oder nicht.»

Auf dem Foto Klara, den Arm um den alten Opa geschwungen, beide lächelnd, als käme nur noch der Beginn von Großem und Schönen, als sei man unverwundbar geworden, allein, weil man es will.

«Ich habe ihm alles über dich erzählt. Er kennt dich nun. Nach deiner Rückkehr kannst du ihn ja mal hier auf der Erde besuchen, mit mir zusammen. Ich glaube, er würde sich freuen.»

30. Liegetag

Noch 29.508.120 Kilometer bis zum Mars

Reinhard schiebt den leergeleckten Teller von sich weg und erklärt es mir: Wie bekommt man drei Monate hier drinnen rum, ohne ständig die monströse Zahl von 90 Tagen und 2160 Stunden vor Augen zu haben? Wie schafft man es, nicht zu verzweifeln? Seine Antwort: klare Etappen!

«Ich gehe immer nur von einem kleinen Ziel zum nächsten. Zunächst die ersten zwei Wochen Voruntersuchungen und Eingewöhnung. Geschafft. Dann die ersten fünf Liegetage, bis sich der Körper an die Schwerelosigkeit gewöhnt hat, auch geschafft. Dann bis zum Viertelfinale der Champions-League und zum heutigen Bergfest. Jetzt ist schon die Hälfte durch, schon fünf Etappen gemeistert. Jetzt noch das Champions-League-Endspiel, der Geburtstag meiner Frau und vor allem der Aufstehtag, dann nur noch zwei Wochen im Stehen, und alles ist vorbei. Kann es kaum erwarten, wieder im Auto zu sitzen und einfach drauflos-zufahren, einfach fahren, wohin und wann ich will.»

Er grinst verträumt und umklammert ein kleines Heftchen, in das er Alexander Gerst unterschreiben lassen will. Wir liegen im vollgepackten Casino. Hinter Reinhard sind Angela, Mareike und Kaya aufgebahrt, zu meiner Rechten liegen Dhia-K und alle anderen, die gesamte Crew aufgereiht wie Sardinen, zwölf erwartungsvoll Gebettete, dazu alle Blauen und Studienleiter, das Personal aus der Küche, viele auf kleinen Schemeln oder Stühlen stehend, um überhaupt sehen zu können.

Die ganze große Mars-Familie.

Das Bergfest.

Aus den Boxen strömt leise «Bohemian Rhapsody».

Tosender, heillos übertriebener Applaus, als Sebastian auf einen Kochtopf trommelt und etwas schwerfällig auf einen Stuhl steigt – kein Kommentar dazu von Daniela. Ich würde gerne den Kopf heben können, um ihr Gesicht zu sehen, ob sie sich was verkneift oder nicht. Sebastian in messianischer Stimmung da oben auf seinem Stuhl, schmetternd und bissig. Dass wir eine außerordentliche Truppe sind, schreit er fast, alle von uns, dass es nicht nur Spaß macht, sondern auch mit dem nötigen Ernst zur Sache geht und alle alles geben für den Erfolg der Studie. Dass er stolz ist. Dass er die Harmonie innerhalb der Crew erstaunlich findet und hofft, dass es so bleibt. Dass es unglaublich ist, dass die Hälfte schon rum sei, dass aber noch viel auf uns wartet, gute Zeiten, schwere Zeiten – und dann die Erlösung, das heilige Wiederauferstehen.

In diesem Ton geht es weiter. Lob, Einschwörung, Heilsversprechen, der Versuch eines Schenkelklopfers zwischendurch. Ich texte Daniela: «Hey, diese Puffmutter kann was!»

«Ihr wisst, dass wir Glück haben, dass Alexander Gerst heute für einen Check-up hier ist und sich Zeit nimmt, um euch persönlich zu treffen. Er müsste gleich da sein. Vorher aber noch eine Überraschung!»

Ich blicke durch den Raum und fixiere das Poster der Milchstraße an der gegenüberliegenden Wand. Ständig erwarte ich, dass ein Tropfen auftaucht und im Zentrum meines Weltenblicks schwimmt wie ein Seewürmchen. Aber nichts. Kein Wasserwurm, kein Schwamm, keine liquide Störung meiner Sinne. Ich halte mir die Hand vors Gesicht und erkenne jede einzelne der zigtausend Rillen in meiner Handinnenfläche. Alles okay. Ich lebe, liege und sehe.

Aus der Küche dringt das kalte Klirren von Gläsern und Flaschen. Angela schreit SCHAMPUS, doch es werden nur Bierflaschen hereingetragen, doppelt falsches Bier in der Form von alkoholfreiem Kölsch. Ich muss mich zusammenreißen, um nicht loszuwettern. Keinem Menschen sollte Kölsch als Bier verkauft werden, höchstens als stinkend-gährender, noch in tausend Jahren nicht bierähnlicher Gassensud von vorletzter Woche. Von allen Kölschmarken ist Reissdorf die mit Abstand schlechteste. Und natürlich hat man alkoholfreies Reissdorf gekauft, was im Endeffekt kaum noch ins Gewicht fällt. Wer sowieso nichts mehr spürt, wird es nicht merken, dass ihm die Zehen abfrieren. Gott, und ich hatte mich auf den Abend gefreut!

Während die Blauen und alle anderen an Wasser und Säften nippen, bekommen wir die Flaschen, die, dem Wärmegrad nach zu urteilen, nicht länger als 10 Minuten im Kühlschrank standen, mit einem verdammten Strohhalm gereicht. Man hat uns eine Freude machen wollen, niemand meint es böse. Also nehme ich einen kleinen, säuerlichen Schluck bei zugehaltener Nase, gebe die Flasche zurück und sage: Lieber doch nicht.

Aber Doc Frieda schüttelt den Kopf.

«Das Getränk ist leider eingeplant in den Ernährungsplan. Jeder Tropfen davon muss weg, mein Lieber, es geht leider nicht anders.» Ich starre sie an, starre die Flasche an, diese dummen Perlen am Glas, das pissgelbe Nass. Eine völlig unbekannte Hilflosigkeit überkommt mich. Am liebsten würde ich heulen. Oder etwas zerstören. Noch nie stand ich so kurz davor, die Studie abzubrechen.

Klara erkennt die Situation, springt auf und holt die Nasenklammer aus Dhia-Ks Zimmer, die er sich aufsetzt, um seine bezuckerte Scholle runterzubekommen. Als Gerst, einem Filmhelden gleich, hereinspaziert kommt, liege ich kopfunter im Bett, die Klammer auf der Nase und die Flasche an den entsetzten Lippen. Ich verbrenne das «Getränk» in einem großen Zug, bevor es, ein kleines bisschen zu laut, aus mir heraustönt: «Ekelhaft.»

Jedem von uns ist Alexander Gerst bestens vertraut. Er ist

Deutschlands bekanntester ESA-Astronaut, ehemaliger Kommandant der Internationalen Raumstation und einer jener Wissenschaftler, der seine Zunft in den Medien so sympathisch wie profund zu vertreten weiß. Zunächst tut er mir etwas leid, wie er da jetzt stehen muss vor lauter Fremden, die ihn erwartungsvoll anstarren mit gierigen, giftkölschgeweiteten Augen; ihm aber scheint es egal zu sein. Er sieht lediglich verwundert aus und braucht einen Augenblick, um sich zu fassen. Ich weiß nicht, was er erwartet hat, aber der erste Blick auf zwölf Menschen, die kopfunter daliegen wie die billigste jemals auf die Bühne gebrachte Inszenierung des letzten Abendmahls, muss ein seltsamer sein. Auf seiner hellen Glatze tanzt das Deckenlicht in den Raum. Er begrüßt uns und geht von Bett zu Bett, um uns allen die Hand zu schütteln und zu danken. Dies ist der erste Punkt, den er anspricht: Das, was wir hier täten, sei schwieriger und härter als sein Flug ins All. Er habe großen Respekt vor unserer Leistung und unserer Aufopferung für die Wissenschaft.

Schwer zu glauben, aber er meint es ernst. Es liegt eine Ergriffenheit und Ehrfurcht in seiner Stimme, die nicht gespielt ist. Angela allerdings wittert eine horrende Einschleimung seitens des Kommandanten und ruft: «Na, na, na, wir müssen nur rumliegen und Zentrifuge fahren, bekommen Essen gebracht und machen Sudokus, der eine guckt nur *Games of Thrones*, und Daniela hier ist in alle verliebt und will heiraten.»

Gerst lacht.

«Ja, das hört sich wunderbar an. Diese Studie ist trotzdem unheimlich wichtig, wenn wir bald zum Mars wollen. Ohne euch ist es nicht möglich, so einfach ist das. Und es gibt wenige, die sich so aufopfern für die Wissenschaft, und wir Astronauten wissen das sehr zu schätzen, glaubt mir. Es bringt uns alle unserem Ziel näher, dem vielleicht größten Traum der Menschheit.»

«Also ich glaub's», sagt Dami und durchbricht die anbeterische Ruhe, die nach Gersts letzten Worten entstanden ist. Das Gewicht unseres Stolzes ist spürbar geworden im Raum, wir liegen auf unseren gekippten Betten mit Hefekloßgesicht und fühlen uns heldenhaft bis ins abnehmende Mark.

Dhia-K süffelt an seinem Kölsch und verzieht das Gesicht. Er ist einfach ein guter Mensch und kann es nicht verbergen. Chris stellt die erste Frage, gefolgt von Angela, die einiges über Australien wissen will, ausschließlich Dinge, die weder was mit Raumfahrt noch mit unserem Gast zu tun haben. Mit stoischer Ruhe gibt er eine kürzer werdende Antwort nach der nächsten. Bis er schließlich nur noch *Ja* sagt oder *Nein, eher nicht.*

«Von allen Situationen auf der ISS», grätscht Jeremy gekonnt dazwischen, «welche war die nachhaltigste?»

«Nun, vielleicht erzähle ich eine schöne und eine unschöne Situation, die trotzdem gut ausgegangen ist. Zum einen kennt ihr sicherlich die Bilder, die aus der Cupola, von unserem Ausguckfenster in der ISS, gemacht wurden. Dort kann man es sich kurz gemütlich machen und auf die vorbeiziehende Erde hinunterschauen – ein beeindruckender Ort. Also beides, die Cupola und die Erde. Die Magie dieses Anblicks wird mich mein Leben lang begleiten. Und dann gab es wirklich noch eine sehr dramatische Situation. Wir haben von der Raumstation aus beobachtet, wie unsere Kollegen, die uns ablösen sollten, von der Erde starteten. Mitten im Flug sahen wir, dass etwas schiefgeht und die Kapsel wieder zur Erde hinabfällt. Das war ein Schockmoment, denn wir wussten nicht, was los war. Und es dauerte einige Zeit, bis man uns mitteilen konnte: Einer der Raketenbooster hatte sich nicht richtig gelöst, die Sojus war ins Trudeln geraten, und das automatische Rettungssystem wurde aktiviert. Unsere Kollegen landeten zum Glück unverletzt auf der Erde. Für uns hieß das aber auch, dass wir nicht wie geplant in drei Wochen wieder nach Hause konnten, sondern womöglich noch ein halbes Jahr länger im All sein würden. Bei aller Liebe zum Astronautendasein und diesem tollen Projekt ISS ist das Leben dort oben immer auch anstrengend und nervenaufreibend. Meine Kollegen wussten natürlich, was der Fehlstart bedeutet, und teilten mir sofort mit, dass es für sie okay sei, noch weitere Monate hier oben zu verbringen. Wir schauten einen Film über den Polarforscher Shackleton, der unter den härtesten Umständen eine Arktis-Expedition überlebte. So schworen wir uns ein. Zum Glück war dieser kritische Punkt auch ein Moment, an dem wir ausnahmslos zusammenhielten.»

In der Folge prasseln derart viele Fragen auf ihn ein, dass ich nicht dazu komme, ihn über den *Unview Effect* auszufragen, was er von der Marsreise erwartet, welche Bedeutung sie einnimmt für die Evolution des Menschen und ob er selbst so eine Reise gerne unternehmen würde. Stattdessen erklärt er noch, wann er und seine Crew Befehle vom Boden überschreiben mussten und wie man im All duscht, er spricht über Flat-Earth-Enthusiasten und wie oft man mit der Raumstation Weltraumschrott ausweichen muss, um über dem Himmel nicht abgeschossen zu werden.

Als Gerst auf seinen Abschied drängt, weil er noch ins MRT muss, weiß ich kaum, ob sein Besuch lang war oder kurz. Mit seinem ESA-Kugelschreiber macht er die Runde, unterschreibt auf Felix' Missionsaufkleber und auf Danielas Arm. «Gute Reise», schreibt er in mein Mars-Buch. Als Dami ihm ein in dünne Plastikfolie eingepacktes NASA-Shirt überreicht, reißt er es sofort auf, um auf dem Shirt zu unterschreiben. Dami klatscht seine Hände ins Gesicht und schreit so laut, dass der Kommandeur kurz zusammenzuckt. «N-E-I-N! Ich wollte doch, dass Sie auf der Folie unterschreiben!» Kommentarlos unterschreibt Gerst auf dem Shirt und setzt seinen Namen über das Logo der amerikanischen Weltraumbehörde. Dann bedankt er sich, winkt und verschwindet im Flur.

Die Party wird aufgelöst. Nach und nach werden wir zurück in die Zimmer geschoben. Die Alldämmerung steht im Fenster; teefarbenes Licht durchzieht das Glas wie Cirruswolken und verbleicht an den Wänden.

Die Worte des Kommandeurs hallen durch meinen Kopf. «Wir drei Astronauten auf der ISS waren die einzigen Menschen, die gerade die Erde verlassen hatten, und wir schauten zurück auf sieben Milliarden andere, alle auf dieser einzigen, unbeschreiblich schönen Kugel, die blau in die Dunkelheit leuchtet.»

Klara trägt eine warme Schüssel Zahnputzwasser ins Zimmer.

«Das war doch ganz nett», fasst sie den Abend zusammen und zieht den Stuhl ans Bett. «Ich habe eine Frage.»

«Okay», sage ich, «schieß los.»

«Ich habe zwei deiner Bücher gelesen, über Indien und Griechenland. Du liebst diese Erde und die Menschen sehr. Warum willst du unbedingt weg?»

Ich brauche ein paar Sekunden, um mich von der Wucht ihres «unbedingt» zu erholen. An die Decke starrend, suche ich nach den richtigen Worten, die es nicht geben kann und die es dementsprechend auch nicht wert sind, gefunden zu werden. Soll ich ihr und mir weiszumachen versuchen, dass wir unser eigentliches Leben einzig in der Erwartung des Höchsten und Weitesten vollbringen und, sobald wir angekommen sind, immer nur den nächsten Aufbruch herbeisehnen? Oder soll ich antworten, dass wir am Ende unserer Suche dort stehen werden, wo das, was wir als das Göttliche bezeichnen, beheimatet ist, wo wir begreifen werden, dass wir lediglich dahin zurückgekehrt sind, wo wir uns schon immer befanden? Und dass ich, mit nun fast vierzig Jahren, entweder die Wahl habe, alles mir hier Bekannte bis zu meinem Tode zu wiederholen oder in der größten Stille, die je ein Mensch vernommen hat, im Nirgendwo zwischen den Sternen zu verschwinden? Um im Glanz dieses Aufbruchs zu verglühen, wie es unsere Aufgabe ist?

All das wäre absolut richtig und vollkommen falsch.

«Irgendwo habe ich mal gelesen: Dem Gehenden schiebt sich der Weg unter die Füße. Vielleicht ist das schon alles. Zu akzeptieren, nichts als ein entfernter Wanderer zu sein und auf dieser Strecke alles und jeden zu ehren. Ich denke, das ist die einzige Möglichkeit, der Schöpfung und dem eigenen Leben keine Schande zu machen.»

Einen Moment lang schaut sie mich an, völlig ohne Zustimmung oder Ablehnung, ist einfach nur da mit leuchtenden, mandelgroßen Augen. Eine grandiose, unüberbrückbare Nähe. Das wäre es: dies einfach nur aushalten und für ewig schweigen.

Sie steht auf, schiebt den Stuhl zurück an den Schreibtisch, zwickt mich in den Zeh und verschwindet. Ich deute dies als Zustimmung und lösche das Licht. Da draußen hinter der Wand unseres Raumschiffes ist es schwarz, kohleschwarz mit fernen Sonnen wie funkelndem Salz. Ich zähle meine Leben auf. Eines hier, eines dort. Alles wie immer. Ich schaue auf meinen Zeh hinunter, als warte dort noch etwas von Klara auf mich, als habe sie mir was angehaftet, ein Geheimnis, das es noch zu entschlüsseln gilt.

Es klopft an der Tür, und Sebastian kommt herein. «Entschuldige», flüstert er und knipst das Licht an.

«Ich muss noch schnell fragen, wegen der Augen. Alles gut?»

«Gut.»

«Und auch kein Fallen?»

«Kein Fallen.»

«Schön. Hoffe, der Abend hat euch gefallen. Hälfte rum, aber die ersten Wochen sind immer easy, weil alles neu ist. Die zweite Hälfte hingegen ist dann meistens der Horror. Also nicht Horror, ähm, aber anstrengender, na, du weißt, was ...»

«Ja, ich weiß, Captain», sage ich. «Wir werden es überleben.»

Lächelnd schließt Sebastian die Tür.

Kaum habe ich die Augen geschlossen, klingelt das Telefon.

Es ist Dami.

«Hey, sag mal, Interesse, ein original signiertes NASA-Shirt zu kaufen?»

Woche Fünf

32. Liegetag

Noch 28.852.384 Kilometer bis zum Mars

Ein Rascheln weckt mich. Etwas knistert unter meinen Armen. Durch die Hartplastikscheibe direkt über meinem Gesicht starre ich an die schwarzen Streben der Lüftungsanlage, die an der Zimmerdecke kleben wie Insekten. Die Masse einer Hartplastikhaube lastet auf mir, gepaart mit dem Gewicht der Decke und des Zimmers. Alles glüht. Ich schwitze und darf mich nicht bewegen. Ani steht neben mir, lächelt und schaut auf ihre Uhr.

Unter der Haube, die mir über den Kopf gestülpt ist, höre ich mich leise atmen.

Ani hält mir drei Finger vor die Augen. Ich zwinkere einmal. Einmal zwinkern bedeutet *Ja*, zweimal zwinkern *Nein*, dreimal heißt: *Ich weiß nicht*. Ich versuche, nicht zurück in den Sekundenschlaf zu taumeln, diesen schneeweißen Weltenraum des Innern, der der Schwerelosigkeit so verwandt ist. Irgendein russischer Kosmonaut sagte einmal, die Schwerelosigkeit fühle sich ein bisschen so an wie die Ewigkeit. Ob er dies auch über den Schlaf gesagt hätte, diese ach so warme und vertraute Fremde?

Als die drei Minuten um sind, entfernt Ani das raschelnde Plastik unter meinen Armen und hebt die Schale ab, eine von mir nass geatmete Taucherglocke, die an das Kopfteil eines Raumanzugs erinnert.

Ich darf wieder sprechen.

Aus der Klimaanlage fällt kalte Luft.

Ich bin zurück, denke ich, und frage mich im Anschluss, was genau ich eigentlich damit noch meine? Das Zimmer etwa, mein Bett, die Reise, mich selbst?

Es ist 7 Uhr 05. Ani schaut auf ihr Tablet, das alles gemessen hat, was ich unter meiner Haube getan und veratmet habe, und sagt: «Du hast einen Grundverbrauch von 1650 Kalorien, 200 weniger als zu Beginn. Das ist so ziemlich normal. Mal sehen, wie viel weniger es wird, wenn ihr wieder aufstehen dürft.»

Ich zupfe mir ein Tuch aus der Tuch-Box und wische mir die letzten Tropfen kondensierten Schweiß aus dem Gesicht. Ani entfernt mir die Elektroden und rollt die Kabel ein.

7 Uhr 15.

Das Fenster bereits hell und farblos.

Ich habe die Morgendämmerung verpasst.

Draußen auf dem Flur höre ich Klara.

Ihre Stimme, die einer Umarmung gleicht, umfasst alles wie eine Mutter. Ich denke tatsächlich: wie eine Mutter! Mir ist kalt, und ich habe schlecht geschlafen. 45 Tage hier drin, ohne Türklinkendrücken, ohne Kaffee und vor allem ohne Sonnenlicht, ohne die Gerüche der Erde und die Freundschaft des Meeres. Ein Verlassener bin ich geworden, ein Ausgeklammerter, der sich nach dem Wiedereintritt in jene mütterliche Wärme sehnt, die ihn mit der Intimität der Erde verbindet, mit der Liebe und den ersten goldenen Tönen des Lichts in den Bergen. Mit Dämmerungen und Monsunregen.

Aufgehoben will er sein.

Eine Beheimatung, die er, einmal gefunden, kaum wird ertragen können.

Ich lasse mich über den Flur schieben. Chris liegt auf der Seite, hat mir den Rücken zugewandt und liest in einem kleinen Büchlein. Auf seinem Tisch liegen seine normalen Seemannsbücher.

Als er sich umdreht, sehe ich, was er liest: Roland Gööck – *Das 1 mal 1 der Zauberei.*

Selbst Dhia-K liest. Für sein Studium, beteuert er. Es ist das erste Mal, dass ich ihn lernen sehe, und ich beschließe, ihn erst mal in Ruhe zu lassen und später zu fragen, was sechs plus sechs in der Schwerelosigkeit ist. Felix telefoniert, Salomon ist auf der Zentrifuge und Damis Zimmer verschlossen. Der andere Flur ist mir, drei Meter entfernt, zu weit weg.

«Was jetzt?», fragt Jeremy. «Wohin?»

Aber ich weiß keine Antwort.

Zurück in meinem Zimmer, studiere ich den fast leeren Tagesplan. Klara ist noch immer unterwegs. Ich starre an die Decke und suche nach Spuren. Auf Damis Instagram-Seite sehe ich seine Uhr. Noch 44 Tage, 13 Stunden, 44 Minuten und 41 Sekunden. Davon 29 Tage kopfunter liegen, dann noch 15 im Stehen: die schier endlose Wiederholung jener Untersuchungen, die wir in der Prä-Liegephase bereits absolvierten.

Ich presse den Kopf in die Matratze und rutsche mit dem Körper leicht hin und her, als würde das irgendwas ändern, als entkäme ich märchenhaft in ein anderes, in mein richtiges Leben. Noch 29 Tage, noch vier Wochen! Gerade ist es mir unvorstellbar, überhaupt noch drei Tage auf dieser dämlichen Matratze zu verbringen. Aber es ist meine Schuld. Ich hatte mich so auf das Bergfest konzentriert und keine Sekunde an den zweiten Teil der Studie gedacht, dass ich nun enttäuscht bin, dass mit dem Erreichen der Mitte nicht schon alles erledigt ist. Wir haben es geschafft und müssen doch weiter! Wir sind angekommen, und doch ist die Reise nicht beendet! Nein, sechs weitere Wochen sind eben sechs weitere verdammte Wochen und nicht nur ein paar hübsche Tage, an denen man mir meinen Nudelsalat ans Bett bringt und ich abends mein Geld beim Pokern verliere.

Die Zeit wie Zement. Nichts bewegt sich. Klara nicht da.

Das Hochgefühl vorgestern, der Stolz, Gerst, der uns für unsere Leistung lobte – all das liegt schon so weit zurück, als sei es nie geschehen.

Ich notiere: Die Zeit ist eine Ohnmacht, der nicht zu entkommen ist.

Dann klingelt das Telefon:

«Komm rüber», befiehlt Dami, «ich bin umgezogen.»

Auf der Fahrt ins Nachbarzimmer lehne ich mich an Klaras Arm.

Ich musste Dami versprechen, die Augen geschlossen zu halten.

«Beispiellos», lacht Klara und lässt uns allein. Ich öffne die Augen und sehe, nein, *erblicke* ihn, als sei er eine religiöse Vision. Bis auf seinen mittlerweile dicken und sehr unangenehmen Schnauzer runterrasiert, trägt er seine rote Sonnenbrille à la Porsche Carrera und die auf halbe Länge gestutzte Stoffhose aus dem MRT. In der Hand hält er ein Glas O-Saft, in dem ein Strohhalm und ein Cocktailschirmchen stecken. Das Licht ist schon wieder auf volle Pulle hochgedreht.

«Schon krass in der Karibik», sagt er trocken, «aber besser als auf dem Mars. Ich habe es übrigens mal ausgerechnet, falls du es wissen willst. Wenn das hier vorbei ist, haben wir ein Hundertstel unseres Lebens auf diesem Raumschiff verbracht.»

Ich mache mir die geistige Notiz, bei schlechter Laune einfach Dami zu besuchen.

Proband M: ein Zauberling mit heilenden Kräften.

Auf das Mittagessen wartend, fühle ich in die Fleischlichkeit, die mir noch geblieben ist. Vom Muskel- und Knochenabbau mal abgesehen, hat sich vor allem die Haut unter meinen Füßen verändert. Die neue Empfindlichkeit der weniger durchbluteten Fußsohle ist erstaunlich. Mittlerweile völlig entfesselt von dem Druck, 88 Kilogramm über den Boden zerren zu müssen, ist sie so hornhautfrei, pergamentdünn und sensibel geworden, als besäße ich dort unten ein völlig neues Stück leibliches Sein. Doch die mit Abstand größte Veränderung ist und bleibt die Mango, die als nett gemeinte Beilage zum Mittagessen gereicht wird. In der Weltraumforschung ist seit langem bekannt, dass sich während des Aufenthalts im All der Geschmack verändert. Durch die in den Kopf steigenden Flüssigkeiten werden die Sinne vernebelt. Diese Reizdeprivation führt zur Mitnahme sehr scharfer Soßen, um überhaupt noch etwas zu schmecken, oder eben dazu, Gerüche und Geschmäcker anders wahrzunehmen. Astronauten, die Extraportionen ihrer Lieblingsspeise mit in die Schwerelosigkeit nehmen, wundern sich oft, dass sie genau diese kaum herunterbekommen, sobald sie den Planeten verlassen haben. Unser Essen ist zum Glück großartig, und doch schaudere ich mittlerweile gerade vor einem der kulinarischen Highlights, der knallgelben, in triefende Würfel geschnittenen Mango. Bisweilen eine semigöttliche Geschmacksexplosion tropischen Dicksonnenzaubers, die Dami gut stehen würde, schmeckt das nun ekelgelbe Gewächs nach vier Wochen Schwerelosigkeit nur noch aufdringlich, fake und – der Gedanke erschrak mich – geradezu herausfordernd promiskuitiv. Überkandidelt, wie meine Oma sagen würde. Vergesst die Mango, will ich dem Küchenteam zurufen, vergesst den zuckerkranken Postkartensaft und bringt mir den Opel Corsa unter den Mahlzeiten, schleppt sie duftend heran, besingt sie mantrisch – die Schüsseln voller leicht gesalzenem Reis!

Bernd ist guter Dinge und strahlt wie die Röntgenmaschine drüben im Untersuchungsraum. Union Berlin kann es dieses Jahr schaffen, in die erste Bundesliga aufzusteigen. Die Ablenkung tut mir gut. Auf dem Weg in den Docking-Raum diskutieren wir, ob ein Verein wie Union daran zugrunde gehen wird, bald in der ersten Liga mit all ihren leblosen, teflonbeschichteten VIP-Loungen mithalten zu müssen.

Heute steht nicht der Anflug zur ISS auf dem Programm,

sondern das gute alte Autonomic Response Pattern. Bernd erinnert mich, während er meine Stirn und Hände mit seinem Hexenwerk verkabelt: «Du kannst Lügen und Quatsch erzählen, wa, aber der Körper lügt nicht. Auch wenn der Astronaut frohen Mutes ist und sich als Fels in der – Achtung – kosmischen Brandung präsentiert, erwische ich ihn. Seine Sorgen und sein Stress werden mir nicht entkommen!»

Derart eingeschüchtert, mache ich mich an die Aufgaben, die dazu konzipiert wurden, uns zur Weißglut zu bringen. Dem Köder der anfänglichen Erfolge folgt die erneute Unüberwindbarkeit der späteren Hürden. Auf dem Höhepunkt des bis unter die Decke getriebenen Pulses setzen erneut die elysischen Videos ein, bereit, eine aufgewühlte Seele zu glätten. Storchenartige Vögel bauen ihre Nester an paradiesischen Klippen. Im Traum der Morgenröte strömt ein stiller Wald in die Welt. Wuschelwolken weben den blauweißen Himmel. Und natürlich: die Sonnenauf- und -untergänge, die uns an das enigmatische Licht erinnern, das wir auf der Erde zurückgelassen haben. Dies alles begleitet von Panflötenmusik oder dem, was ich für Panflötenmusik halte. Seltsamerweise sind kaum Menschen zu sehen. Vielleicht wäre das eine Lehre: dass der Mensch so klein und unbedeutend ist, dass ihm allein die Aufgabe zufällt, die Schönheit der Schöpfung zu bestaunen und ansonsten bitte schön von allem die Finger zu lassen.

«War gar nicht so leicht, legales Videomaterial zu bekommen», sagt Bernd, «selbst für unseren winzigen Rahmen hier. Fast alle Aufnahmen habe ich selbst gemacht, ich bin durch 30 Jahre Camcorder-Aufnahmen gegangen, um für euch das Schönste rauszuschneiden.»

«Und die Musik? Sag mir nicht, du ...»

«... die ist von einem ehemaligen Patienten von mir aus der Psychiatrie, danke. Er hat mal eine eigene CD aufgenommen und mir geschenkt. Wie gesagt: für euch nur das Feinste vom Besten!»

Zwei Stunden bin ich allein in meinem Zimmer, bis ich in die Liste der neuen Dinge notiere:

- Endlich zu erfahren, was es heißt, einfach nur zu liegen

Als es an der Tür klopft und Stella und Tom, die beiden «Swapper», kurz darauf an meinem Bett stehen, bin ich im ersten Moment überwältigt von ihrer Gegenwart. Die beiden nehmen Abstriche von meinen Handinnen- und -außenflächen, dem Hals, der Stirn. Mit nassen Stäbchen kratzen sie mir die Ohrmuschel aus. Ihr Ziel ist es, sich einen Überblick über die auf der Haut lebenden Bakterien zu verschaffen und die Veränderung des pH-Wertes zu ermitteln. Stella gerät über ihre Arbeit ins Schwärmen und erklärt, dass auf jedem Quadratzentimeter unserer Haut ungefähr 10 Millionen Bakterien leben. Das seien so viele Menschen aneinandergereiht, die Kette würde von Köln bis nach Neuseeland reichen. Die kosmische Strahlung, die die Astronauten und Raumstationen abbekommen, habe einen enormen Effekt auf diese Bakterienkulturen, schon allein deswegen muss ein Raumschiff mit Aluminium oder Wassertanks geschützt werden. Die MIR hat man letztlich auch vom Himmel holen müssen, weil die gesamte Raumstation verschimmelt und von Pilzen befallen war. Auf der ISS gäbe es heute die gleichen Probleme. «Die Frage, wie man ein Raumschiff oder eine Raumstation sauber hält, ist höchst kompliziert.»

Sie macht eine Pause, zeigt auf die Schüssel auf meinem Nachtschränkchen und setzt hinzu: «Da reicht so ein lauwarmer Waschlappen nicht aus!»

Die beschissene Augenuntersuchung.

Und das auch noch «in meinem Sinne»!

Ich sehne mich nach dem Abendessen, einer primitiven, aber befriedigenden Tätigkeit: einfach etwas in mich hineinschaufeln. Und dann bringt man mir Salat, obwohl es mich nach miesgelaunten Fetten verlangt, es gibt erntefrische, knackige Paprika, wo ich doch nur Triefend-Matschiges reißen will, irgendeine salzgewordene Frechheit, die nach Kohlenfeuer und Reue schmeckt. Aber nein. Wütend schlinge ich alles herunter, so schnell es geht.

Bis sich das Mintplätzchenlicht in der Dunkelheit aufzulösen beginnt, glüht im Fenster der Abend. Draußen verblassen die Konturen des Zentrifugensilos. Am Ende steht der letzte Wurf zarten Flammenblaus im Glas, mahnend, unabänderlich, bis auch er sich ausgehaucht hat. Und das war's dann.

Chris behauptet, lesen zu wollen, Felix schaut einen Film, Daniela geht nicht ran, Angela will nicht aus ihrem Zimmer raus, und Dhia-K telefoniert mit der Liebsten. Keiner ist für eine Pokerrunde zu haben. Dami will Risiko spielen, aber findet außer mir niemanden, der mitspielen will.

«Es bleibt bei diesem Scheißtag», sage ich Dami am Telefon, «das Tageswerk ist erledigt, wir können uns davonmachen und es gut sein lassen.»

«Und er blickte auf seine Schöpfung und sah, dass es gut war.»

«Ich werde dem Psychiater Bescheid sagen, dass du mittlerweile Gott zitierst.»

«Das ist die Bibel», schimpft er, «nicht Gott!»

«Na ja, nahe genug.»

Mein letzter Gedanke, nachdem ich aufgelegt und eine Stunde vor der Schlafenszeit das Licht gelöscht habe: Wie sähe sie wohl aus, eine Autobiographie Gottes? Wäre das nicht schlichtweg die Erde und alles, was jemals auf ihr geschah, und zwar genau so, wie es geschah? Ist Gott nicht einfach die Zeit und der Raum und alles, was überhaupt gestaltet werden kann? Wäre das Göttliche somit nicht in allem enthalten, jederzeit und für immer, in einer Dosenmango, der Gelassenheit und den runtergerockten Scheißtagen?

34. Liegetag

Noch 27.540.912 Kilometer bis zum Mars

Ich liege. Ich denke den sinnlosen Satz: «Ich spüre das Liegen am ganzen Leib.» Der Versuch, mir das Wiederaufstehen vorzustellen, misslingt. Dieser törichte Akt, dies Bett zu verlassen, wieder anders zu sein, wieder wie zuvor, damals – es geht nicht.

Das Fiebermessen, Wiegen, Zähneputzen, Anamnese, der Waschlappen und die Waschlappenschüssel. Das Telefon klingelt. Daniela hört sich erschöpft an und erzählt mir von ihrem Traum. Schwanger sei sie geworden, hier drin, und sie hätte auch entbunden, auf ihrem Zimmer, das komischerweise mitten in der Halle neben der Zentrifuge stand, durch die Wände hätte man durchgucken können. «Und jetzt», sagt sie mit ernster Stimme, «mache ich mich auf die Suche nach dem Vater!»

«Nun, Reinhard und Thomas haben bereits Kinder, dann kann es nur einer von den beiden sein.» Ich merke sofort, dass meine Worte keinen Sinn ergeben. Als hinge ich selbst noch in der einzigartigen Logik vielschichtiger Traumlandschaften.

«Na und», keift sie, «ist ja wohl völlig egal, ob wer schon hat oder noch macht. Ich bin mir sicher, es war jemand von eurem Flur!»

«Dhia-K!»

Für drei Sekunden herrscht vollkommene Stille.

«Dhia!», schreit sie. «Na klar. Dieser Schlingel, dem werd ich's zeigen!»

In der Dusche spritze ich so lange warmes Wasser an mir rauf und runter, bis man mich zwingt – das ein paarmal im Duschraum gespenstisch nachhallende Hämmern an der Tür –, endlich Schluss zu machen mit «billiger Astronauten-Wellness». Caro-Kaffee-Tag, im Hirn die über 25 Jahre eingebrannten Neuronenbahnen «Kaffee», eine unauflösbare Allianz elektrischer Feuerwerke, die schon bei dem gedanklichen Bild «schwarze Flüssigkeit in weißer Schale» Signale an den Magen schicken, sich bitte frei zu machen, abzupumpen. Dann der Ärger darüber, direkt nach dem Duschen kacken zu müssen, als reinige man ein Haus, um es anschließend niederzubrennen.

«Doppelt sauber», sagt Dhia-K, dem ich von meiner schlechten Morgenplanung erzähle und den ich vorwarne, dass Daniela jederzeit fuchsteufelswild bei ihm aufmarschieren könnte, wenn aufmarschieren das richtige Wort dafür ist, in Kopfunterlage von einer studentischen Aushilfe in einem unter null kalibrierten Rollbett hereingeschoben zu werden.

Im Nachbarzimmer beginnen die Feierlichkeiten. Proband B hat heute Geburtstag und wird 30. Von mir hat er sich gewünscht, dass ich den ganzen Tag in meinem Zimmer bleibe. Als sich die Lage drüben etwas beruhigt hat, lasse ich mich zu ihm schieben. Bei Klara hatte ich schon letzte Woche Stefan Zweigs Buch über Magellan und seine erste Weltumseglung bestellt. Ich habe es eingepackt, kann ihm aber trotzdem mein Lieblingszitat aus dem Buch geradeaus ins Gesicht sagen: «Das Heldische ist immer irrational und eine Donquichotterie, mein Freund und Marsreisender, merk es dir und alles Gute!»

Klara steht am Bett und ist beeindruckt ob unserer Fähigkeit, auch völlig normal miteinander reden zu können. An der Wand kleben seine Geburtstagsballons. Jemand, wahrscheinlich Daniela oder Felix, hat ihm ein gelbes, aus einem Arsch wachsendes Blümchen auf ein Blatt Papier gemalt. Gut, solche Kollegen zu haben!

«Ich lasse euch beiden Herzbuben mal besser allein», sagt Klara.

Chris packt das Buch aus. Er gibt sich alle Mühe, seine Freude und Rührung zu verbergen, bedankt sich einsilbig und schickt die Hoffnung hinterher, der Herr Zweig schreibe besser als ein gewisser Herr Freischlad-Untalentiert.

Ich versichere es ihm. In der nächsten halben Stunde gehen wir gemeinsam durch unsere Recherchen und Überlegungen. Unser Plan war, endlich eine bessere Bettpfanne zu entwickeln, ein innovatives Abkackgerät für das 21. Jahrhundert. Ein vergeblicher Wunsch, denn schnell wurde uns klar: Man kann die Ränder nicht tiefer machen, der Durchmesser ist genauso groß, wie er sein muss, auch ein anderes Material als Edelstahl kommt aus Hygienegründen nicht wirklich in Frage. Und in etwas abzuseilen, das keinen Kreis um das Abfallprodukt zöge, käme schon fast der Blasphemie gleich und ehrte nicht die Grundstruktur allen Lebens, die sich immer im Runden und Kugelhaften offenbart.

«Es gibt», so die Expertise von Proband B, «ovale und auf einer Seite abgeflachte Schüsseln, aber ich weiß nicht, was das bringen soll. Man würde ja nur das Gefühl haben, die Schüssel ginge einem unter dem Arsch flöten. Ich glaube, man muss alle Ränder gleich spüren, um sich sicher zu fühlen.»

Ich stimme ihm zu und werfe die Frage in den Raum, ob das Konzept der Bettpfanne wohl aus dem klassischen Bettwärmer entstanden ist, den man in der vorindustriellen Zeit benutzte, um das Bett im ungeheizten Schlafzimmer vorzuwärmen. Die mit Klappdeckel versehene Schale, meist aus Messing oder Kupfer, schwer und ehrlich wie Ackerland, wurde mit heißem Wasser gefüllt und unter die Bettdecke gelegt, eine Wärmflasche vor der Erfindung der Wärmflasche.

Chris überlegt.

«Du meinst also, man hatte diese Schüssel im Bett, und wenn man dann nachts musste, hat man das kalte Wasser einfach auf den Fußboden geschüttet und … seine Geschäfte darin verrichtet? Das leuchtet ein.»

Ich krame meinen Zettel hervor.

«Auf einer Ratgeber-Seite für Senioren habe ich diesen Satz gefunden: ‹In ihrer ursprünglichen Form des antiken Nachttopfes verwenden manche Menschen Bettpfannen heutzutage auch als Dekorationsobjekte oder Scherzartikel.› Zudem fand ich auf der Seite von ecopatent.de, übrigens eine absolute Empfehlung, die Information, dass die Nachttöpfe und die Bettpfannen in den Krankenhäusern bis in die dreißiger Jahre ‹nie mit Desinfektionsmittel in Berührung kamen›.»

Chris sagt: «Ich habe einen Blog gefunden, der heißt Puppiluppi. Da gibt es einen Beitrag, der heißt: Mein Horror vor dem Schieber.»

Ein gutes Stichwort. Ich drehe meinen Zettel um und lese die besten Synonyme für die Bettpfanne vor: «Steckbecken, Schieber, Brunzkachel und das aus der Schweiz stammende Nachthafen.» Ich zerknülle das Blatt. «Ich habe ein Wort, viel besser als Schieber: Dränger!»

«Dränger, Nachthafen, Schieber, alles gut», sagt Chris. «Glaubst du, man nennt es Pfanne, nur weil das Ding einen Pfannengriff hat?»

«Oder der dampfende Inhalt?»

«Bettschüssel wäre ja naheliegender.»

«Das stimmt.»

Wir schweigen eine Weile und starren aus dem Fenster. Hafen oder Kackschüssel oder Dränger, so oder so, das Ding kommt mit zum Mars. Ob wir es wollen oder nicht: Es gehört anscheinend zum Menschsein wie Beethovens Fünfte oder die Gnade eines unbekannten Gottes.

Es muss sich etwas ändern. Mein Zimmer wird mir zu ähnlich. Ich kenne alles, kenne alles zu gut. Ich beschließe, die Farbe der Bettwäsche zu wechseln. Ich hatte mich bei Reisebeginn für einen leichten Lilaton entschieden, den ich nicht mehr sehen kann. Auf die Transportliege gerobbt, schaue ich zu, wie Jeremy die Matratze und die Bettdecke in Babyblau bezieht. Darin lasse ich mich fallen, das Gesicht im Waschmittelduft, die Hände ausgebreitet, als wolle ich fliegen. Es geht mir besser. Aus dem Schrank gibt mir Jeremy eine Jogginghose, die ich hier drin noch nie getragen habe, und mein hässlichstes Shirt, bislang gemieden wegen all seiner Hässlichkeit. Ich bin ein anderer in diesen Klamotten. Als ich in die Hosentasche greife, finde ich dort einen verwaschenen Kassenbon. Einen Kassenbon! Aus einem Supermarkt von der guten alten Erde! Ob ich Datteln noch lieben würde, Nippon-Puffreis, Bier?

Erneut rufe ich nach Jeremy, der irgendwo in meinem Rucksack meinen Geldbeutel suchen muss. Ich wollte ihn unbedingt sehen, denn ich hatte vergessen, so etwas zu besitzen. Die Münzen und Scheine, die ich in der Hand halte, wiegen kaum mehr als Phantasiegeld. Es ist lächerlich. Gerade die Münzen scheinen jahrtausendealt zu sein. Ich drehe sie in meiner Hand. Kopf oder Zahl, Mars oder Erde.

Auf der Liste der Dinge, derer ich mich nicht mehr entsinnen kann, tummeln sich bald: einkaufen gehen, Teller abwaschen, eine Türklinke drücken, ins Klo pinkeln, an einen Baum pinkeln, Bankautomaten, U-Bahn-Haltestellen, die Nachbarn von oben, Rechnungen, angehustet werden, Heizungskellerschlüssel, Wecker, an Waschpulver riechen, Muskelkater, Fahrscheinkontrolle, Wasserhahn, Liegestütz, Verpackungen, Whisky, Jacke anziehen, tagelanger Regen, Supermarktkassen, Treppen, Tresen, Motorräder, Klingelschilder, Straßenlaternen, Gyros.

Abends noch das Blau im Fenster.

Eine Farbe voller Zuneigung, bevor es in den Raum gepustet wird und verschwindet.

35. Liegetag

Noch 26.885.176 Kilometer bis zum Mars

In der Nacht werde ich wach, rufe nach einer Pinkelflasche und kann danach nicht mehr einschlafen. Im dunklen Zimmer starre ich an die dunkle Wand. Ich denke an das erste Treffen von Klaras Eltern und gehe eine Stunde lang die gesamte Tramper-Story durch, male mir alles aus, springe immer wieder vor und zurück, um zu verwerfen und neu zu erfinden. Ich skizziere Dutzende Variationen eines einzigen Tages und frage mich, welche davon ich für Klara aufschreiben soll.

Vor ein paar Tagen sagte sie: Die Ohren des Verstandes hören nicht das Gebet des Herzens. Das sind Dinge, die sie einfach so sagt, Worte, die Gewicht haben, weil sie es genauso meint, wie sie es sagt. Es sind gute Worte, die ich ihrer Mutter in den Mund legen werde.

Schlafen kann ich noch immer nicht. Ich denke an meine eigenen Tramper-Reisen durch Europa oder Indien. Hunderte Bilder, vergraben in einer grenzenlosen Erinnerung. Vielleicht ist das ein Satz, der zu ihrem Vater passen würde, heute.

Lahme, lahme Morgenroutine. Alles geschieht von allein. Ich selbst bin dabei kaum anwesend. Beim Frühstück kleckere ich einen Löffel Quark auf mein Kissen, beinahe wäre er in meinem Gesicht gelandet. Ein paar Tropfen landen nass und fremd auf meinem Kinn. Der Bezug muss gewechselt und gewogen werden, mit einem dünnen Messer schabt Tatjana aus der Küche das weiße Häubchen Quark auf, die Spritzer auf meinem Gesicht werden gezählt. Zwei Minuten später bekomme ich einen Löffel mit genau der Menge, die ich verschüttet habe. Thorsten, Tatjana und Klara stehen allesamt neben mir, als ich ihn mir in den Mund stecke und, unter strenger Beobachtung, anschließend blitzeblank abschlecke.

Ich bemerke, dass der Rand meines Bettes knistert. Wenn ich den Kopf leicht in die Matratze drücke und ihn ein wenig nach links und rechts drehe, höre ich ein rauschendes Knistern, das sich nie verändert. So ein Knistern gibt es nicht in der Mitte des Bettes. Ob ich es jemandem erzählen soll?

Der Augentest fällt heute auf den Vormittag. Er läuft hervorragend. Ich lasse mir alle Verantwortlichen kommen, erzähle es jedem Blauen und mache auf dem Flur Alarm, bin kurz davor, eine Petition zu verfassen: Keinen anstrengenden Augentest direkt nach dem Mittagessen, wenn der Ricebelly den terrestrischen Astronauten ermüdet! Augentests nur noch am Vormittag mit frischem Geiste und unbeschwertem Körper! Von knisternden Matratzen schweige ich.

Am Nachmittag geht es rüber zum Neuro-Gravity-Experiment. Seit langem mal wieder die glitschige Elektrodenhaube auf dem Kopf. Meine Augen folgen den blinkenden Punkten auf dem Monitor. Wenn ich einzuschlafen drohe, rüttelt mich der Leiter des Experiments sanft an der Schulter und sagt immer wieder: «Nur noch kurz, gleeeeich hast du's geschafft!»

Sehr seltsam und sehr befriedigend: sich in der Kopfunterlage das Gel vom Kopf zu rubbeln. Ich lasse mich zu Dhia-K schieben und frage ihn, wie er das macht mit dem Gel und seinem Lockenkopf.

«Na, rausrubbeln», sagt er. Ich bin enttäuscht. Er ist zu faul, sich eine gute Geschichte einfallen zu lassen.

«Ich stelle es mir so vor. Deine Eltern haben an ihrem ersten Tag kaum gesprochen, nicht im Auto und nicht in der Bar, nur der Kumpel deines Vaters hat geredet und geredet. Manchmal sind die Dinge einfach klar, und es gibt nichts hinzuzufügen. Jedes Wort ist dann nur noch unnötig und infolgedessen auch traurig. Aber mal eine Frage: Glaubst du, dass dein Reisetrieb damit zusammenhängt, dass sich deine Eltern auf einer Reise, also zwischen den Orten, kennengelernt und dort auch dich gezeugt haben?»

Sie sitzt am Bettende. Ihre Wärme ist greifbar, schwebt über ihrer Haut. Sie schweigt eine Weile und schaut Richtung Fenster, als ob sich dort eine Antwort finden ließe.

«Wer kann so etwas wissen? Schon möglich, dass das Universum so funktioniert, aber wie könnten wir das sagen, wenn wir noch nicht mal wissen, wo wir selbst beginnen und enden? Ich denke, dass wir uns meistens überschätzen.»

Ich strample die Decke von meinen Beinen und knülle sie mit den Füßen zwischen meine neuen Superheldensohlen und das Gestell. Mir ist warm. Und ich brauche Platz.

«Meine Eltern», fährt sie fort, «hatten eine schöne Geschichte, sie liebten sich, aber das ist vorbei, zumindest leben sie schon seit langem getrennt, obwohl sie sich noch immer mögen. Deine?»

«Ein altes Ehepaar, im Grunde so unterschiedlich wie der Mond und die Sonne, und trotzdem auf einer Linie. Ohne einander geht es nicht.»

Nun bin ich es, der ins abenddämmernde Fenster starrt und schweigt.

«Mir fehlen die Welt und das Licht», sage ich schließlich, «gerade das Licht in Indien oder Griechenland, große, große Brüder! In Indien ist es überbordend und voll, es muss die gesamte Weltwerdung mit sich führen und den Menschen offenbaren, was aus der Erde alles gestaltet werden kann, alles vom ersten Gott bis zum letzten Dämon. Es ist ein wunderbares, allumfassendes Licht und der größte Lehrer, den ich kenne, auch, weil es so ohne Zurückhaltung ist und schwer. Es ist ehrlich. Das von solch einer Berührung Gestaltete ist immer die Wahrheit, ob wir sie nun mögen oder nicht. In Griechenland ist das Licht ebenfalls vollkommen, aber in gänzlich anderer Hinsicht. Es hat das Halbwertige und Dunkle bereits aussortiert, es muss nicht alles transportieren, sondern nur das, was der Geist als Wert zu identifizieren vermag, es ist zielgerichtet auf die feinen Formen der Verweltlichung. Man sieht es an der griechischen Landschaft und den Menschen, die es gestaltet hat. Es ist der konzentrierte Überbringer von Geist und Erkenntnis. In den USA hingegen, in Kalifornien vor allem, ist das Licht ein einziger Aufbruch. Es ist kein Wunder, dass genau dort, am Ende des ewigen Weges nach Westen, die Menschen nun vor einem endlosen Ozean stehen, der zu hyperbolischen Träumen einlädt; es ist kein Zufall, dass gerade dort das Silikon Valley ansässig ist und alles Bestreben um künstliche Intelligenz, Unsterblichkeitsformeln, Human Engineering, der Aufbruch in den Weltraum – all das ist amerikanisches Licht, es stählt den Forschergeist dieser Menschen, die sich nicht zufriedengeben können, und es ist nicht ihre Schuld, es ist das verheißungsvolle Licht, das sie vorantreibt weit über sich selbst hinaus. Es will möglich machen, was überhaupt nur möglich sein kann. Dieses Westküstenlicht sagt: Hier bin ich! Die Zeit der Zurückhaltung ist vorbei!»

Klara hört zu und nickt.

«Und Deutschland?», fragt sie.

«Deutschland sagt: Bring dich in Sicherheit!»

Sie lacht. Und wird sofort wieder ernst.

«Ich glaube, der Weltraum macht mir Angst. Die Gefahr ist groß, dass wir uns verlieren werden. Mein Gefühl sagt mir, dass wir die Erde nicht verlassen sollten, aber ich kann nicht genau erklären, warum das so ist.»

«Ich verstehe, was du meinst. Aber wir müssen es trotzdem tun. Dort draußen im All wird uns alles aufgezeigt, nirgendwo sind wir nackter und ehrlicher wir selbst. Und wenn wir die Angst, die damit verbunden ist, annehmen, verliert sie ihren Schrecken.»

«Mh, ja. Ich habe gelesen, dass der Sonnenauf- und -untergang auf dem Mars bläulich ist, nicht rot und gelblich wie bei uns. Es ist schwarz, dann taucht alles in ein eisiges Blau, dann wird das Licht rosafarben.»

«Glaubst du, die Farben beeinflussen uns so sehr wie das Licht?»

«Ja. Und vielleicht werden die Menschen auf dem roten Mars zurück an die Erde denken, wenn sie die Dämmerung sehen. Es ist wahrscheinlich das einzige Blau da oben. Vielleicht ist es das, was ich meine, dass uns unsere Farben fehlen werden, weißt du?»

Um neun Uhr abends steht noch MRT auf dem Plan. Es herrscht Flutlichtspiel-Stimmung. Auf dem Weg zurück in den Wohntrakt liege ich auf dem Rücken und lasse den Kopf weit über die Transportliege hinaushängen. Ich strecke mich, bis alles, was oben ist, unten wird. «Schneller», befehle ich Jeremy, und schon bald stellt sich die Illusion ein, die Decke sei der Boden. Ich gleite über alles hinweg und jauchze vor Freude. Ich lasse mich quer durch die Halle schieben, weiter und immer weiter, süchtig geworden nach diesem Gefühl. Körperlos schwebe ich über die Decke, als trage mich der leere Raum.

Sofort erzähle ich Dhia-K von dem Transportliegen-Trick, von dem Superman-Flug, und frage ihn, ob er eigentlich wisse, was damit wohl gemeint sei: sechs plus sechs in der Schwerelosigkeit? Nein, er wisse es nicht. Ich liege eine Stunde bei ihm, wir reden und lachen, auch ihm vertraue ich das neue Mars-Vokabular an: Schieber, Dränger, Nachthafen, Stecker.

Als schließlich seine Verlobte anruft, will ich die anderen besuchen, beschließe jedoch, mich auf mein Zimmer bringen zu lassen und sie alle der Reihe nach anzurufen. Kaya ist so erstaunt darüber, dass ich einfach so anrufe, dass sie sich nur Dutzende Male bedankt und dann auflegt. Angela fragt, ob ich all die Memes und Videos bekomme, die sie mir schickt, und beginnt dann eine Erzählung, die mit dem Satz anfängt: «Ich war mal mit einer japanischen Austauschschülerin im Museum in Bremerhaven ...»

Mareike sagt, sie vermisse ihre Tiere; Daniela muss ich nach zehn Minuten freundlich abwürgen, da sie begonnen hat, Jugendgeschichten von Beinahe-Entjungferungen zu erzählen; Salomon geht nicht ran, und Reinhard ist enttäuscht wegen Gerst, aber nur, weil er vergessen hat, Gerst eine Frage zu stellen: Wie es denn sei, im Weltraum zu schlafen.

«Man legt sich ja nicht hin, sondern schnürt sich aufrecht, wenn man das denn so nennen kann, an eine Wand. Man schwebt, so oder so. Aber kann man schlafen, ohne zu liegen?»

Kurz vor elf bekomme ich eine Nachricht von Klara. Sie habe ganz vergessen, mir zu sagen, dass sie ab kommender Woche fast zwei Wochen Urlaub habe. Der Urlaub war schon geplant, schreibt sie, bevor sie den Job angenommen habe. Eigentlich habe sie es nicht vergessen, schreibt sie, sondern nur nicht sagen wollen. Was blöd war, schreibt sie, denn das ändert ja nichts. «Wir haben noch zwei Schichten, bevor ich fahre. Schlaf gut. Ich küsse dich sanft.»

Ich halte das Handy so lange in der Hand, bis die Tür aufgeht und Sebastian mich bittet, alles auszumachen und zu schlafen. *Wir* haben noch zwei Schichten, hat sie geschrieben.

Ich lege das Telefon auf den Tisch und starre es an, selbst, als das Licht schon aus ist.

Ich will noch etwas schreiben, etwas antworten. Aber ich weiß nicht, was das sein könnte. Es ist ein elendes Schicksal, ein endloses Bedauern: nur Worte zu haben, wenn wir von uns und der Welt sprechen wollen.

Woche Sechs

39. Liegetag

Noch 26.885.176 Kilometer bis zum Mars

Der Tag beginnt mit einer Online-Werbung für Dr.-Martens-Schuhe, die Chris mir geschickt hat.

I love my docs, steht da.

Ich rufe ihn an und frage: «I love my cocks?»

«Ein bisschen stolz bin ich schon auf dich. Das ist die korrekte Antwort.»

Auf dem Bauch liegend, drücke ich den Kopf tief in die Matratze, bis der Nacken schmerzt. Ich messe Fieber, waschlappe mich, esse und trinke den Früchtetee so langsam, bis er kalt und traurig wird.

Dhia-K erscheint in der Tür. Er hat das Superman-Rollen ausprobiert.

«Es ist», sagt er lachend, «als ob man hundert kleine Räder unter sich hätte, Mann, und oben ist da nur der Boden im Himmel.»

«Ja. Weißt du, was Angela über das Liegen gesagt hat?»

«Nein. Woher soll ich das wissen?»

«Vielleicht hat sie es dir gesagt!?»

«Hat sie nicht.»

«Woher sollte ich wissen, ob sie es dir gesagt hat oder nicht? Glaubst du, sie geht rum und erzählt allen, was sie den anderen erzählt?»

«Na, was hat sie gesagt?»

«Sie sagte: Man klebt in der Zeit wie ein Kaugummi unter einer Tischplatte.»

Ich fühle nach meinen Beinen und ziehe sie unter der Decke hervor. Von meiner Beinmuskulatur ist nicht mehr viel übrig. Ich filme mit dem Handy, wie ich die Haut meines Oberschenkels mit Daumen und Zeigefinger packe, sie hochziehe und ohne Widerstand herumschlabbern kann. Atrophische Leere. Noch schlimmer ist es an den Waden, die ich, den Unterschenkel einmal kurz angehoben und in die Waagrechte gebracht, von beiden Seiten ohrfeigen kann. Die Haut schlabbert von einer Seite zur anderen, als habe man alle Luft aus der Wade gelassen.

Ich schicke die Videos in der Crew-Gruppe herum und habe bald ein Gruselkabinett von einem Dutzend verbleichten Beinen gesammelt, die von ihren Herrchen und Frauchen blöde herumgeschlackert werden.

Klara ist begeistert, als ich ihr die leergefegten Beine vorführe.

«Wie ein alter Mann», sagt sie.

«Die Aufopferung eines Weltraumpioniers und terrestrischen Astronauten, der alles tut, um heldenhaft im Weltraum zu verglühen.»

«Die Aufopferung eines Affen.»

Sie sagt das und zuckt noch nicht mal mit der Wimper. Sie hält es durch. Es kommt kein Lachen und nichts. Na, gut.

«Das Schicksal jener größten aller Menschenkinder», fahre ich fort, «die ihr Leben geben für das Überleben der Spezies und den Erhalt des Bewusstseins, einzigartiges Vehikel der Barmherzigkeit und der Liebe.»

«Vehikel der Aussichtslosigkeit höchstens, ein Geisterfahrer im Größenwahn.»

«Glorie!»

«Theater.»

«Das Rammen der angespitzten Erdenflagge in den Oxidboden des Mars!»

«Spielereien.»

«Spielen und Kinder sind das Wertvollste!»

«Werte wie ...»

Doc Frida klopft an der Tür. Es ist kein gutes Zeichen. Wenn sie außerhalb der morgendlichen Routineanamnese kommt, bringt sie meistens schlechte Neuigkeiten.

«Mein Lieber, ich habe schlechte Neuigkeiten. Einige von euch haben eine Ohrenentzündung bekommen. Ich muss mal eben schauen, ob es dich auch erwischt hat.»

Ich sage, dass mir nichts aufgefallen sei, obwohl ich jetzt, wo sie von Entzündungen spricht, sofort den Schmerz im Ohr pochen höre. Ich rolle den Kopf auf die Seite, damit sie hineinleuchten kann. «Ja, rot und entzündet.»

«Ich merke kaum was.»

«Das muss nicht immer sehr schmerzhaft sein. Du bekommst ab jetzt Antibiotikatropfen ins Ohr, damit es nicht schlimmer wird, okay? Bleib so.»

Kalt fallen mir die Tropfen in den Kopf und verkleben das Hören.

«Geschafft», sagt sie und schließt ihr Fläschchen. «Morgen Nachmittag gibt es übrigens wieder Besuch. Der Astronaut Reinhold Ewald wird hier sein und einen Vortrag halten. Also benehmt euch!» Sie lacht und geht aus dem Zimmer. Der Name Ewald erinnert mich an etwas. Von Klara lasse ich mir eines der Bücher aus dem Bücherregal geben, die Bernd mir mitgebracht hat: *Dragonfly – The Terrifying Story of MIR, Earth's First Outpost in Space*.

Ich blättere durch meine Markierung und finde, was ich suche. Ewald war tatsächlich einer der vier Astronauten, die sich auf der Raumstation MIR befanden, als dort das Feuer ausbrach.

Ob ich noch irgendetwas bräuchte, fragt Klara.

Ich schüttle den Kopf.

«Weltraumaffe», sagt sie und verschwindet, bevor ich antworten kann.

In der Dusche will ich mir von Jeremy die Ohrstöpsel geben lassen, aber es heißt, wegen der Entzündung dürfte ich mir nichts in die Ohren stecken.

Es wird ein ärgerlicher, spärlicher Duschgang. Das Gesicht spare ich aus und greife, nachdem ich mir zurück im Bett die Ohren trockengeföhnt habe, zum ewigen Komplizen, zu Mister Waschlappen. Jeremy beobachtet amüsiert, wie ich versuche, mit der spitzen Ecke des Lappens das Nasenloch sauber zu bekommen.

«Fünf Euro», sagt er, «wenn du es schaffst, dass der Lappen in der Nase hängen bleibt.»

Ich lege mich auf den Bauch, schiebe den Kopf über die Matratze hinaus und drücke mir so viel Waschlappen in beide Nasenlöcher, wie es nur geht. Aber nass und dämlich klatscht er zu Boden.

Am frühen Abend starre ich so lange ins Fenster, bis ich mir weisgemacht habe, den ersten Spuk von Blau entdeckt zu haben, einen dünnen Farbnebel, der aus dem Inneren des Glases heraufzieht. Dhia-K erscheint in der Tür, um mich für die nächste Pokerrunde einzusammeln. Klara schiebt einen nach dem anderen ins Casino und ordnet die Betten so, dass wir mit den Köpfen um den Pokertisch herumhängen. Auf einem normalen Stuhl für normale Menschen ist sie neben Chris, Mareike, Dhia-K und mir die fünfte Spielerin. Schnell wird klar, dass heute mein Tag ist. Da Kamikaze-M fehlt, der lieber an seinen Videos übt, ist jeder mit dem nötigen Halbernst bei der Sache, ohne sich in hanebüchenen Auftritten zu versuchen. Es geht so lange gut, bis sich Dhia-K, hoffnungslos hinten liegend und bereits geistesabwesend von Netflix-Serien und tunesischem Essen schwadronierend, entschließt, nur noch Tausenderbeträge zu setzen, egal, was er auf der Hand hat. Ein Kamikaze-M-Gedächtnis-Move. Die Hommage an eine Marsreise-Legende. Er bekommt drei Zweierpärchen hintereinander und gewinnt innerhalb von fünf Minuten das komplette Spiel. Ich bewerfe ihn, der während des Glücksspiels noch immer behauptet, nicht um Geld zu spielen, mit seinen gewonnenen Geldscheinen. Dhia-K ist außer sich und juckelt in seinem Bett herum, schreiend und lachend, alle Götter der Welt preisend, bis Klara es mit der Angst zu tun bekommt und mahnt: Seine Anfälle werden ihn noch aus dem Bett fallen lassen!

Wunderschön schlägt sie die Beine übereinander und zieht ihm die Locken lang.

Da heute das DFB-Pokalfinale stattfindet, bekommt Felix, der mit seinem Bayern-München-Schal den niederträchtigen Sieg seiner Mannschaft begleitet, den Frust aller Anwesenden ab, vor allem von Reinhard, dem anscheinend ein düsterer Bayern-Hass einen Teil des Lebenssinns stiftet. Insgesamt ein phantastischer Abend. Drei volle Stunden mit Klara, die mir still und heimlich gegenübersitzt.

Punkt Viertel vor elf ist Schluss. Ein kurzer Waschgang, Zähne putzen, das Abspucken der schäumenden Zahncreme in die Waschlappenschüssel. Plötzlich Dhia-Ks Kopf in der Tür. Er lässt sich neben meinem Bett abstellen und bittet Amir, uns kurz allein zu lassen.

«Sag mir!»

«Sag dir was?», antworte ich und weiß genau, was er meint.

Würden seine Backen bis zum Mond reichen, sein Grinsen würde problemlos hineinpassen. Er wackelt mit dem Zeigefinger wie ein Großvater, der den Enkel beim Naschen erwischt hat.

«Du und Klara.»

Ich mustere seine schwarzen, leuchtenden Augen und schweige.

«Ist das so offensichtlich?»

«Ich bin Araber, ich habe ein Auge für so was. Ein Blick reicht, und es ist Magie, und ich weiß Bescheid.»

«Was kannst du noch alles sehen?»

Er überlegt lange, rollt sich sogar auf den Rücken, um konzentriert an die Decke starren zu können. Dann sagt er: «Wachsende Blumen.»

40. Liegetag

Noch 23.606.496 Kilometer bis zum Mars

In der Nacht rufe ich zweimal vorne an, um mir eine Pinkelflasche geben zu lassen. Dazwischen liege ich wach oder träume oder träume halbwegs; ich kann es kaum sagen. Lange denke ich über die riesige Tonne nach, in der wohl all unsere Pisse verstaut und analysiert wird. Drei Monate lang geht jeder einzelne Tropfen aus meinem Leib in diesen Bottich, den ich mir als durchsichtiges, blubberndes Raumschiff vorstelle, das unser Mutterschiff zum Mars begleitet. Der außerirdischen Lebensform, die uns hier begegnen würde, hätte man einiges zu erklären.

Wer seid ihr?

Wie kommuniziert ihr?

Wie viele Farben könnt ihr sehen?

Was ist der Sinn eures Lebens?

Wo zieht es euch hin?

Was ist das gelbe Zeugs in dem anderen Raumschiff?

Mit diesen Fragen im Kopf wache ich erneut auf. Mein T-Shirt ist klatschnass geschwitzt. Erneut muss ich vorne anrufen und mir ein trockenes Shirt aus dem Schrank geben lassen. Beim Schlucken schmerzt der Hals. Was mir den Rachen runtergeht, ist schleimig und zäh. Meine Nase ist zu. In meinem seltsamen Zwitter-Zustand denke ich nur: Das kommt davon, wenn man das Pisseschiff mitnimmt zum Mars.

Der Gedanke, *Du darfst hier drinnen nicht krank werden*, setzt sich mir auf den Oberkörper und drückt mich in die Matratze.

Ich falle.

Leise wird die Tür aufgeschoben. Amir weckt mich mit all seiner Sanftheit. Doc Frida erzähle ich während der Anamnese ausschweifend von der beschissenen Nacht. Und frage, wo denn genau all unser Urin gelagert wird.

«Wie fühlst du dich jetzt?», fragt sie.

«Besser.» Es ist nicht gelogen. Die Nase ist halb zu und der Hals rau, aber es ist besser als in der Nacht. Den Druck auf der Brust jedoch, der die Angst speist, behalte ich für mich.

Im MRT schlafe ich ein und werde vollgeschwitzt hinausgeschoben. Julia fragt mich, ob ich Fieber habe. Zurück in meinem Bett, lege ich mich auf die Seite, drehe der Kamera den Rücken zu und tue, als ob ich lese. Für einige Minuten schaffe ich es wegzudämmern.

Zum Mittagessen bin ich wieder zur Essensbeobachtung bei Dhia-K. Ob er gefurzt habe, frage ich in der Vermutung, der seltsame Geruch in seinem Zimmer stamme aus seinem trägen Darm. Empört verneint er und mimt den Betroffenen. Ich höre mir seine üppige Verteidigungsrede an und beobachte, ob er es auch diesmal schaffen wird, zu essen, ohne sich die Hälfte übers Gesicht zu krümeln. Wie immer schwört er, mich in Tunesien fürstlich zu bewirten, da gäbe es keine Scholle, die man bezuckern müsste, um sie runterzukriegen, und auch keine gesunden Salate und bunten Smoothies oder so ein Zeugs, sondern nur schwarzen Kaffee und Mlewi.

Wir schauen uns alte Fußball-Klassiker an, bis die gesamte Crew für das nächste Großevent von den Blauen eingesammelt wird. Alle sind in heller Aufregung, die Sache fühlt sich an wie ein großer Ausflug. Es ist das erste Mal, dass alle in ihren Betten aus dem Wohntrakt und in den großen Konferenzraum geschoben werden, wo uns Reinhold Ewald und seine Delegation schon erwarten. Amüsiert schaut er zu, wie wir im Raum angeordnet werden. Dhia-K liegt neben mir und flüstert, mit dem Kopf auf Ewald zeigend: «Der sieht ja voll süß aus.»

Ich nicke. Ich kenne ihn nur von den alten Fotos seiner MIR-Mission. Wenn man sich zielgerichtet einen in Ansätzen gemütlichen und geistig wachen deutschen Mann mittleren Alters inklusive Schnauzer vorstellt, landet das geistige Auge treffsicher bei Ewald. Heute, mit 62 Jahren, ist allein sein Körper etwas kompakter und seine Lockenpracht einen Zentimeter kürzer und spärlicher geworden. Die nunmehr graumelierte, markenzeichensetzende Oberlippenbehaarung trägt er noch immer. Ein ganzes Leben lang Schnauzer, denke ich. Ob ihn so ein Satz für den Untertitel seiner Autobiographie interessieren würde?

Dhia-K hat vollkommen recht, er ist ein süßer und vor allen Dingen grundsympathischer Kerl. Kaum zu glauben, dass er fast von einer brennenden Raumstation aufgefressen worden wäre.

Ab 1986 bauten die Russen die erste Raumstation im Orbit der Erde, auf der kontinuierlich Menschen leben sollten. Die MIR sollte das neue Prestigeprojekt der Sowjetunion werden und eine schlagkräftige Antwort auf den geglückten Mondgang der US-Amerikaner. Ungenügend übersetzt bedeutet MIR Frieden, und genau diesen hätten sich die jeweiligen Crew-Mitglieder sicherlich mehr gewünscht als das, was sie dort oben tatsächlich erwartete.

Einst als technisches Meisterwerk in den Himmel geschossen, ist die Raumstation heute eher durch ihre Probleme berühmt und berüchtigt. Es ist nicht weniger als ein absolutes Wunder, dass kein Besatzungsmitglied je umgekommen ist. Unter die rund 1600 nachweislichen Defekte, die die Station permanent plagten, fielen unter anderem: der totale Blackout des Bordcomputers, das Auslaufen von giftiger Kühlflüssigkeit; eine Frachtsonde, die nach fehlgeschlagenem Andockversuch die Raumstation rammte; der Ausfall der Bordkühlung, der zu unerträglicher Hitze führte; desaströse Spacewalks usw. Oft war es nur dem Einsatz von Schraubzwingen und Gebeten geschuldet, dass das Am-Leben-Bleiben irgendwie in den nächsten Tag gerettet werden konnte. Nach dem Zusammenbruch der Sowjetunion fehlte es an allen Ecken und Enden, vor allem aber an Geld. Ausgerechnet der ehemalige Erzfeind USA trug zur Rettung des russischen Raumfahrtprogramms bei, indem er 400 Millionen Dollar für jene Flüge bezahlte, die ihre eigenen Astronauten und Wissenschaftler zur MIR brachten. So wurde unter anderem der US-amerikanische Astronaut Linenger Zeuge, wie der russische Kommandant Ziblijew überlebenswichtige Arbeiten am Sauerstoffgenerator unterbrechen musste, um Werbung für einen Milchkonzern zu drehen. Zu allem Überfluss mussten einige Szenen am nächsten Tag nachgedreht werden – der Kommandeur hatte es nicht geschafft, gute Miene zum traurigen Spiel zu machen, und während der Aufzeichnung kein einziges Mal gelächelt.

Die größte aller anzunehmenden Katastrophen ereignete sich, als Reinhold Ewald an Bord war. Durch einen Defekt an einer Sauerstoffpatrone schoss eine 30 Zentimeter lange Stichflamme durch die Station. Feuer! Das Schlimmste, was im All geschehen kann. In Gasmasken gegen den undurchdringlichen Rauch geschützt, gelang es der Crew schließlich, das Feuer zu löschen. Ewalds dreiwöchiger Forschungsaufenthalt auf der MIR hätte ihn um ein Haar das Leben gekostet.

«Willkommen», sagt er und unterstreicht seine Worte mit leicht ausgebreiteten Armen. «So etwas habe ich auch noch nicht gesehen. Toll!»

Ein Kichern ebbt durch den Raum. Wie sein Kollege Gerst vor ihm ist er zunächst voll des Lobes und der Bewunderung. In Anlehnung an große Forscher und Abenteurer, die als Erste ins Unbekannte ausgezogen sind, nennt er uns Explornauten. «Im Grunde macht ihr dieselben Erfahrungen wie wir Wissenschaftler und Astronauten im All. Die 400 Kilometer, die dazwischenliegen, das ist der einzige Unterschied, denn wir alle liefern sehr wichtige Daten. Ich kann nicht genug betonen, wie wichtig ihr für die Raumfahrt seid und für eine Zukunft der Menschheit im All.»

«Explornaut oder Explonaut», flüstert Dhia-K, «bei mir explodiert es tatsächlich.»

Ich schiebe mein Shirt über die Nase und starre ihn an. Er hat sich vorhin übermäßig mit Deo eingesprüht, jetzt weiß ich, wieso. Eine wohlüberlegte Prophylaxe. Dieser Schlingel! Ich werde Daniela beweisen, dass Habibi-Maus ihr ein Kind gemacht hat!

Hat Ewald buchstäblich Wind von der Sache bekommen? Zum Glück beginnt er einfach seine Präsentation, die sich um seine verschiedenen Forschungen dreht, dann läutet er die Frage- und Diskussionsrunde ein. Diesmal ist Reinhard sofort zur Stelle: «Wie ist es, in der Schwerelosigkeit zu schlafen, wenn es kein Oben und Unten gibt?» Ewald nimmt sich Zeit, die kleinen Schlafkammern zu beschreiben und dass man in der Tat auch irgendwie auf dem Rücken liegt, da der Schlafsack an der Wand festgezurrt ist. Nur sei es unmöglich zu sagen, ob die Wand nun die Decke oder der Boden ist. Schließlich gibt er zu, sowieso eher weniger geschlafen zu haben: Man hatte alle Mühe gehabt, die unzähligen Experimente durchzuführen, und musste rund um die Uhr Wartungen und Reparaturen vornehmen, um die MIR irgendwie am Himmel zu halten.

Damit ist der Startschuss gefallen. Die Fragen nach dem Feuer und der MIR stürmen auf ihn ein. Fast schon zu souverän schildert er die extreme Notsituation an Bord. Als handele es sich um eine alltägliche Geschichte, sogar um die Geschichte eines anderen. Nachdem der Beinahe-Tod abgehandelt ist, geht er federleicht zu einem der Themen über, das seine Astronauten- und Wissenschaftlergeneration noch immer sehr beschäftigt: dem Unterschied zwischen der Mentalität des Ostens und Westens.

«Es gibt für mich eine Einstellungsgrenze», sagt er langsam, «und sie liegt in der Urania in Berlin. Wenn ich von da aus in den Osten gefahren bin oder mich im Sternenstädtchen in Russland aufgehalten habe, war ich in einer anderen Welt. Dort sind die Raumfahrt und die MIR Mythen und jeder, der sich hinaufschießen lässt, ein Held, und zwar gerade wegen der Gefahren und weil man das Risiko in Kauf nimmt. Im Osten drängt man stets darauf, Bewährtes einfach weiterzumachen, der Westen fragt aber zuerst: Was nutzt das, was kostet es, wie sicher ist es? Beide Einstellungen sind in meinen Augen legitim. Und vielleicht geht es darum, einen Mittelweg zu kultivieren.»

Ewald hat recht. Ich habe es in meiner Zeit im Osten nicht anders erlebt. Wer den Mumm hat, der wagt, und wer dabei stirbt, wird unsterblich. Man weiß, dass der Tod zum Leben gehört, selbst Gagarin hat das einmal gesagt, als ein Kollege abstürzte. In Russland denkt man: Ohne Risiko hat man noch nie etwas gewonnen. Mit dieser gewissen Hau-drauf-Mentalität wurde auch die MIR betrieben, die Russen sind da größere Cowboys als die Amerikaner. Während es für den individualisierten Westen nichts Schlimmeres gibt, als ein Menschenleben aufs Spiel zu setzen, existiert für alle Erdenreiche östlich von Danzig nichts Größeres, als sich für eine große Idee, ja eine fast schon religiös-spirituelle Sache zu opfern. Ein Mensch ist nur ein Mensch, aber eine Geschichte, die Milliarden Menschen berührt und den Verlauf einer gesamten Spezies verändert? Am Eingang zum Sternenstädtchen, dem russischen Houston, steht eine Statue von Juri Gagarin, die von den Russen als lebendiger Schrein und kaum als kaltes Monument wahrgenommen wird. Die Menschen pilgern zu diesem Ort, um dort Kerzen anzuzünden und kleine persönliche Geschenke zu hinterlassen. Sie zelebrieren die Verehrung einer Idee und den Glauben an Mut und Radikalität, die es braucht, um noch unentdeckte Welten zu erobern.

Jedoch gibt es gar nicht wenige Amerikaner und Europäer, die die Mentalität der Russen teilen. Ich erinnere mich daran, dass der US-amerikanische Astronaut Foale, bevor er zur MIR flog, auf all die Schwierigkeiten der Raumstation hingewiesen wurde und in die Mikrofone der Radiosender sprach: «Ehrlich gesagt freue ich mich auf einige ‹nicht normale› Situationen, wie wir sie nennen, und darauf, dass die Dinge nicht immer nach Plan verlaufen.» Hinter all den Floskeln und wohlformulierten Pressemitteilungen ihrer politischen Vertreter sind sich die Astronauten und Astronautinnen aller Länder wohl einig: Die Raumfahrt ist ein Abenteuer, für das sich alle Risiken lohnen.

Ewald spricht mittlerweile vom Nutzen der Exploration und der Raumfahrt, die nicht nur hier auf Erden die Erkenntnisse der Medizin und der Technologie elementar verbessern, sondern auch von der Umsetzung all dieser nahezu phantastischen Weltraumreisen, die die folgenden Generationen zu ihren eigenen Träumen hinreißen lässt.

Zum Abschluss frage ich ihn, ob er sagen könne, was sich für die kommenden Langzeitaufenthalte im All am meisten verändern muss?

«Psychologie», sagt er kurz und knapp. Als ich bereits glaube, das wäre die ganze Antwort, ergänzt er: «Eine Sache war unter den Astronauten traditionell verhasst, und das waren die Tests bei den Psychologen. Es gab doch nichts Schlimmeres, als ausreichend qualifiziert zu sein, jahrelang zu arbeiten und dann irgendwann zu hören, man sei aufgrund einiger Persönlichkeitsmerkmale und Stimmungen nicht für einen Flug geeignet. Heute aber brauchen wir die psychologische Unterstützung. Wir müssen einsehen, dass Langzeitreisen auch und besonders an der Psyche und der Motivation scheitern können. Da müssen aber nicht nur die Astronauten und die Astronautinnen mitziehen, sondern auch das Bodenpersonal, was genauso wichtig sein wird. Gerade sie müssen wissen, was ein langer Aufenthalt im Weltraum bedeutet und wie man am besten mit den Astronauten und Astronautinnen kommuniziert. Ich sage es immer wieder: Man braucht an Bord und am Boden eben nicht nur den *Right Stuff*, sondern auch den *Right Staff*.»

Zurück in meinem Zimmer, greife ich zum Telefon und rufe Dhia-K an.

«Ich weiß, was du fragen willst», schreit er. «Ich weiß es! Also ja: Ich habe die ganze Zeit gefurzt.»

«Ich wusste es schon seit heute Mittag! Hast du dir deswegen so viel Deo aufgesprüht?»

«Heute Mittag? Was, das geht nun schon seit sechs Wochen so!»

Ich schnäuze mir den Rotz aus der Nase und werde von Bernd eingesammelt. Der Monitor springt an, die ISS erscheint, die Andockstation, meine Zielführung und die Datensätze im Armaturenfenster. Ich frage mich, ob ich wirklich auf dem Boden liege und den Bildschirm über mir habe oder ob ich an der Decke schwebe mit dem Bildschirm unter mir. Mir wird klar, dass es ohne die Schwerkraft keine Möglichkeit gibt, dies eindeutig zu bestimmen: Ich könnte auch an einer der Wände liegen.

Ich bin schon zu lange hier drin.

«Ich bin schon zu lange hier drin», sage ich zu Bernd. In Anlehnung an Helge Schneider, der einmal in einem Fernsehinterview umhergehüpft ist mit den Worten: «Ich habe es nicht nötig, im Fernsehen aufzutreten», schreie ich, Apologet der eigenen Ausschweifungen, noch hinterher: «Ich habe es nicht nötig, in diesem Raumschiff herumzuliegen!»

«Das glaubst auch nur du. Weißt du, dass man früher russischen Gefangenen, die teilweise lebenslang verurteilt waren, eine Wahl gegeben hat? Entweder ihr bleibt hier drin und versauert, oder ihr stellt euch der Wissenschaft zur Verfügung und legt euch in Kopfunterlage ein Jahr lang ins Bett. Oder auch zwei. Das ist natürlich nur ein Gerücht, ist ja klar ...»

«Was hättest du gewählt?»

«Na, die allererste Wahl: gar nicht erst in einem russischen Gefängnis zu landen, Towarisch!»

Ich blicke an die Wand, an der das Plakat der Progress-Sonde hängt. Ein wunderschönes, lichtüberflutetes Gerät, freischwebend in einem wunderschönen Kosmos über der wunderschönen blauen Erdenmutter. Ob mir der Besuch von Ewald gefallen habe, fragt Bernd.

«Ja», antworte ich. «Und ich musste viel an das Feuer denken und an Ziblijew.» Ich hebe die Hand Richtung der Progress-Sonde. «Es ist ja ein Wunder, dass er heil wieder nach Hause gekommen ist, falls man seine psychische Verfassung noch als heil bezeichnen konnte. Vielleicht sollte ich besser sagen, lebendig nach Hause gekommen. Oder einfach: überhaupt nach Hause gekommen ist.»

Bernd nickt und zieht die Stirn in tiefe Falten. In der Tat fallen einige Andockmanöver unter die schrecklichsten Momente an Bord der MIR – und im Leben ihres Kommandeurs Wassili Ziblijew. Einmal fiel die Kamera an Bord der anfliegenden Progress aus, woraufhin sie unkontrolliert auf die MIR zu raste und sie nur um knappe 200 Meter verfehlte. (Er habe sich wie in einem bewegungslosen U-Boot gefühlt, sollte Ziblijew später erzählen, auf das ein Torpedo zurast.) Beim nächsten Mal hatte man nicht so viel Glück. Diesmal flog man vollkommen blind an; Ziblijew und seine Kollegen mussten den Einfallswinkel der Progress ohne telemetrische Daten und die Videofunktion berechnen, nur mit Hilfe einer Stoppuhr und eines einfachen Handlasers. Da dies nicht nur in der schlimmsten, sondern auch in der besten aller möglichen Welten nur schiefgehen konnte, ging es eben auch schief. Die Progress krachte in einen der Solaranlagenflügel der Raumstation. Ein Crash im Weltall. Die MIR bebte – und schaffte es tatsächlich, dank der unergründlichen Wege eines unergründlichen Gottes nicht vom Himmel zu fallen.

Die Gebete und Kerzen an Gagarins Statue hatten sich gelohnt.

Irgendwann war es schließlich so weit, dass Ziblijew genug hatte. Genug von der Hitze, dem Gestank, von ausbrechenden Feuern, Schlafentzug, einer unfähigen Bodenkontrolle und von

Raumsonden, die in die Station krachten. Er wurde lethargisch, stumm, appetitlos, bekam Herzrhythmusstörungen. Der anhaltende, monatelange Stress auf einer Raumstation, auf der man jede Sekunde sterben kann, hatte seinen Tribut gezollt.

Als er zur Erde zurückkehrte, gab man ihm, der sich nichts zuschulden hatte kommen lassen, die Schuld an allem. Seine Vorgesetzten hielten ihn für schwach. Jelzin spottete über ihn. Unter den jungen Astronauten und Astronautinnen wurde die sogenannte Ziblijew-Medaille vergeben, wenn man bei den Andockübungen Mist baute. Es dauerte einige Zeit, aber letztendlich wurde dem gebeutelten Mann doch noch Gerechtigkeit zuteil. Die Untersuchungen ergaben, dass die fehlgeschlagenen Andockversuche nicht seine Schuld waren. Ziblijew wurde vollkommen rehabilitiert und arbeitete bis zu seiner Pensionierung unter anderem als Leiter des Kosmonautentrainingszentrums im russischen Sternenstädtchen.

«Weißt du», fragt Bernd, «was das Gute an all diesen Unglücken war, und an Ziblijew, der im Übrigen ein großartiger Mensch und ein noch besserer Kommandeur war? Dass wir lernen! Ohne Fehler und Misserfolge gibt es kein Vorankommen. Deswegen gewinnt und lernt auch nur derjenige, der eine Niederlage riskiert. Vor allem durch den hirnlosen Stress, dem Ziblijew ausgesetzt war, wusste man hinterher, dass Langzeitaufenthalte im All einen anderen Umgang mit den Menschen erfordern. Erst da haben auch die letzten Doofköppe kapiert, wie wichtig das Feld der Weltraumpsychologie ist. Sag ich mal jetzt so salopp.»

«Glaubst du, es ist die größte Gefahr für die Reise zum Mars und dessen Besiedelung? Also die Psyche und das Seelische?» Ein Déjà-vu. Sogar ein umgekehrtes Jeremy-Déjà-vu. Ich habe das Gefühl, Bernd diese Frage schon Hunderte Male gestellt zu haben. Ein Kreislauf. Ich frage, Bernd antwortet, die Farben ziehen ins Fenster, und ich wache auf und frage und klemme mir die Pfanne unter den Arsch. Wahrscheinlich bin ich schon zu lange hier drin. Oder der Schleim im Kopf verstopft das Denken.

«Natürlich. Das Innenleben der Astronautinnen und Astronauten wird über alles entscheiden. Ich meine, dir das alles schon mal erzählt zu haben, Genosse. Aber es lauern noch ganz andere Gefahren auf uns, die kosmische Strahlung, die technologischen Schwierigkeiten oder natürlich die Schwerelosigkeit. Deswegen seid ihr ja hier, ihr Terranauten und Tunichtgute, damit wir von euch lernen, wie wir endlich zum Mars kommen, gesund durch die Schwerelosigkeit wie ein Küken durch die Eierschale!»

Es ist noch gar nicht lange her, da waren die Effekte der Schwerelosigkeit auf den menschlichen Körper ein einziges Rätsel. Niemand auf der Erde konnte ahnen, was die kosmische, vom Gravitationsfeld der Erde befreite Existenz für uns Säugetiere bereithalten würde, Erdenwesen, deren komplette Anatomie, Organe und Stoffwechselprozesse auch immer das Ergebnis der Schwerkraft sind. Über das Novum des schwerelosen Seins konnten jahrhundertelang nur Vermutungen angestellt werden. Was ist mit dem Blut? Wird es weitergepumpt werden oder einfach stehenbleiben? Verformen sich die Zellen, die Organe, die Augen? Schwirren Elektronen in gewohnten Bahnen um die Atomkerne, oder scheren sie ziellos davon? Kann man überhaupt noch Essen oder Flüssigkeit herunterschlucken oder bleibt den Astronauten alles im Hals stecken? Ist es möglich, die Blase zu leeren, zu atmen, zu denken? Nachdem man also erst mal einige Affen, Hunde und sogar Schildkröten mit den ersten Raketen ins All geschossen hatte, wussten die Wissenschaftler, das zumindest der kurze Aufenthalt außerhalb der natürlichen Schwerkraft keine gravierenden Schäden hervorruft.

Heute sind wir uns vor allem der Gefahren von langen Aufenthalten im All bewusst, zum Beispiel der leidlichen Thrombose. Gerst hatte uns gestanden, dass sie eine seiner Hauptsorgen sei. Im All schädigt der arterielle Überdruck die Organe. Nach sechs Monaten im Weltraum, so lange, wie ein Flug zum Mars dauert, werden die Arterienwände so dünn wie in dreißig Erdenjahren.

Flüssigkeit lagert sich in den Augen ab, Ödeme entstehen, der Kopf schwillt zum Mondgesicht an, die Beine trocknen aus, die Knochen entmineralisieren. Es kann zu Veränderungen in der DNA und den Telomeren der Chromosomen kommen, zu einer verringerten Fruchtbarkeit, der Abnahme kognitiver Leistungen oder Herz-Kreislauf-Erkrankungen.

Hinzu kommen vor allem zwei unsichtbare Begleiter, die uns auf allen Reisen im All folgen werden wie ein Schatten: die kosmische Strahlung und die Sonnenstrahlung. Zwei Gefahren, vor denen uns hier auf der Erde die Atmosphäre und das Magnetfeld unseres Planeten schützen. Außerhalb dieses Schutzraums allerdings hat der Körper diesen Kräften nichts entgegenzusetzen – das Resultat sind Krebserkrankungen und die irreversible Schädigung der Zellen. Wasserstoff und Wasser sind gute Mittel, um die Strahlung abzuhalten. Das Raumschiff könnte also mit Wassertanks umkleidet sein und uns derart eingepackt erst einmal wohlerhalten zum Mars bringen, wo wir entweder unterirdisch wohnen müssten oder in Behausungen mit sehr dicken Wänden. Unsere Häuser und Forschungsstationen könnten wir nur mit einem Raumanzug verlassen, der einen Teil des irdischen Atmosphärendrucks simuliert – ansonsten würde man in der Marsatmosphäre, die nur ein Hundertstel so dicht ist wie auf der Erde, aufgehen wie ein Ballon und das Blut in den Adern zu brodeln beginnen. Solch ein Anzug (und solche Wohnareale) müssten auch Schutz vor dem einzigartigen «Staub» des roten Planeten liefern. Da wenig Winde und vor allem kein Regen auf dem Mars herrschen, ist er nicht feingeschliffen wie der Staub der lebendigen Erde, sondern scharfkantig und derart fein, dass er eher als Dunst zu beschreiben ist – ein gefährlicher Nebel, der sich in jede lebenswichtige Luke und Öffnung zu setzen weiß.

Weitere großmäulige Gefahrenhighlights: monatelange Staubstürme, die alles verdunkeln und eine Höhe bis zu 25 Kilometer erreichen können, biologische Kontamination und natürlich das Ankommen und Wiederabreisen. Bis zum Jahr 2021 haben wir es lediglich geschafft, maximal eine Tonne auf der Marsoberfläche abzusetzen; ein Raumschiff brächte mindestens das Dreißigfache auf die Waage. Wie bremst man so ein Monstrum ab und sorgt dafür, dass es nicht nur sicher landet, sondern auch, mit dem Treibstoff, den man in situ aus den Ressourcen des Mars erst gewinnen muss, wieder imstande ist, zurück zur Erde zu fliegen?

SpaceX will 2024 das erste Cargo-Schiff zum Mars schicken, damit die Menschen, die 2026 eintreffen sollen, bereits den Versorgungs- und Baustoff vor Ort haben, aus dem wir unsere erste Marskolonie aus dem rostenden Boden stampfen werden. Es ist nahezu unglaublich, was dazu alles gelingen muss. Mit was für Verhältnissen wir es zu tun haben, rechnete einst der Sicherheitsbeauftragte der Apollo-8-Mission vor. Auch wenn er nur über das Raumschiff selbst sprach, dient uns seine Gleichung als Mahnung für alles, was wir auf dem Mars erreichen wollen. Apollo 8 besteht aus 5 600 000 Teilen, erklärte er. Und errechnete nüchtern: Wenn zu 99,8 Prozent alles fehlerfrei funktioniert, kommt man noch immer auf 5600 Defekte. Die Explosion der Challenger im Jahr 1986 hat bewiesen, dass es nur einen einzigen Defekt braucht, um ein Raumschiff samt seiner Mannschaft zu zerstören.

«Bei all dem», frage ich Bernd, «was schiefgehen kann, was wäre wohl das größte Unglück der Marsreise?»

Bernd schiebt sich von seinem Tisch weg und rollt auf seinem Stuhl gegen die Wand.

«Na, ist doch klar! Dass wir gar nicht erst losfliegen!»

«Weil der Start, der aufgrund der Planetenopposition nur alle zwei Jahre stattfinden kann, abgesagt wird, weil ...»

«Weil gerade dann ein Fehler auftritt ...»

«Und dann noch einer ...»

«So lange, bis das öffentliche Interesse abflacht ...»

«Oder kein Geld mehr da sein wird ...»

«Oder ein Krieg heraufzieht ...»

«Und das wäre es dann!»

«Das wäre es dann.»

Langsam tippelt Bernd wieder an seinen Computer. Er fummelt an seiner Tastatur herum, um meinen neuen Flug zu laden. In der nächsten Übung muss ich zum ersten Mal ohne die eingeblendeten Hilfsringe fliegen, die gewöhnlich die Neigung und Kurve vorgeben. Ich muss mich einzig auf meine Telemetriedaten und meinen Instinkt verlassen. Ich fühle mich nackt. Bernds Instrumente schlagen aus.

«Stress», sagt Bernd. «Stress und nichts als Stress. Hinter der Wand des Raumschiffes lauert ständig der Tod und auf dem Mars sowieso. Aber weißt du, was für die Astronauten schlimmer ist, als dort draußen zu sterben? Das Schlimmste ist, dass man doch noch abgezogen wird, weil man was Falsches gesagt hat, eine Affäre ans Licht kommt, der Vorgesetzte einen einfach nicht mag oder, tataaaa, der Psychiater sagt: Nee, nee, lieber nicht.»

«Ja, davon hat Ewald auch erzählt. Ich kann mir schon vorstellen, wie beliebt du bei den Astronauten bist.»

«Ich? Hör mal, ich kann noch nicht mal auf so eine Fliege draufhauen, geschweige denn Astronautenleben zerstören!»

Ich nicke stumpf. Kaum kann ich ihn hören. Ich brauche all meine Konzentration, um die Sonde einigermaßen exakt vor der Raumstation zu positionieren. Bernd merkt und ignoriert es.

«Es gibt einen Biologen namens E. O. Wilson, der hat mal gesagt, und ich paraphrasiere schlecht aus dem Gedächtnis: Das Blöde an der Menschheit ist, dass wir noch immer steinzeitliche Emotionen haben, uns mittelalterlich verwalten und über eine schier göttliche Technologie verfügen. Man kann aber nicht die Mächte eines Gottes besitzen, sagt Wilson, ohne die Besonnenheit und Weisheit eines Gottes. So ungefähr. Du könntest es natürlich viel schöner sagen, das ist mir ja klar!»

Wieder nicke ich nur. Ich weiß nicht, was er gesagt hat, aber es ging um die Menschheit und Gott und das Blöde. Ich bin dabei, meinen Flug zu versauen, und weiß es.

«Und dann ist da ja noch die größte aller Gefahren, die Liebe. Sie ist der Grund, weswegen man entweder doch nicht fliegt oder während des Fluges eine existenzielle Krise bekommt. Die Liebe, die Einsamkeit, Trauer und Sehnsucht eines Herdentieres, damit wollen wir den Weltraum erobern! Apropos: Klara hat heute ihren letzten Tag vor dem Urlaub, richtig?»

Ich starre ihn an. Fast hätte ich die Hände von den Joysticks genommen.

Ich kann es nicht glauben.

«Hat Dhia dir das erzählt?»

«Dhia? Quatsch! Warum brauch ich da Hilfe? Glaubst du etwa, meine Augen und mein Herz sind blind?» Theatralisch legt er beide Hände auf den Brustkorb und grinst mich unverschämt an. «Ihr Jungspunde könnt noch einiges lernen von meiner Generation, das sag ich dir.»

Kaum bin ich durch die zischenden Münder der Wohntraktschleusen geschoben worden, höre ich Danielas kreischende Stimme. Sie ruft Mareike hinterher, die gerade aus der Dusche kommt. «Du bist so wunderbar schön, ach», schallt es durch den Flur. «Ich wartete sehnsüchtig auf den Sonnenaufgang, und jetzt ist er da, jetzt habe ich dich gesehen!»

Mareike macht ihr «Och» und «Nö, nö, ach, komm!», was Daniela nur weiter animiert:

«Wäre ich die Sonne, dann wünschte ich, du wärest all meine Strahlen.»

Damit ich vom Abendessen überhaupt etwas schmecke, lasse ich mir erneut die Nasentropfen kommen. Nasentropfen sind meine Freunde geworden. Ich liege im Zimmer und warte. Als ich herausfinde, dass Klara noch auf dem anderen Flur beschäftigt ist, lasse ich mich zu Dhia-K schieben. Er liegt auf der Seite und kaut. Die Schüsseln und Teller sind bereits abgeräumt, sein Nachttisch ist leer.

«Hundertmal kauen wie Gandhi?», frage ich.

Er nickt und hebt den Zeigefinger. Heißt: Ich soll auf seine Antwort warten, bis er den Mund nicht mehr voll hat.

«Du willst sagen, dass das Essen schrecklich ist, stimmt's?»

Er nickt.

«Dass du mich in Tunesien mit großartigem Essen überhäufen, ja quasi einreiben wirst, damit es auch durch meine Haut eindringen kann wie Creme oder Öl, stimmt's?»

Er nickt.

«Dass wir, egal wo wir auch sind, einen Teller mit abgrundtiefen Köstlichkeiten dabeihaben werden, mit einem Seil unters Kinn gespannt wie bei Tieren!»

Er nickt.

«Dass wir alles, alles essen dürfen, alles und so viel und wann immer wir wollen, und wenn einer fragt, warum wir fett werden und nur fressen und saufen, sagen wir: Weil wir es können, Bruder! Weil wir leben!»

Dhia-K schluckt runter, hebt den Daumen und sagt: «Und weil sich alle mal ficken können!»

Um zehn Uhr bin ich zurück in meinem Zimmer. Klara steckt den Kopf herein. Sie bringt die warme Zahnputzschüssel und schließt leise die Tür. Den Stuhl schiebt sie sich direkt ans Bett. Da ist sie. Ich präge mir alles ein, ihre Haare, die beiden Sommersprossen auf dem linken Nasenflügel, die nur ich sehen kann, die behutsamen Finger, ihre Lippen.

Wie gerne würde ich nur einmal den Kopf heben und zu ihr kommen, ihr nahetreten können, irgendetwas, nur außer hier rumzuliegen und wieder nur zu warten, so, wie ich schon immer warte, dass endlich etwas anders wäre auf dem Mars oder sonstwo. Sie ist da. Genau in der Mitte zwischen ihr und mir hält sie mich fest mit dem Ring ihrer Augen, mit einem einzigen großen ungesagten Wort spricht sie das Land unter meine Erde. Ich halte ihrem Blick stand, der mir ihr Versprechen ausmisst und vor die Füße legt. Ihre schlanken Finger, die braunen Arme. Eine wahnsinnige Trauer drückt mir das Herz in den Hals. Mittlerweile liegt ihre Hand in meiner. Ich strecke den Arm aus, um die Klappe vor die Kamera zu klemmen.

«Ich werde dich vermissen», sagt sie und setzt sich aufs Bett. Ihr Becken berührt meine Hüfte. Ich weiß nicht, wann ich das letzte Mal solch eine Wärme gespürt habe. Sie beugt sich herab, ihre Haare fallen über mein Gesicht. Unter ihr begraben findet sie meinen Mund. Eine gemeinsame Haut. Eingehüllt liegen wir da.

Dann steht sie auf, öffnet die Tür und ist verschwunden.

Als das Licht ausgeht, kann ich nicht schlafen und will gleichzeitig in einen Schlaf fallen, Jahrtausende tief. Die verbindliche Gegenwart des Zimmers glüht im Raum und sucht nach mir. Seltsamerweise hängt noch ein bisschen Blau in der schwarzen Luft. Ein Zwielicht. Wunderschön schweben die Planeten ihrem Ende entgegen, das werde ich ihr schreiben, ich weiß, sie wird es verstehen und mir antworten, dass alles okay ist und Planeten und Menschen das eben tun müssen.

Ich nehme mein Notizbuch, meine Handytaschenlampe und schlüpfe unter die Decke.

Die Menschenangelegenheiten, schreibe ich, sind ganz und gar lächerlich – und dennoch, und dennoch!

42. Liegetag

Noch 22.295.024 Kilometer bis zum Mars

Den ganzen Morgen ist es zu hell. Weißes, kaltes Licht, das mich in meinen Augen aufspürt! Die Morgenroutine absolviere ich mit einem hohlen Automatismus, der mir bislang fremd war. Vergraben mache ich weiter und sage *Okay* und *Guten Morgen* und *Alles gut*. Nach dem Frühstück lasse ich mir das Licht dämmen. Das dunkle Zimmer ist schön und hat überall Platz. Katleen kommt mit den Antibiotikatropfen fürs Ohr und den Nasentropfen, diesem Gift, das mir die Nase freipustet! Der Hals voller Schleim und der Kopf so schwer wie die Erde. Er kann nirgends hin. Ich drehe mich zum hellen Fenster, diesem Loch, durch welches das trübe Stationslicht in mein Zimmer rieselt, und warte, bis mich irgendjemand für irgendwas abholen kommt.

Der Sound des MRT wie ein Magnet. Schon in der Schleuse denke ich: Meine wunderbare, aufgeladene Höhle, die mir die Atome in Bewegung setzen wird! Ich bekomme die «eiserne» Maske über das Gesicht gezogen; über den Spiegel sehe ich den Monitor am Ende der Röhre und muss meine Denksport-Aufgaben lösen. Schließlich wird noch der Torso gescannt. 20-mal muss ich die Luft anhalten so lange ich kann. Je länger ich es schaffe, desto größer die Chance auf ein genaues und brauchbares Bild. Im auditiven Flutlicht der wummernden, kreisenden MRT-Töne konzentriere ich mich auf den hellen Fluss meines Atems, der durch den Körper gleitet. «Jetzt», höre ich Julia über meinen

Kopfhörer. Ich halte an. Das weiße, in der Brust stehende Atemband löst sich auf und weitet sich in den Körper, der kein Ende mehr findet, der seine Grenze verschiebt, bis keine mehr zu finden ist. Die Röhre, das Zimmer, der Raum, das All. Alles wird von den Überresten meines Atems erobert. Ich existiere nicht mehr und bin gleichzeitig so real wie nie zuvor. Sobald ich wieder atme und die Lunge eine helle Spur zurück in den Körper legt, bin ich wiederhergestellt. Ein Hier. Ein Körper. Eine Mitte. Ein Inhalt. Ich wiederhole die Übung, bis ich klatschnass aus der Röhre gefahren werde. Ich schreibe es auf, weil ich es jetzt noch weiß und gleich für immer vergessen werde:

Die Schwerkraft formt die Galaxien. Sie formt die Planeten, den Körper und den Atem und jene Nebel, die zurückbleiben, wenn man *Ich* sagt. Die Schwerkraft erschafft die zustande gekommene Welt, und die Schwerelosigkeit wird uns von selbiger befreien.

In meiner Abwesenheit hat man das Licht in meinem Zimmer wiederhergestellt. Ich protestiere und lasse es erneut dimmen. Auf dem Handy eine Nachricht von Klara. Sie sei gut angekommen in Italien, wo es warm ist und das Licht ganz anders, so ganz voller Musik und Lieder. Die stolzen Zypressen, schreibt sie, ein Himmel zum Greifen nahe. Eine süße, alte Frau in einem Café hätte ihr den Kaffee gebracht und ihr einen Kuss auf die Wange gegeben. Einfach so.

«Deine letzte Nachricht klang etwas traurig», schreibt sie. «Geht es dir denn gut? Ich habe in Bolivien mal eine Heilerin getroffen, die sagte, man könne Traurigkeit mit Tee heilen, nur bei richtig schlimmen Krankheiten hilft Tee nicht weiter.»

Ich mache ein Foto von meinem Caro-Kaffee und schicke es ihr.

Zwei Minuten später bekomme ich Antwort.

Ein Foto von Italien, eine Landschaft voller Klang und Weite und Wärme. Dann ein Foto von Klara mit einer Katze. Sie sei ihr zugelaufen und komme jetzt mit im Auto Richtung Süden.

Ich tippe einige Antworten ins Telefon und lösche sie wieder. Ich warte. Aber mir fällt nichts Vernünftiges ein.

Jeremy besucht mich und klopft gegen die Fensterscheibe, als gäbe es irgendjemanden auf der anderen Seite.

«Junge, geht es dir gut?», fragt er. «Ist ja wie eine Gruft hier drinnen!»

Wir lachen. «Ich weiß nicht», antworte ich ehrlich, «ob es mir gutgeht oder nicht. Ich glaube, das ist dann eher gut.»

«Na», schreit er, «wenn du es nicht weißt, dann heißt das JA, dann heißt das, dir geht es saugut!»

Jeremy interessiert sich für Literatur und will ebenfalls schreiben. Ich lese ihm einen Satz von Sarah Kirsch vor: «Ein Drehkreuz wie in jedem beliebigen Supermarkt schob uns in die geschleifte Bergstadt.» Jeremy verstummt. Ich lese noch einmal. Ein Drehkreuz wie in jedem beliebigen Supermarkt schob uns in die geschleifte Bergstadt! Als er wieder sprechen kann, sagt er: «Wow, das haut einen um!»

Ich rufe Chris an und lese ihm ebenfalls vor.

«Geschleifte Bergstadt, bist du behindert? Was soll das sein?»

«Du weißt schon», sage ich, «dass man hier nur den Pöbel, nur das minderbemittelte Proletarierpack täglich auf die Zentrifuge spannt wie den Ochsen vor den Karren? Das ist wie im Krieg. Die armen Deppen sind Kanonenfutter, die Feldherren sitzen im Warmen und essen Schweinshaxe und lecken sich die goldberingten Finger. Dann denken sie sich was Schönes aus, sinnieren von geschleiften Bergstädten, während Proband B im Eismatsch jammert und kläglich erfriert.»

«Du sitzt nicht im Warmen, sondern liegst kopfunter im Dunkeln. Manche Menschen sind zu schwach für die Zentrifuge oder den Krieg, sie müssen geschont werden, damit sie nicht zerbrechen, so wie man Behinderte schont oder Heulsusen.»

«Diese Zentrifuge kann man fünfmal fahren, sagt die Wissenschaft, bevor ernste und irreversible Schäden am Gehirn auftreten, insofern man überhaupt eines besitzt.»

«Du betest, dass auch du irgendwann groß wirst und Zentrifuge fahren darfst wie Erwachsene.»

«G wie Gebete und Gott, genau.»

«B wie bereit und bewährt, berserkerstark.»

«B wie beritten und BETABEHINDERT!»

«G wie Gesäßfurunkel, Gulaschkanone, G wie geistig behindert.»

Jeremy fährt mich vor Chris' Zimmer, und ich feuere alle Sockenpaare nach ihm, die ich dabeihabe.

«Frag mich, wie es mir geht», befehle ich Jeremy und dann lauter: «Frag mich, wie es mir geht!»

«Und, wie geht es dir so?»

«PRIMA!»

Nach dem Mittagessen kommt Bernd vorbei und fragt, ob ich noch Bücher brauche. Er hätte da noch einige Empfehlungen hinsichtlich Weltraumpsyche und Isolation. «Oder vielleicht Seelenbücher?»

«Danke, mein Lieber, ich habe noch.»

«Etwas mehr Licht täte diesem Zimmer gut, wa? Aber ist auch so irgendwie gemütlich.»

Mehr als ein kurzes Grinsen habe ich nicht zu bieten.

«Weißt du», sagt er und macht sich so breit es geht, wie um seiner Erklärung noch mehr Gewicht verschaffen zu wollen, «in der Raumfahrt kennen wir das Problem des sogenannten Three-Quarter-Downs. Gemeint ist der Tiefpunkt kurz vor dem Ende einer Mission. Seltsamerweise kommt nämlich die schwierigste Zeit, wenn man das Ziel schon fast sehen kann, aber immer noch lange unterwegs sein muss, also nach drei Vierteln der Reise. Dieses Loch gilt es zu überstehen, Genosse.»

Er geht einmal ums Bett und klatscht mir mit seinen Bärenhänden auf die Backe.

«*Derzhis*», sagt er und lacht, «wie man auf Russisch sagt. Das Wort habe ich auch erst während meiner Isolationsstudie gelernt.»

«*Derzhis?*»

«Ja. Soll heißen: Halte durch! Und merke dir: Der Pessimist ist der einzige Mist, auf dem nichts wächst!»

Zum Mittagessen gibt es eine Kugel Eiscreme als Nachtisch. Ich esse langsam und lasse die Kälte in meinem Mund schmelzen, bis nur noch warmer Zuckerbrei übrig bleibt. Später telefoniere ich mit den Damen vom anderen Flur, ohne große Neuigkeiten zu erfahren. Immerhin bekomme ich von Angela den Tipp, mir die Weltraum-Science-Fiction-Serie *The Expanse* anzuschauen, was ich prompt im Bingewatch-Modus erledige. Ohne, dass ich es merke, vergeht so der Nachmittag.

Ich darf mich nicht gehenlassen und raffe mich auf, endlich zu duschen. Dagmar ist eine der Pflegerinnen, die wie Klara erst in der Liegephase angefangen haben. Die gute Seele ist die älteste von uns allen, ein kleines, ungefragt glückliches Fräulein mit knallrot gefärbten Haaren. Sie bringt mich in die Dusche, holt mich wieder ab und schiebt mich zurück ins Zimmer. Ihr Vater sei ein großer Witze-Fan gewesen, sagt sie, als ich von der Transportliege zurück ins frischbezogene Bett robbe, sogar auf seinem Sterbebett habe er noch Witze erzählt. Ob ich einen hören wolle?

Ich nicke. Dagmar verschwindet und kommt mit einem DIN-A4-Blatt zurück. In riesigen Buchstaben und auf breiten Zeilen steht dort der Witz. Dagmar stupst sich ihre Brille von der Stirn und beginnt zu lesen, liest so langsam und monoton, als sei der Witz in einer Sprache geschrieben, die sie nicht versteht, einer Sprache, deren Verlautbarung sie mit jedem neuen Wort neu erraten muss. Der Witz dauert ewig. Die Kurzversion: Ein alter Mann in Amerika, ein Araber, ruft seinen Sohn im Irak an. Er braucht Hilfe im Garten, der umgegraben werden muss. Doch der Sohn kann und will nicht kommen, hilft aber trotzdem, indem er beginnt, von Bomben zu erzählen, die im Garten verbuddelt sind. Der alte Mann versteht nicht. Dann klingelt es, und es sind das FBI und die CIA, die den gesamten Garten nach der Bombe umgraben. Sie finden nichts. Als sie abgerückt sind, ruft der Sohn seinen Vater an und fragt: Und, ist der Garten jetzt umgegraben oder nicht?

Dagmar faltet das Blatt zusammen und schiebt sich die Brille zurück auf die Stirn.

«Das ist der unlustigste Witz, den ich jemals gehört habe, Dagmar, aber trotzdem danke. Bringst du morgen einen anderen mit?»

Sie versteht nicht.

«Muss ich ja wohl, den Garten-Witz kennst du ja jetzt schon!»

Als ob man extra auf Dagmars bombastische Witzeshow gewartet hätte, bekommen wir heute zum ersten Mal einen neuen Fragebogen ausgeteilt. Ich stelle mir vor, wie Bernd ob solcher rudimentären und unbrauchbaren Forschungsmethoden den Kopf schüttelt. Es ist ein Depressionsfragebogen. Ob ich mich einsam fühle, einsamer als normal, verstärkt suizidal, traurig, beansprucht, zu beansprucht, wertlos? Ob ich weniger Lust auf Sex habe? Weniger Appetit? Weniger Lust auf Menschen?

Rund vierzig solcher Fragen.

Das Dreiviertelloch: Es ist wohl eine erwartbare Angelegenheit.

Ich lese bei wiederhergestelltem Normallicht. Mein Zimmer wirkt so unverbindlich, dass es mich blind macht. Den Augen fällt es schwer, sich zu fokussieren. Wenn ich vom Buch aufblicke und in den Raum schaue, schieben sich die Ränder leicht ineinander. Ich wiederhole es ein paar Mal. Es geschieht immer das Gleiche. In der Ferne, im Blaugrün des durchwölkten Fensters, verschwimmt eine Welt, von der ich nicht weiß, was sie sein könnte, selbst wenn ich sie zu fassen bekäme.

Mit geschlossenen Augen überlege ich, ob ich vorne Bescheid geben soll oder nicht. Augen, Ohren, der Körper, Gedanken: alles Hindernisse.

Ich beichte. Jedenfalls kommt es mir so vor wie eine Beichte. Doc Frida schickt mich sofort zum Augentest. Die beiden Augenleute müssen extra geholt werden, zum Glück haben sie gute Laune. Eine Stunde lang versuchen wir, herauszufinden, wie der Jäger von Bugs Bunny heißt. Ergebnis der Untersuchung: Verschlimmerung des Scheißauges auf Stufe zwei. Alles ist nur noch Loch. Und der Sehnerv, denke ich, locht da drinnen und bewegt sich nicht.

Um für mich allein zu sein, frage ich nach der Bettpfanne. Chris muss es mitbekommen haben. Er lässt sich von Jeremy in mein Zimmer schieben und überreicht mir grinsend den Unterschieber. «Hab ich schon mal etwas vorgewärmt, damit du dich nicht erschreckst, wenn es so kalt wird hinten», sagt er und überreicht mir die Pfanne wie einen Schlüssel zur Stadt. Er hat es geschafft, vier Klopapierrollen in die Rundung zu quetschen. Immerhin: Am Boden der Schüssel finde ich ein braunes Herzchen, das er für mich gemalt hat.

Nachdem er Chris fortgeschoben hat, rufe ich Jeremy zurück und probiere einige Lichtarrangements aus. Er läuft hin und her und knipst an und aus. Die Lampe am Schreibtisch ist zu hell, aber das kleine Licht in der Nähe des Eingangs ist das wärmste des Raumes. Zusammen mit dem hart runtergedämmten Deckenlicht und dem grünen Seeschimmer des Fensters, welches das noch vorhandene Stationslicht gleichzeitig aufgreift und in einer anderen Dimension zu verstecken versucht, ist die richtige Stimmung hergestellt. Der Raum ist ein Aquarium, das Bett meine Badewanne. Noch einen Schritt weiter – Räucherstäbchen, Wasserfallmusik, Séancen –, und es bliebe nur noch transzendente Ohnmacht. Weiß, nackt und schwammig schiebe ich mich auf die kalte Pfanne. Ich mache mir Musik an und gehe dreimal nicht ans Telefon, weil ich weiß, dass es Chris ist, der sich erkundigen will, wie es so läuft. Ich stöpsel den Anschluss aus, und das war's.

Bald bin ich weg. Auf der Bettpfanne schwebend, träume ich mich weit hinaus, dorthin, wo alles nur vorbeizieht und, wenn überhaupt, den Anschein macht. Ich erinnere mich an den Atem aus der Röhre. Tief unten in meinem Zwerchfell finde ich den weißen Strom und lege mich zu ihm.

Erst als ich tatsächlich in die Pfanne scheiße, komme ich zurück.

Der Gestank macht die Stimmung kaputt. Das war's. Ich nehme den Spiegel, wische mein Arschloch sauber, werfe alles in die Pfanne und sage es laut in den Raum: Adieu!

Woche Sieben

47. Liegetag

Noch 19.016.344 Kilometer bis zum Mars

Erst, als mir Thorsten die Blutdruckmanschette wieder abklettet, wache ich auf. Ich kann nicht atmen. Mit weit aufgerissenem Mund liege ich in meinem kalten Bett wie ein Fisch an Land. Im rechten Ohr hämmert das Blut. Meine Zunge ist staubtrocken, ich frage nach der ersten Trinkflasche des Tages, nach den Nasentropfen sofort. Das Otriven brennt meine Nase frei, den heraufgezogenen Rotz spucke ich zäh in die Zahnputzschüssel. Wie viele Tage noch? Wie viele Wochen und Monate und Jahre? Ich versuche die Rückenlage zu meiden, da mir der Kopf zu dröhnen beginnt, wenn ich nach oben starre. Zusammengerollt sehe ich mich all diese Tagesdinge tun, die störrischen Unabdinglichkeiten der Morgenroutine, und stecke in meinem Kopf wie hinter Panzerglas – eine Wand, die mich entweder schützt oder einsperrt. Ich wohne in mir. Einmal als Ich, das immer da ist, als beständiger Grund, und einmal als Auch-Ich, das ab und zu wohnen kommt und stumm hinter der Scheibe hockt. Schwerfällig bewegt sich die Zeit. Ich lehne meine Köpfe an die Scheibe, meinen treuen Freund. Wie viele Tage und Monate, wie viele Jahre noch?

Unter der Decke hole ich meine Beine hervor. Die Wadenhaut kann ich bis an den Knochen drücken, es ist nicht mehr viel übrig. Die Schienbeinkante ist so scharf wie ein Messer. Ich reibe am Knochen hinunter, lege die Beine übereinander und bestaune meine dünnen Finger. Auf den Brustkorb gelegt, spüren sie unter dem Fett die weichen Rippen, darunter die Lunge, der Schleim, das keuchende Herz.

Wie viel, frage ich mich, könnte ich von diesem Körper verlieren und immer noch ich selbst bleiben? Wie viel Stofflichkeit gehört zu meinem Ich-Bewusstsein, das sich nirgends lokalisieren lässt? Beide Beine? Die Arme? Die Lippen, der Kehlkopf oder der Hörsinn? Nein, selbst ohne alle Sinne, die mir die durch den Körper gewalkte Welt zuspielen, wäre ich noch immer vorhanden.

Aber ohne Gehirn?

Ohne Gedanken?

Braucht die Seele einen Körper?

Gibt es keinen Gott ohne Neuronen?

Daniela hat Geburtstag. Sie wird 32. Ich weiß nicht, wie und warum, aber einer ihrer beiden Geburtstagsballons hat es in mein Zimmer geschafft. Da hängt sie, mit halbzerknülltem Tesa an der Wand befestigt, eine festliche Zwei.

Zweimal Ich, denke ich.

Vor und hinter der Wand aus Glas.

Den gesamten Vormittag Experimente und Untersuchungen, als gäbe es bei mir was zu holen. Bleierne, verstummte Zeit. Am Nachmittag nichts zu tun. Zu müde, um zu lesen, schalte ich den Fernseher ein. Es ist tatsächlich möglich, von mittags bis abends Menschen beim Kochen zuzuschauen. Gibt es Menschen, die so was gucken und dann nicht kochen, die einfach nur zuschauen, wie die so permanent wie sinnlos drauflosquatschenden Köche die geistlos filetierten Fleischlappen in die brutzelnden Pfannen kippen? In einer anderen Sendung fällt der Ausrufesatz «So viele Tränen bei Bauernreporter Ralf!». Ich schaue die *Simpsons* in der deutschen Synchronisation. Auf den dritten Programmen ziehen Reporterinnen und Reporter mit gutnachbarlichem Grinsen und korrekter Frisur kreuz und quer durch die Republik, um mit Menschen zu sprechen, die in ihren Schuppen Sammlungen von Gartenzwergen, Arbeitsgerät aus dem 18. Jahrhundert oder verschiedenen Kartoffelsorten unterhalten. Mittendrin immer wieder Szenen, die Bernd für sein Autonomic Response Pattern benutzen könnte. Hinter jedem weitergeschalteten Kanal lauert der gigantische Horror der Reality-TV-Shows. Menschen kaufen ein, ziehen sich an, schreien, verzeihen, treten in unbequemen Schuhen und hässlichen Pullis vor die Kamera, daddeln herum. Sie heulen oder lachen wie Maschinen.

Um mich vom Fernsehen abzulenken, betreibe ich Prokrastination auf YouTube. Ich finde den Mathematik-Kanal eines Mathe-Fuzzis namens Christian Spannagel. Vom Sieb des Erathosthenes gehe ich nahtlos über zum Satz des Euklid. Ich kopiere das Video und schicke es Felix, der mittlerweile eingeweiht ist.

Er versteht es sofort. «Satz des EuGLIED?»

Warum, denke ich, lässt man Idioten wie uns zum Mars fliegen?

Um mich von Christian Spannagel abzulenken, fummle ich an meinem Fieberthermometer herum. Warum misst es eigentlich nicht die Luft, nicht die 19 Grad im Raum? Ist Luft nicht? Hat Luft keinen Kontakt? Berührt Luft, berühren Sauerstoff- oder Stickstoffmoleküle nicht das Quecksilber des Thermometers? Haben sie denn keine fassbare Hülle, keine Wand? Ich klemme mir das Ding zwischen Daumen und Zeigefinger. 32,4 Grad. Wenn ich nur einen Finger dranhalte, bekomme ich immerhin 32,1. Stirn: 33,1.

Ich versuche, die Antwort im Internet zu finden, und lande bald auf einer Wissenschaftsseite für Kinder. Wie funktioniert ein Faxgerät? Wie funktioniert ein Pumpspeicherkraftwerk? Wie funktioniert ein Dudelsack, ein Dampfkochtopf? Es kann mir niemand weismachen, dass irgendjemand weiß, wie ein verdammtes Pumpspeicherkraftwerk funktioniert!

Doc Frida hört sich an, was alles nicht in Ordnung ist; es ist fast so, als gerate ich über meine leiblichen Unzulänglichkeiten ins Schwärmen. Sie habe keine andere Wahl, urteilt sie, als mir Cortison zu verschreiben.

Es ist mir herzlich egal. Oder heißt es herzhaft egal? Solange die Nase einigermaßen frei und mir der Atem bleibt, der sich unangetastet durch den Körper-Ranz kämpft, können sie in mich hineinschütten, was sie wollen.

Das Telefon klingelt. Es ist Chris.

«Was für ein Sternzeichen bist du?», fragt er.

«Schütze. Doppelter Schütze, also mein Aszendent oder wie das heißt, ist auch ...»

«Jaja, schon gut.»

Ich höre, wie er extra laut in seinem Schiffsknotenbuch blättert. Er räuspert sich.

«Hier in deinem Horoskop steht, dass du behindert bist.»

Ich lege auf.

Lange kichere ich in mein Kissen.

Verdammt, der war gut, richtig gut. Ich muss mir was einfallen lassen.

48. Liegetag

Noch 18.360.608 Kilometer bis zum Mars

Das Erste, was Amir mich fragt: ob ich noch wisse, dass ich letzte Nacht dreimal vorne bei ihnen angerufen habe? Zunächst halte ich das für einen Scherz. Aber dunkel dämmert es mir, dass ich eine seltsame Nacht hinter mir habe.

«Einmal», sagt er, «hast du gesagt, wir sollen uns auf jeden Fall um die Blumen kümmern. Das zweite Mal hast du nach einer Urinflasche gefragt und das dritte Mal auch, obwohl du die zweite noch hattest. Und du musstest überhaupt gar nicht pinkeln.»

«Und die Blumen?»

«Haben wir uns natürlich drum gekümmert, kein Problem.»

Er greift in die Tasche und überreicht mir meinen Medikamentencocktail. Antibiotika, Vitamin D, Cortison, die Tropfen für Ohr und Nase.

«Für einen Kaffee würde ich töten», sage ich, «einen schwarzen, starken Kaffee, pures Robusta, so heiß, dass es den Gaumen versengt mit dem Geschmack verbrannter Erde, mit allem, was an Sonne und Wind und brütender Hitze in die trockene Bohne getrieben wird, ich würde töten, selbst dich!»

Der arme Amir schaut mich entsetzt an.

Ich muss ihn beruhigen und erklären, dass dies nur ein Scherz war. Der Einzige, den ich für Kaffee töten würde, wäre Chris.

Ein riesiger Klecks des morgendlichen Quarks landet erneut auf meiner Matratze. Ich komme auf die Transportliege. Mir ist kalt. Das Bett muss neu bezogen, das Laken eingewogen und das Frühstück neu angerührt werden. In den Augen der Blauen meine ich eine Frage zu lesen: Ist er ein Saboteur? Macht er das jetzt mit Absicht?

Ich rotze mir die Nase, so hart es geht.

Es kommt nichts.

Trotzdem ist alles zu, und ich kann nicht atmen.

Ich komme mir verarscht vor.

Es klopft an der Tür. Es ist Dagmar, der Selbstverständlichkeit halber nur noch Dagi genannt. Sie hält einige Blätter hoch und wedelt mit ihnen herum.

«Fritzchenwitze oder was mit den USA?», fragt sie.

«Fritzchenwitze morgen. Ich bin gespannt.»

«Okay», sagt sie und stellt sich so nah ans Bett, dass die Blätter fast über meinem Gesicht schweben. Wenn ich den Kopf nur ein wenig anheben könnte, würde ich sie berühren. Mit ihren roten Haaren sieht Dagi aus wie die Priesterin eines prekären Waldgeister-Kultes, die letzte Salbungen in einen Sarg spricht.

«Okay. Also. Es ist ein Montag in Texas, USA. Einige Cowboys sitzen abends zusammen und langweilen sich. ‹Machen wir uns einen schönen Abend›, sagt einer, ‹und lass uns Bratkartoffeln machen.› ‹Oh yes›, sagen die anderen. Sie braten sich Bratkartoffeln, aber ein grünes Männchen springt aus dem Gebüsch und isst ihnen all ihre Bratkartoffeln weg. Die Cowboys schießen auf das grüne Männchen, aber treffen es nicht. Am nächsten Tag, am Dienstag, sitzen die Cowboys abends wieder zusammen und langweilen sich. ‹Machen wir uns einen schönen Abend›, sagt einer, ‹und lass uns Bratkartoffeln machen.› ‹Oh yes›, sagen die anderen. Sie braten sich Bratkartoffeln, aber ein grünes Männchen springt aus dem Gebüsch und isst ihnen all ihre Bratkartoffeln weg. Die Cowboys schießen auf das grüne Männchen, aber treffen es nicht. Am nächsten Tag, am Mittwoch, sitzen die Cowboys abends wieder zusammen und langweilen sich. ‹Machen wir uns einen schönen Abend›, sagt einer, ‹und lass uns Bratkartoffeln machen.› ‹Oh yes›, sagen die anderen. Sie braten sich Bratkartoffeln, aber ein grünes Männchen springt aus dem Gebüsch und isst ihnen all ihre Bratkartoffeln weg. Die Cowboys schießen auf das grüne Männchen, aber treffen es nicht. Am nächsten Tag, am Donnerstag, sitzen die Cowboys abends wieder zusammen und langweilen sich. ‹Machen wir uns einen schönen Abend›, sagt einer, ‹und lass uns Bratkartoffeln machen.› ‹Oh yes›, sagen die anderen. Sie braten sich Bratkartoffeln, aber ein grünes Männchen springt aus dem Gebüsch und isst ihnen all ihre Bratkartoffeln weg. Die Cowboys schießen auf das grüne Männchen, aber treffen es nicht. Hörst du noch zu?»

«Oh yes, oh yes, um alles in der wiederauferstandenen Welt!»

«Was? Na ja, Hauptsache, du hörst zu. Also gut, also, am nächsten Tag, am Freitag, sitzen die Cowboys abends wieder zusammen und langweilen sich. ‹Machen wir uns einen schönen Abend›, sagt einer, ‹und lass uns Bratkartoffeln machen.› ‹Oh yes›, sagen die anderen. Sie braten sich Bratkartoffeln, aber ein grünes Männchen springt aus dem Gebüsch und isst ihnen all ihre Bratkartoffeln weg. Die Cowboys schießen auf das grüne Männchen, aber treffen es nicht. Am nächsten Tag, am Samstag, sitzen die Cowboys abends wieder zusammen und langweilen sich. ‹Machen wir uns einen schönen Abend›, sagt einer, ‹und lass uns Bratkartoffeln machen.› ‹Oh yes›, sagen die anderen. Sie braten sich Bratkartoffeln, aber ein grünes Männchen springt aus dem Gebüsch und isst ihnen all ihre Bratkartoffeln weg. Die Cowboys schießen wieder auf das grüne Männchen, aber treffen es wieder nicht. Am nächsten Tag, am Sonntag, sitzen die Cowboys abends wieder zusammen und langweilen sich. ‹Machen wir uns einen schönen Abend›, sagt einer, ‹und lass uns Bratkartoffeln machen.› ‹Oh yes›, sagen die anderen. Sie braten sich

Bratkartoffeln, aber ein grünes Männchen springt aus dem Gebüsch und isst ihnen all ihre Bratkartoffeln weg. Die Cowboys schießen auf das grüne Männchen und treffen es diesmal!»

Dagi schielt über ihr Blatt.

«Das kleine grüne Männchen ist angeschossen und fällt auf den Boden. Die Cowboys gehen zu ihm und fragen: ‹Wer bist du?› Und das kleine grüne Männchen antwortet: ‹Ich bin das kleine grüne Männchen, das all eure Bratkartoffeln gegessen hat!›»

Stille.

«Dagi, Dagi», sage ich schließlich, «das ist ein großartiger Witz. Oh yes!»

Sie lacht erleichtert.

«Ich hatte gehofft, er würde dir gefallen. Immerhin muss man so viel vorlesen.»

Nachmittagsbesuch von Doc Frida. Sie fragt nach Nase, Hals, Ohr, Kopf, sogar nach meiner Stimmung. Ich erzähle ihr, dass Dagi gerade da war und einen Witz von einer kompletten A4-Seite abgelesen hat.

«Fritzchenwitz?»

«Neee, USA. Pass auf, in Texas sitzen ein paar Cowboys ...»

«Bestimmt sehr lustig», unterbricht sie mich, «aber das hier wird dich wirklich erheitern.»

Sie überreicht mir einige Fotos, die sie vor ein paar Tagen von uns gemacht hat, um den Verlauf unserer runden, dickbackigen Gesichter zu dokumentieren, die berühmten Puffyfaces und Hefekloßgesichter der Weltraumfahrer.

Ich schaue mir die Fotos an. Meinen kugelrunden Saumagenesserkopf, dabei gibt es nur gesundes Essen. Der Kugelfischkopf, dabei ist das hier kein Aquarium. Doc Frida sagt: «Christoph fragte, ob ich ihm ein Foto von dir kopieren könnte. Er übt ja das Schießen mit dem Gummiband und will es sich an die Wand kleben. So albern und doof ihr manchmal auch seid, das fände ich fast schon witzig.»

Den ganzen Tag Experimente und Untersuchungen. Docking, Knochendichtemessung, Herzuntersuchung, Augentests, Fragebögen. Ich weiß nicht, wie oft ich das alles schon gemacht habe, weiß nur, wie oft ich es noch machen werde: bis in alle Ewigkeit. Kurz vor dem Abendessen dann noch das «Farbe-oder-Form-Experiment», das einen anderen Namen hat, den wir alle schon vergessen haben. Es geht um Farben und Formen. Wir bekommen zwei Knöpfe auf den Bauch gelegt, einen für links und einen für rechts. Über unserem Kopf schwebt ein Bildschirm. Unsere Aufgabe ist simpel. Erscheint ein Kreis oder die Farbe Grün, müssen wir, natürlich nach entsprechender Frage, den linken Knopf drücken. Erscheint ein Dreieck oder die Farbe Blau, drücken wir rechts. Die Aufgabe geht folgendermaßen: Gleichzeitig erscheinen eine Farb- und Formkombination und die Aufforderung FARBE oder FORM auf dem Bildschirm. Wird bei einem blauen Kreis nach Farbe gefragt, müssen wir rechts drücken, bei einem grünen Dreieck links usw. Die ersten zehn Versuche sind einfach. Die nächsten 50 auch. Farbe oder Form, Farbe oder Form, links, rechts. Jedes Mal, wenn man richtig liegt, ertönt ein Glückston wie in einem Computerspiel. Ein Glückston nach dem anderen. Farbe oder Form. Form Dreieck rechts, Farbe Grün links. Kling, kling! Eine Aufgabe nach der nächsten. Grün und Kreis links, easy, Dreieck und Blau rechts, easy. Links Dreieck Form Kreis. Einhundertmal Kling und immer noch neue Aufgaben. Wie lange soll das Ganze dauern? Dann der erste Flüchtigkeitsfehler. Form Kreis rechts falsch. Es macht MÖÖÖP und geht weiter. Fünf Minuten. Zehn Minuten. Links Farbe Dreieck Form rechts Form Dreieck. Links links rechts links. Ich liege und starre auf den Bildschirm. Irgendwann drückt das Gehirn von alleine, aber richtig. Form oder Farbe, zweihundertmal, der zweite Fehler, MÖÖP, der dritte nur zehn Farb-Formen danach. MÖÖÖÖÖÖÖÖÖP. Kreis Blau rechts links. Farbe. Form. Grün. Nach jedem Kling denke ich, jetzt muss die Übung vorbei sein. Dreihundertmal Kling und Farbe und Dreieck oder Kreis links rechts. Wie lange liege ich schon hier und drücke? Eine Stunde, alle Stunden? Jedes Kling eine Hoffnung. Mittlerweile sehe ich weder Form noch Farben, ich sehe eine bunte Schwärze, kling, kling, ein Dreieck, es ist falsch, es macht MÖÖÖP, dann wieder kling, Farbe oder Form, Dreieck links richtig.

Kling, kling, kling, MÖÖÖP.

Als die Übung vorbei ist, bin ich schon lange nicht mehr da.

Dhia-K ruft mich an und fragt, wie viele ich falsch gemacht habe.

«Nur zwei», lüge ich.

«Ich nur einen», lügt er.

Das Licht im Fenster. Das Licht im Fenster, als sei es eine festgeschriebene Größe. Das Licht im Fenster besitzt kein Zentrum, nichts, aus dem es entspringt. Die Scheibe ist ein weißer Nebel und besitzt keinen Ort. Sie erfindet sich das perlende Grün, das sich in alle Richtung streut, das von oben nach unten rieselt und von unten nach oben, wahrendes, singendes Licht, was soll man anderes sagen als: das singende Licht im Fenster. Es dringt in meine Brust, durch die Augen fällt es in mich hinein, pfauengrün und federkleidgelb, ein Schimmer, nur noch verschneite Punkte im Irgendwo meines Innern, bevor alles verpufft und sich aufmacht ohne ein Wort des Abschieds.

Ich muss alles aufschreiben, sonst ist alles weg. Ich schreibe:

Durchs Glas des Auges zurück in den Raum. Die versöhnlichen Farben aus der Tiefe der Station. Das, was man hat sagen wollen, Kristalle sich brechenden Lichts, anonym, bevor es der Stift niederschreibt und beendet, der Stift, den ich mittlerweile in der Hand halte, das Blau, das Grün, die Farben, der Nebel, das Schimmern mitten im Zimmer – die Kraft! Wäre Barmherzigkeit ein Wort für diesen Zauber, so wie der Wind ein Wort für die Liebe wäre? Für die Schönheit, die nicht kleiner werden kann, als sie ist, wenn es abenddämmert auf einer Erde oder auf einem Raumschiff oder auf dem Mars, dem noch niemand gesagt hat, dass es dämmern kann, der Mars noch ohne Augen und Traum und Erinnerung, leer und ohne ein Bewusstsein, welches ihm flüstert: Deine Farben sind schön. Das sind dein Rot und dein Staub, dies ist dein Morgen. Wasserfarben von der Tiefe kommender Tage, jetzt gehören sie dir!

Doch sobald sie da sind, verschwinden sie. Als habe man eine Decke über sie geworfen, ersticken die Farben; mit einer einzigen Geste wohnt die Nacht im Zimmer. Das Fenster erloschen, so dunkel und kalt, dass endlich Leben darin entstehen könnte, denn eines ist so sicher wie die Umlaufbahn des Mars um die Sonne: Das Nichtleben führt zu Leben und das Leben zu Nichtleben. Das ist der ewige Kreislauf, der hier und heute aufs Neue beginnt, da er nicht enden kann.

Der Rollladen surrt herunter.

Ich schließe die Augen.

Das Telefon klingelt, es ist Dami: «Hier, jetzt sehe ich es auch. Ich fühle mich wie in einem Aquarium, in dem man atmen kann.»

49. Liegetag

Noch 17.704.872 Kilometer bis zum Mars

Im großen Dämmern des Raumes kacke ich auf der blitzenden Pfanne.

50. Liegetag

Noch 17.049.136 Kilometer
bis zum Mars

Amir hat die gesamte Woche Nachtschicht, flüstert mir sein durchsichtiges «Guten Morgen» und sagt so, dass ich es kaum verstehen kann: «Wieder dreimal angerufen in der Nacht. Aber es ist gut, ich darf ja eh nicht schlafen, so habe ich wenigstens noch Unterhaltung außer Netflix.»

Ich schaue auf Damis Uhr. All diese Zahlen und Stunden und Tage, die keine Wirklichkeit besitzen. Das Zimmer ist ein sprachloser Bruder, der Weltenraum ein stummer Gesang. Könnte ich doch aus dem Fenster sehen, wie nahe wir dem Mars bereits gekommen sind. Mittlerweile müsste er stärker leuchten als die hellsten Sterne über der Erde.

Meine Haut juckt, das Gesicht, die Schläfen. Überall haben sich rote Pusteln gebildet auf der ausgetrockneten Haut. Die Kopfhaut schuppt in großen Flocken auf die babyblaue Matratze. Ich schäle mich.

Das Fenster trostlos und bieder.

Eine halbe Stunde lang starre ich in die Kamera direkt neben meinem Bett. In ihrer dunklen Haut kann ich mich spiegeln. So uneindeutig, dass ich mich nicht erkenne. Es könnte auch jemand anderes sein.

Der Fragebogen:
Stark? – Einigermaßen.
Verärgert? – Einigermaßen.
Wach? – Einigermaßen.
Gereizt? – Einigermaßen.
Begeistert? – Einigermaßen.
Stolz? – Einigermaßen.
Ängstlich? – Einigermaßen.
In Gedanken setze ich hinzu:
Einigermaßen? – Na ja.

Auf das leere, weiße Blatt des Zimmers schreibe ich weiterhin meine Gedichte, die keine sind. Kurze, hinter die Stirn gezogene Funken, die aufrauschen, sofort verbrennen und für immer verschwinden. Eine Nomenklatur der unberührten Tage. Wie immer fast nur Titel. Ader. Weiß. Kasten. Sprach. Arche. Gebiet. Unter «Kalt» lese ich:

auf der einen seite nichts
auf der anderen seite dies

Und in «blau» heißt es:

Als Wort nur
sengt es den – – – G l a n z – – – deiner Augen
in den entflammbaren Ring.

Klara schreibt. Es ist eine lange E-Mail. Sie beschreibt die italienische Kleinstadt, in welcher der Frühling alle Stunden und Straßen überschwemmt, über eine ganze Seite lang und in allen Details. Für ihr Fazit braucht es jedoch nur einen einzigen Satz: Es ist wunderschön. Es folgt ein langes Zitat von Carl Sagan:

«Aus der Entfernung betrachtet, scheint die Erde nicht besonders bedeutsam zu sein. Für uns Menschen ist es jedoch völlig anders. Denken wir doch einmal über diesen Punkt nach! Dieser blaue Punkt im All ist hier, er ist Zuhause, er ist wir. Jeder Mensch, den Du liebst, den Du kennst, von dem Du jemals gehört hast – jeder Mensch, den es je gegeben hat, lebte hier, auf diesem Punkt. All unsere Freude und unser Leid, Tausende von überzeugten Religionen, Ideologien und Wirtschaftstheorien, jeder Jäger und Sammler, jeder Held oder Feigling, jeder Schöpfer oder Zerstörer einer Zivilisation, jeder König oder Bauer, jedes junge Liebespaar, jede Mutter und jeder Vater, jedes hoffnungsvolle Kind, jeder Erfinder und Entdecker, jeder Moralapostel, jeder korrupte Politiker, jeder Superstar, jeder herausragende Herrscher, jeder Heilige und jeder Sünder in der Geschichte der Menschheit lebte hier – auf einem Staubkorn, erleuchtet von einem Sonnenstrahl.»

Ihre Mail schließt mit einer Frage: «Was sind die Bilder, die dir kommen, wenn du an die Erde denkst? An das Staubkorn, auf dem du mich so allein gelassen hast?»

Ich schiebe den Monitor weg und starre an die Decke. Eine halbe Stunde liege ich so. Dann antworte ich.

«In Santiago de Cuba sitzt ein Mann in der Calle Santa Rosa im kaputten Haus gegenüber und putzt sich die Zähne mit Wasser aus der Waschschüssel. Wir schlafen draußen auf dem Dach, es ist warm, wir hören Radio und warten auf den Straßenverkäufer, der das Brot bringt. – – – Zu Hause in Indien gehen meine Hündin Micrula und ich zum Meer. Es ist Vollmond. Am Strand der Geruch der Fischermänner, von Leder und Öl. Ich schwimme zu den ankernden Fischerbooten hinaus, folge dem weißen Ball am Himmel. Eine silberne, aus tausend tanzenden Lichtpunkten gezogene Spur liegt auf dem Wasser. Nirgendwo ist man so allein wie nachts im Meer. Ich ziehe mich in einen der Holzkähne und bleibe eine Weile liegen, wie ich in ihm lande, die Augen stumm in den Nachthimmel gerichtet. Der Atem bewegt das Boot. In glasigen Mondschein-Perlen hängt das Wasser an meinem Körper. – – – Auf dem höchsten befahrbaren Pass der Welt steige ich aus dem Jeep und blicke hinauf in den Himmel. Das nächste Licht der Zivilisation ist ungezählte Meilen entfernt. Ich nehme die Mütze vom Kopf. Über mir stehen Zehntausende Sterne in allen Farben und mehr, so nah, als könne ich sie pflücken, als brauche es nur einen Schritt, um die Erde zu verlassen und sich an diese Lichter zu hängen. – – – Mein großmorgendliches Kairo. Der Aufstieg zur Ibn-Tulun-Moschee durch das islamische Viertel, die dicke Luft voller Benzin, Malz und Zucker, der zehnjährige, knorpelohrige Junge, dessen Nase sich am Strahl eines Lötkolben verbrannt hat, der nach Arak riechende Barbier, die dunkle Frau, die Wäsche vor eine weiße Sonne hängt. Eine Katze springt aus dem ersten Stock auf einen Karren mit gebratenem Mais und Süßkartoffeln, von denen man den Teer kratzen muss. Jemand singt. Jemand schreit. Das Minarett der Ibn Tulun mein Hochsitz, meine Meditationskammer, mein Konzertsaal. – – – In Griechenland auf dem Meer. Die Namen der Inseln merke ich mir nicht. Gedichte an den dionysischen Kelch, die schäumenden Buchten, aus denen Aphrodite hervorsteigt, die Worte des Hesiods, heute noch so wahr wie alles, was ewig ist. Das Licht brennt die Gottheit auf die Lippen und bleibt. Das Salz bleibt und der Wind und die Minze im Frühling. Mehr dürfte es nicht geben. – – – In Sri Lanka steigt mitten in der Nacht eine Schildkröte aus dem Meer. Sie durchquert den hellen, blauen Strand, schlägt sich ins Gebüsch, vergräbt dort ihre Eier. Als sie zurückkehrt, liege ich eine Weile neben ihr. Sie weiß, dass ich da bin, und sagt nichts und wartet. – – – In Los Angeles sehe ich eine Mutter in einem Auto. Sie hält an einer Ampel und weint, während der Sohn auf seinem Handy spielt. – – – In New York stürzen die Menschen die unerreichbaren Häuserschluchten hinauf und singen das schönste Lied, während sie fallen und fallen. – – – In Kalkutta brennen kleine Feuer vor den Zelten. Die fiebrig angeschwollene Sonne über dem Wasser des Hooghly, der die Blumen und die Toten vorantreibt. – – – In Varanasi stirbt ein Mann in meinen Armen. Unten am Ghat fährt ein Kind mit seinen Rollschuhen im Kreis. Gebete an Shiva, Parvarthi, das immerwährende Leben im Kommen und Gehen der Leben. – – – Ich sitze mit meinem Großvater am Hardangerfjord. Das Haus sieht aus wie ein Spielzeug. Ich brate uns Fisch, wir sind von Obstbäumen umzingelt. Das Gras ist warm, und der Fjord ist kühl. Die Kirschbäume riechen, und der Sommerregen schmeckt nach graublauen Tagen.

Und früher zu Hause im Dorf, im Haus am Wald, als wir Kinder waren, mein Bruder und ich, als das andere Baby noch klein war und auf dem Bauch schlief. Auf der Veranda sitzen die Großeltern in Baststühlen und sprechen von gepolsterten Möbeln. Vater misst den Kopfstein und tritt den Spaten in die Erde. Von seinen Ellbogen tropft der Schweiß. Die Zigarette drückt er so lange in den Aschenbecher, bis sie kalt ist. Mutter trägt einen Eimer Pflaumen in die Küche und singt mit den Händen. Mit meinem Bruder gehe ich den Bach hoch. Mein Bruder hat dicke Backen und gelbe Gummistiefel. Ich habe rote Gummistiefel und zu lange Haare über den Ohren. Am Bach ziehen wir die Gummistiefel aus. Wir haben versprochen, sie anzulassen, aber hinter der Hecke stellen wir sie unter den Nussbaum. Der Nussbaum schaukelt im Wind und atmet und macht Nüsse, die auf die Erde und in den Bach und in unsere Hände fallen.

Mit nackten Füßen steigen wir in den Bach. Das Wasser sticht hundert kleine Klingen in die Füße, dann wird die Haut größer und warm. Runde Steine, glatte Schiefern, Blattschiffchen. Dicke Erlen und Buchen, so hoch wie das Auge und breiter als Arme. Eichen, von denen man die Rinde knacken kann. Die Sonne fällt durch die Zweige und malt Licht auf die Erde, die überall Licht hat.

Wir gehen das Wasser hinauf und bücken uns unter den Ästen hindurch. Das Wasser macht Geräusche unter den Füßen. Wir wollen weiter und so weit wir können. Links auf dem Hügel das Haus der Großeltern. Hier wohnt der andere Opa, der auch Opa heißt, und die andere Oma, die Omi heißt. Omi sagt Gedichte auf, wenn sie nachts nicht schlafen kann, *Herr von Ribbeck auf*

Ribbeck im Havelland und *Die Glocke*. Opa steht neben dem Heu und spuckt Kirschkerne in den Garten. Aus jedem Kirschkern wird ein neuer Baum wachsen, und bald hat Opa einen Garten voller Kirschbäume.

Wir gehen weiter, drücken die Äste der Erlen beiseite.

Dort, wo der Bach zu Ende ist, wollen wir ankommen, um weiterzulaufen. Wir haben einen Rucksack mit Brot und Limo, und unter uns glitzert das gelbnasse Laub. Ich habe einmal davon geträumt, als ich nicht schlafen konnte: Irgendwann ist der Bach zu Ende oben auf dem Berg, nach einem ganzen Tag im Wasser und Striemen an Hals und Händen von den Ästen. Wir stehen oben und sehen das Meer, denn so viel Wasser kann nur aus einem Meer kommen, und aus dem Meer fließt es herunter zu den Menschen. Wir sind angekommen, zu Hause, einmal unten im Haus und oben am Meer, von wo aus es immer weitergeht, denn es kommen weitere Wälder und Täler mit weiteren Dörfern, weitere Häuser und andere Menschen immer, sie tragen andere Namen, aber eigentlich sind es immer dieselben Namen, und sie alle starren aus Augen und bewegen denselben Mund mit unterschiedlichen Erzählungen, neue Worte, die der Tag rollt und die Nacht verheimlicht und die man sammelt wie Beeren. Überall spaziert man den Bach hinauf und hinunter, und die Sonne fällt durch die Zweige und malt Licht auf die Erde, die überall Licht hat.

Wenn du nach Sizilien kommst, Klara, fahre nach Ragusa Ibla, es war mein Lieblingsdorf. Streichel die dicke braune Katze am Brunnen. Bestell dir einen Kaffee und grüß sie von mir, die Handrücken begehbarer Kiesel, die abgebrannten Zigaretten in den Gesichtern der Alten und auch die Dächer, die warmen Ziegel, die das Dorf herunterwehen bis zum Meer.»

Ich rufe Dhia-K an, der nicht drangeht, dann rufe ich Chris an.

«Was sind Affe plus behindert auf der Zentrifuge?», frage ich.

Es kommt keine Antwort.

Nach langem Schweigen höre ich ein Stöhnen.

«Ich weiß es nicht, ist mir auch egal.»

So weit ist es gekommen. Chris ist zu müde, um sich eine blöde Antwort auszudenken.

Doc Frida schaut sich meine Pusteln an, stellt mir unzählige Fragen und beschließt, mir eine Feuchtigkeitscreme zu verabreichen und das Cortison abzusetzen. Pillen gegen die Krankheit und Pillen gegen die Pillen. Ich reibe mich ein, eine Ölung des stillgelegten Körpers, und triefend geht es weiter.

Anscheinend nicht absetzungswürdig: die tägliche Augenuntersuchung. Konzentriert starre ich auf einen grünen Punkt, der entweder links oder rechts auf dem neuen Gerät erscheint, das mir heute zum ersten Mal über den Kopf gestülpt wird. Ich halte diesen Punkt, als ginge es um mein Leben. Dann trifft mich ein Blitz, ein greller Sturm, als würde ich mit der Schießpulvertechnologie des 19. Jahrhunderts fotografiert. Ich drücke die Augen zusammen. Alles weiß. Alles ausradiert. Langsam aber drängen von allen Seiten Farben heran und umschließen den weißen Fleck meines Auges; ein lila Ring nebelt um den kreisrunden Aufgang der Welt. Ein Königsfischerblau! Ich falle in diese Farbe, die nun als hellblauer Ball in die Ferne fließt – und schließlich in der satten Schwärze des Alls verschwindet.

«Noch mal», sage ich. Das sinkende Blau. Das Monochrom. Noch mal!

Aber die Sitzung ist zu Ende.

Zurück in meinem Zimmer, schaue ich mir Fotos dieses phantastischen Planeten an, des letzten Außenpostens unseres Sonnensystems. Ich habe mich nicht getäuscht: Es war Neptun, der sich mir während der Augenuntersuchung gezeigt hatte. Der kälteste und, nach Jupiter, wahrscheinlich schönste Planet, den man als Schöpfer in den Himmel malen kann, Herrscher der dort draußen strömenden Meere, gasblau wie die Iris. Eine Farbe voller Klang. Ich öffne den Laptop und höre die Planetensymphonien von Gustav Holst. Den Neptun nannte er nur: den Mystischen. Ich besuche auch die anderen Planeten, aber es bleibt dabei: Von allen Planeten hat Holst ihm die schönste Melodie gewidmet, eine einzigartige Sehnsucht, Neptun da draußen so kalt wie eintausend Monde.

Antwort von Klara:

«Ich verstehe dich gut. Aber irgendwann wirst du wieder hier sein auf der Erde und zurückkommen, wirst wieder in Italien sein. Jetzt aber konzentriere dich auf den Mars, du weißt, dass es nicht mehr lange dauert. Und auch er hat einen Boden, und überall, wo der Mensch stehen und träumen, wo er atmen kann, da ist er zu Hause. Ich grüße das Dorf von dir und die Katze.»

Beinahe hätte ich geantwortet, dass man auf dem Mars nicht atmen kann. Außer drinnen. Drinnen wie in diesem Raumschiff hier.

Ich lasse es sein.

Und überhaupt, von mir aus können wir den Mars liegen lassen und weiterfliegen. Er ist zu steif und real, sein kriegerisches Rot kommt mir nur noch fremd vor. Aber über den kilometerdicken Wolken- und Gasschichten des Neptuns, verdammt, da ließe sich schweben!

Ich fahre die anderen besuchen.

Aber nichts. Niemand will.

Die ganze Station ist in einen tiefen, tiefen Schlaf versunken.

Der Rollladen wird runtergefahren. Der Laden ist dicht, sage ich laut. Dann noch etwas lauter: DER LADEN IST DICHT. In zehn Minuten, wenn das Licht ausgeht, werden wir nur noch schlafen oder grübeln können, und ich bin hellwach.

Ich erschrecke mich fast, als es an der Tür klopft. Es ist Valentin. Letzte Woche haben wir mit ihm in langen Ultraschallsitzungen Aufnahmen von der Kontraktionsfähigkeit unserer Herzen gemacht. Er wedelt mit einem USB-Stick und sagt: «Ein Geschenk!»

Er wirft ihn mir zu und verschwindet. Ich kopiere die Videos auf den Computer und sehe, in gelben, blauen und roten Farbsegmenten, mein Herz schlagen. Es sieht aus wie der Muskel eines Tieres, mein autonomes, bildgebendes Herz. Das hindurchrauschende Blut, das so perfekt orchestrierte Öffnen und Schließen der Klappen und Höfe, die Schläuche, Kanäle und Bahnen. Ohne mein Zutun pumpt dieses Herz, und ohne mein Zutun wird es aufhören zu pumpen. Eine große Gottheit aus nassem Fleisch. Die vom roten Lebenssaft umrauschten Herzklappen sehen aus wie die mit fader Luft vollgepumpten Werbefigürchen, die an den Fassaden US-amerikanischer Autohändler flattern.

51. Liegetag

Noch 16.393.400 Kilometer bis zum Mars

Im Fernsehen eine Aufführung der *Matthäuspassion*, inszeniert von Romeo Castellucci. Die Hamburger Deichtorhallen sind in eine riesige, weiße Bühne verwandelt worden, ein leerer Raum, ein Kokon – wie mein Raumschiff, in dem ich liege und wache und mir das Herz den tiefer gelagerten Kopf voller staubares Blut pumpt. Das Publikum starrt auf eine exorbitante Bühne und lässt sich die Leidensgeschichte seines Herrn Jesu vorspielen, das gesamte Œuvre von Verrat, Qual, Verspottung und Kreuzigung. Die Musiker und Schauspieler tragen den Menschen die eigene ungewisse Passion vor, sie singen und erzählen sich, allesamt im makellosen Weiß der Halle gekleidet, ihre eigene Geschichte, mit der sie tagtäglich lieben und scheitern – ihr Hamsterrad aus Glaube, Zweifel und Hoffnung.

Die Deichtorhallen sind groß genug, um Großes zu leisten. Nachdem der wunderbare Eingangschor verklungen ist – zwei Chöre paktieren mit einem gewaltigen Orchester –, begleitet der Zuschauer das Leben Christi, während auf der Bühne zuerst eine Büste des Kaisers Tiberius platziert wird, jenes Herrn, der einst einem gewissen Pontius Pilatus in Judäa das *ius gladii*, das Recht über Leben und Tod, übertrug. Während Jesus unter seinen Jüngern isst und, in der Seelenruhe eines unsterblich gemachten Bildes, kundgibt, man werde ihn verraten, und während der Evangelist Judas seinen geschichtsträchtigen Auftritt vollzieht, genau hier, in der Ouvertüre des beginnenden Endes, erfahren wir auf der Bühne die Existenz des Hamburger Leuchtfeuer-Hospiz, das sterbenskranke Menschen medizinisch und seelisch betreut. Eine der vielen Besonderheiten dieser Institution: Sie unterhält einen speziellen Koch, einen Galgenmahlzeitschmorer, der jenen Patienten, deren Übergang eindeutig naht, ein allerletztes Essen nach ihren tollkühnsten Wünschen zubereitet.

Als Nächstes folgt die bislang erschütterndste, herkuleske Szene dieses audiovisuellen Spektakels. Ein ausgedienter Bus wird stumm und still auf der Seite liegend über die Bühne geschoben, die Unterseite dem Publikum zugewandt. Ein schwarzer Monolith, der lautlos in die hell umwölkte Götterstille gleitet, die als ephemerer Urgrund der durch die Halle schwebenden Stimmen und Streicher das Fundament dieser Aufführung bildet, die Bedingung für alles Seiende. Hier liegt nun die Busunterseite mit ihren labyrinthischen Streben und Rohren, dem Dreck und der Kälte und dem schweren Stottern der Materie, Ruß und Rost mitten hineingestochen ins Herz des herzzerreißenden Matthäus, der nicht geahnt haben wird, dass einst Busse über die Erde seines Christus fahren, das solch Zeugnis abgelegt werden kann im Reich seiner elysischen Götter: scheppernde Ungetüme voller Menschen mit Liedern und Keulen.

Dazu die Sopranistin:

Ich will dir mein Herz schenken,
Senke dich, mein Heil, hinein!
Ich will mich in dir versenken;
Ist dir gleich die Welt zu klein,
Ei, so sollst du mir allein
Mehr als Welt und Himmel sein.

Als nächster Raum wird eine Matte ausgerollt. Zwei Ringer betreten die Bühne. Mir stockt das Herz. Werde ich nach diesem Flug je wieder zum Kampfsport und zum Ringen zurückkehren können mit meinen leergeblasenen Beinen? Werde ich wiederherstellbar sein? Wo gerade noch der Bus und die Ringermatte thronten, liegt bald eine riesige Tanne. Eine ebenfalls Verurteilte, der man nach und nach die Äste vom Körper trennt. Den kerbenreichen, zerklüfteten Stamm ziehen die Säger sachte in die Höhe. Nacktgestutzt baumelt er vor dem darbenden Evangelisten.

Es dauert eine Weile, bis er heruntergenommen wird und alle Nadeln und Zweige von der Bühne gefegt sind.

Den erneut geleerten Raum betritt nun eine Frau. Während der zehnte Satz beginnt, kniet sie sich mitten in die Leere. *Tempel.* Die Frau kniet und kniet. Wer ist sie? Nachdem ihre Schwester frühzeitig verstarb und die unbekannte Frau, wie es im eingeblendeten Text heißt, von den Schriften der heiligen Therése von Lisieux zutiefst erschüttert wurde, widmete sie, damals noch ein Mädchen, ihr gesamtes Leben der Versenkung im Gebet. Die Schwestern des Ordens, dem sie lebenslang beitrat, gaben ihr den Namen Maria.

Maria zieht sich aus bis auf die Unterwäsche und wartet, bis zwei Gehilfen einen weißen Kasten zusammengebaut haben, einen Sarg, in dem man nicht liegend, sondern kniend begraben wird. Maria klettert hinein. Das Ganze erinnert an die *Pithoi*, Graburnen der alten Griechen, die früher ihre Toten in der Hocke begruben. Der fötale Kniesarg wird geschlossen und aufgestellt. Durch die dünne Wand wird Maria es gut hören können, das Crescendo des Chors:

Ach! wo ist mein Jesus hin?
So wollen wir mit dir ihn suchen.
Ach! was soll ich der Seele sagen,
Wenn sie mich wird ängstlich fragen?
Ach! wo ist mein Jesus hin?

Ich weine karg und stetig vor mich hin und hoffe, dass niemand ins verdammte Zimmer kommt. Wie soll ich mich, in meinem eigenen Sarg namens Bett, Sarg namens Leben und unter jenen

Sargdeckeln, die wir Augen nennen, von solchen Bildern erholen? Wie entkommen, wenn man denn überhaupt entkommen will? Und wohin? In die immer gleichen Erlösungsmythologien, in die Hände und Arme, welche die andere Seite nach uns ausstreckt, falls es sie überhaupt gibt? Oder sollten wir lieber verstummen, auch wenn keine Stille uns aufzufangen weiß? Selbst Jesus hat Gott nichts mehr zu sagen, nachdem er ihn angeklagt hat mit nägeldurchbohrten Händen und Füßen. Wahrscheinlich hat er erst hier verstanden, was es mit seinem, ja mit irgendeinem Herrn auf sich hat – und was fundamentale Auflösung, was Verlöschung bedeutet!

Ich schaue schnell nach: 1727 wurde die *Matthäuspassion* zum ersten Mal aufgeführt. Werden wir sie in dreihundert Jahren immer noch aufführen? Ist dann alles genauso wahr und unergründlich, weil wir immer noch Menschen sein werden? Die *Matthäuspassion* auf den Monden des Jupiters und des Saturns, und wir bebildern die Leere und weinen noch immer und können nie sagen, warum? Und haben es noch immer nicht *akzeptiert*?

Ich will Thomas anrufen und ihn fragen, ob er seinem Ignatius bereits nähergekommen ist? Ob Gott sich schon niederließ in sein Minus-6-Grad-Bett? Ich habe den Telefonhörer bereits in der Hand und lasse es bleiben.

Stattdessen rufe ich Klara an. Ihr Telefon ist aus.

Glaube, Zweifel, Hoffnung.

Und Enttäuschung.

Akzeptanz ist nur etwas für Götter.

52. Liegetag

Noch 15.737.664 Kilometer bis zum Mars

Ob ich duschen möchte?

Ich verneine.

Nach mindestens drei Tagen ohne duschen werde er mich zwingen, mahnt Jeremy, immerhin müsse er einen stinkenden Affen wie mich morgens aus dem Bett schmeißen.

Ich lese über Buzz Aldrin, einen der Apollo-11-Astronauten. Aldrin trug auf dem Weg zum Mond ein sogenanntes *Faecal Containment Garment*, eine Fäkalienauffangkleidung, die er und der Rest der Crew unter der Unterwäsche trugen. Jeden Morgen rieb er sich den Arsch und die Beine mit Windelcreme ein. Wie ein Baby trägt einen die Rakete ins All. Auf dem Mond angekommen, sagte er: «Wunderschön, wunderschön. Herrliche Verwüstung!»

Der Geist ist willig, aber das Fleisch ist schwach. Wahrsagende Worte des Matthäus. Sie verdienen es, über den Anstrengungen der Raumfahrt und deren galaktischen Menschenexpansionsplänen zu stehen, sollten diese misslingen.

Ich kümmere mich um die völlig vernachlässigten Listen und ergänze.

Neue Dinge:

- abgewanderte Waden
- schlechte Witze

- gute schlechte Witze
- scharlachrote Träume
- Tränen wegen Sachen im Fernsehen

Was schwieriger wird:
- Liegen
- Atmen

Dinge, die man monatelang nicht tut:
- Ringen
- Schwimmen
- über Inseln reisen
- das Meer sehen
- Briefe öffnen
- Tabak bröseln
- Fenster öffnen
- einen Wasserhahn aufdrehen

Was fehlt:
- Ringen
- Schwimmen
- über Inseln reisen
- das Meer sehen
- Ragusa Ibla

Worte, die wir Menschen mitnehmen zum Mars:
- Cortison
- Antibiotika
- Herzrhythmusstörung
- Aquarium
- Waschlappen
- Faecal Containment Garments

Worte, die wir im Laufe eines Marslebens verlieren werden:

- Wadenmuskel
- Deichtorhallen
- Gras
- Ragusa Ibla

Worte, die wir neu bestimmen:

- Evangelium

Ich schaue aufs Handy.

Keine Nachricht von Klara.

Die Enttäuschung darüber, dass mich das enttäuscht, ist dunkel und weit.

Experimente, Untersuchungen, Kabel, Elektroden, Nadeln, Monitore, Aufgaben, Röhren, Pritschen, Decken. Minuten und Tage, vielleicht sogar Wochen und Monate. Die Zeit wuchtet ihren Stamm in die Stunden. Um mich herum sitzt kilometerweise Wasser. Ich denke darüber nach, wie es wohl wäre, den Kopf von der Matratze zu heben, nur ein kleines bisschen. Es ist beängstigend, dass ich nicht weiß, ob ich es überhaupt noch könnte.

Ich gehe durch meine Markierungen in Sloterdijks Sphären-Trilogie und lese:

«Es scheint der wesentliche Teil von Gottes Trick zu sein, bei der Hauchung sofort eine Gegenhauchung in Kauf zu nehmen: Man könnte geradewegs sagen, der sogenannte Urheber ist dem pneumatischen Werk nicht präexistent, sondern erzeugt sich synchron mit diesem selbst als inniges Gegenüber von seinesgleichen.»

Ich lese Jeremy diesen Satz laut am Telefon vor, dann bitte ich ihn, mich rüber zu Angela zu fahren. Sie liegt im Bett und knipst sich die Fingernägel in die trockene Waschschüssel. Ich weiß, dass sie in diesen berühmten Höhlen in Mexiko tauchen will, wenn sie hier raus ist.

«Angie», frage ich ohne große Einleitung, «beim Tauchen, was passiert da? Wie fühlt sich das an?»

Sie legt ihren Knipser weg und rollt sich auf die Seite. Es riecht hier ganz anders als in meinem Zimmer. Sie sagt: «Nun ... es ist wie eine Wiedergeburt. Man schwebt, weißt du? Man ist ganz leicht und fühlt sich aufgehoben. Und es ist immer warm, auch wenn das Wasser ganz kalt ist.»

Sie erklärt mir den Unterschied zwischen einer Kaverne und einer Höhle: In einer Kaverne gibt es noch Licht, man nennt es erst eine Höhle, wenn dort kein Licht mehr eindringt. «Hier drinnen», sagt sie und meint unser Raumschiff, «sind wir zum Beispiel immer nur in einer Kaverne und keiner Höhle.»

«Und draußen?»

«Draußen ist ja nur das leere All mit seinen gelben Pünktchen.»

Ich lache. Und überlege eine Weile.

«Weißt du, der Kerl, auf den die Begriffe des Urknalls und des Big Bangs zurückgehen, sprach von einem kosmischen Ei, aus dem alles entstand. All diese Konzepte und Behälter gehen mir nicht aus dem Kopf. Ei, Höhle, Mutterleib, Kapsel, Samen, die Zelle, der Globus, die sich ausdehnende Universumskugel. All diese Rundungen und Binnenstrukturen für was und woher? Wenn ich als Betrachter – der ja immer Teil der zu betrachtenden Sphäre sein muss – auf diese äußere Struktur schaue, die mich voraussetzt und beinhaltet, nehme ich sie gleichfalls von innen wahr, sonst könnte ich sie nicht anschauen, wenn ich ihr nicht angehörte, und sie wäre nicht etwas anderes, wenn sie nicht auf irgendeine Art von mir getrennt wäre. Ich bin also jederzeit innen und außen, das Einzelne und das Ganze, Atman und Brahman. Mit jedem neuen Gedanken, so scheint es mir, klafft auch immer neuer Raum auf, eine neue Sphäre, eine Kugel, eine Kathedrale, eine Blase, ein Weltenraum! Wie ließe sich von hier aus, wenn man einmal *ist*, also von irgendwoher zu einem *Sein* gekommen ist, diesen Strukturen entkommen? Wie kannst du dich als Angela-Sein in deiner Wasserhöhle derart auflösen, dass du nicht mehr du selbst bist, sondern das Ganze deiner Umwelt, das nirgends endet und auch keinen eindeutigen Anfang besitzt? Wo entstünde dieser Ort? Und wie ganz hineinfinden bzw. sich darin ausdehnen? Oder ist das Hineinfinden eigentlich ein Sich-heraus-Schälen, ein Hinaustreten in einen größeren Radius, in ein Absolutes, das wiederum den nächsten Kreis bespielt und so ad nauseam. Aber wir benötigen eine epizentrische, ontomorphe Mitte, um uns überhaupt einen Überblick verschaffen zu können. Aber da haben wir schon wieder zwei Dinge anstatt eines. Wo immer wir sind und in welchem Raum wir uns auch aufhalten, es gibt immer schon mehr als Eines, und die Frage ist, wie wir aus dem Vielen zurück ins Ganze kommen, quasi die Streuung zurücknehmen, die sich im Kern überall gleicht. Dazu müssten wir allerdings zunächst klären, wie aus einer Einheit die Zweieinigkeit entstünde, wenn dieser Begriff überhaupt passend ist. Schwupps, ein Ur-Sprung, und schon fliegen so viele Eier und Wirklichkeiten umher, wenn das Eine aus seinem Vor-Einen heraushüpft wie das Kaninchen aus dem Zauberhut, aber irgendwo muss es ja seinen Beginn genommen haben und einen Anfang, den selbst das Sein-an-sich, wenn es auch nur eine Unendlichkeit ist, existiert, und es gibt nichts, was existiert, ohne dass ein anderes Wirkungsfeld mit im Spiel wäre. Wenn bereits eine Grenze existiert, weiß man, wo Innen und Außen beginnen, aber wenn noch keine Grenze da ist und aus dem Nur-Einen zwei Teile werden und dann drei und eintausend, wo dann? Wo im Null- oder Vollpunkt? Wie entsteht etwas aus nichts oder das Viele aus dem Einen, wie kommt der erste Unterschied ins Unterschiedslose? Wenn das Einhellige der Urgrund der Welt ist, muss es seine Schatten werfen. Nimm die Worte *Einheit* und *Gleichgewicht*: Für eine Einheit ist es unmöglich, im Gleichgewicht zu sein. Denn für ein Gleichgewicht müssen mindestens zwei Dinge existieren. Ist aus diesem Grund die Schöpfung entstanden? Als Möglichkeit, überhaupt eine Vereinigung herzustellen, ein Trans-Gleichgewicht zu erzeugen, das alle Gegensätze in sich eliminiert hat – also als kosmisches Spiel? Bevor der Embryo zum ersten Mal bemerkt, dass er nicht die Ursuppe der Gebärmuttersphäre ist, bevor du dich nach dem Tauchen daran erinnerst, dass du nicht allein die Höhle bist, in der du schwebst – wo ist man dann?»

Langsam hat sich Angela den Strohhalm ihres Smoothies in den Mund gesteckt. Sie grinst: «Dennis, tse, tse, tse. Hast du Liebeskummer?»

Ich warte auf die Farben im Fenster, die ankommen, strahlen und verschwinden, der Lichtkreis, der mich, somatisch wie Nebel, in der Welt befestigt. Das Fenster glüht. Dann geht das Licht aus.

Ich rolle mich auf den Rücken und weiß nicht, wohin mit den Armen und Händen. Mein Kopf stößt gegen das Gestell, obwohl er eigentlich aufgehört hat, gegen das Bettende zu rutschen. Alles dicht und verschleimt.

Ich wache.

Wache in meinen ewigen Runden.

Und denke an den Alten mit dem aufgekrempelten Hut.

Die letzten zwei Wochen vor dem Abflug unseres Raumschiffes reiste ich mit einem italienischen Freund durch das noch winterliche, stille Europa. Italien, Slowenien, Kroatien. Unseren treuen Jeep namens Lady Defenda jagten wir durch von Menschen vergessene Landstriche und stumme Städtchen, die der Winterschlaf fest in seiner Gewalt hielt: leere Punkte auf unserer weißen Karte, welche die einzige Richtung waren, an die wir uns hielten. Auf Cres und Krk waren wir fast die einzigen Menschen, auf jeden Fall aber die einzigen Besucher. Die Zeit fror über den wehrlosen Inseln. Als habe das kalte Meer seine Hand über das Land gelegt, um es schlafen zu legen. Selbst die Katzen blieben zu Hause und gruben sich ein. Nur wir liefen draußen herum und suchten nichts und tranken unseren Wein. Die Einzigen, für die sich das Tageslicht mühen musste, über die Erde zu fallen.

Bars und Restaurants waren geschlossen. Die Stille gehörte uns ganz allein. Umwölkt mit den Versprechen des baldigen Frühlings, nahmen wir sie auf wie einen Wanderer, dem es nach Obdach bedarf. An den Steinstränden waren wir die Einzigen, die sich mit dem Taschenmesser den Käse aufs Brot schnitten und hinausschauten auf das kalte Blau, Krk, ein Brocken Fels auf dem Meer treibend. Wenn wir jemandem begegneten, grüßten wir auf Italienisch, und auf Italienisch grüßte man zurück.

Den Namen des Dorfes, in dem wir dem Alten begegneten, habe ich vergessen – oder nie gewusst. Wir parkten Lady Defenda unter einem riesigen Baum und gingen das Dorf ab. Unten, am Ende der Gassen, glitzerte das Meer. Hier trafen wir den Blinden. Der Alte ging vor seinem Haus auf und ab, seinen Krückstock gegen den Bürgersteig schlagend, vier Meter, die er ohne Unterlass auf und ab schritt. Er wusste genau, wann er kehrtmachen musste. War er an einem Ende angekommen, drehte er sich um und ging zurück. Langsam, zittrig und beständig. Blind kannte er seine gesamte Welt! Seine vier Meter waren sein Kreislauf, sein Losgehen und Ankommen, seine heilsame, verzweifelte Zeit. Er ging und war voll bei der Sache seines Gehens, der Boden, den sein Blindenstock berührte, gehörte schon zu ihm wie die Tage und Jahre, die ihn hier begleiteten. Niemand kann so was erklären. Eine Stunde lang schauten wir ihm stumm zu und wussten: Es ist kein Unglück, hier zu wohnen mit Augen aus leerem Glas. Es ist schon in Ordnung, seine Steine zu schleifen. Alles wiederholt sich und findet nirgends ein Ende – gut so! Wie hatte es Camus schon gewusst: Wir müssen uns Sisyphos als einen glücklichen Menschen vorstellen.

Unter der Decke schreibe ich:
Ein Bett aus Stein.
Liegen ist rollen.
Jede Strecke ist ein Zuhause.

53. Liegetag

Noch 15.081.928 Kilometer bis zum Mars

Das Telefon klingelt.

Dhia-K schreit in den Hörer: «Komm rüber ins Casino, das musst du sehen. Mein Team spielt. Los!»

Ich verneine. Ich habe das Gefühl, dass irgendetwas in mir zu Bruch gehen wird, wenn ich mein Zimmer verlasse. Dass die Seifenblase, in die ich gehüllt bin, sich zusammenzieht oder platzt. Aber Dhia-K gibt nicht auf. Sein Kopf erscheint in der Tür und befiehlt mir mitzukommen. Ich stoße ein Gebet in den Himmel, von dem ich nicht weiß, ob er oben oder unten ist, ja ob es überhaupt noch einen Himmel gibt, wenn man selbst im Himmel schwebt – und lasse mich ängstlich hinter ihm herschieben.

Dhia-K ist aufgewühlt. So nervös habe ich ihn noch nie gesehen. Er schließt seinen Laptop an den Fernseher an, um auf irgendeinem Piratenkanal das Endspiel der afrikanischen Champions League empfangen zu können. Neben Anna von den Blauen, die auf uns aufpassen muss, sind wir allein.

Wydad Casablanca aus Marokko spielt als Gast bei Dhia-Ks Mannschaft Esperance Tunis um den Titel. Dhia-K redet ununterbrochen und zappelt so heftig auf seiner Matratze herum, dass ich mit mir selbst eine Wette abschließe, ob er im Laufe des Spiels aus dem Bett fallen wird. Während ich nebenbei die beiden Teams und deren wichtigsten Spieler recherchiere, klärt er mich auf: Das Hinspiel hat Tunis 1:0 gewonnen. Ein Unentschieden würde also reichen, um den Titel zu holen. Immer wieder weist er darauf hin, dass dies kein normales Fußballspiel sei, sondern eben ein afrikanisches, und beide Teams bereits eine aufgeheizte Vergangenheit auf dem schon bei normaler Betriebstemperatur erhitzten Konto angesammelt hätten.

«Sieh mal», erklärt er derart begeistert, dass ich ihn immer wieder stoppen und bitten muss, langsamer zu schreien, «das Stadion ist gar nicht voll. Es passen eigentlich 60 000 rein, aber es sind nur 45 000 zugelassen. Wegen der Sicherheit sind 5000 Polizisten da im Stadion, in Tunesien gibt es keine privaten Sicherheitsdienste, das muss alles die Polizei machen, sieh mal, die halbe Polizei von ganz Tunesien ist da! Aus Marokko durften nur 3000 Fans kommen, das sind zu wenige, um wirklich Stress zu machen.»

Mit der Unterstützung aller Gliedmaßen wedelt er in Richtung Fernseher.

«Guck mal, die Leute im Stadion, alle schon voll auf Drogen, die raffen gar nichts mehr, das wird was werden! Es gibt kein Bier im Stadion, deswegen sind alle schon vollkommen besoffen, wenn sie da ankommen.»

Für eine Sekunde schweigt er, überlegt und dreht den Kopf zu mir.

«Wenn Tunis verliert, wird das ganze Stadion zerstört.»

Es ist eine Schande, jetzt kein Bier aufmachen zu können, auch wenn Dhia-K keinen Alkohol trinkt. Ich hätte nichts dagegen, mich in einen harten, weltenumspannenden Über-Säusel zu saufen.

Das Spiel beginnt. Anscheinend ist jeder Zuschauer mit einem oder mehreren Laserpointern ausgestattet. Permanent muss der Torhüter aus Casablanca hin und her hüpfen, um die Photonengeschosse abzuschütteln. Sobald es einen Freistoß für die Gäste gibt, ist das Gesicht des Schützen in ineinanderstürzende Farbkreise getaucht, gelbe und rote und grüne Ringe, die psychedelisch über Nasen und Backenknochen tanzen. Das Schönste sind die Laserstrahlen, die so groß sind wie der ganze Kopf.

«Auch das ist Kunst», sage ich, und er schreit: «Ich weiß! Ich weiß, oder?»

Es kommt zu ersten Tumulten, als Tunis einen ziemlich klaren Elfmeter nicht bekommt, und dann zu einem Spektakulum der Freude, als sie trotzdem kurze Zeit später das eins zu null schießen. Das Stadion verschwindet, wird ausradiert. Auf den Fernsehbildern sieht man nichts mehr, keinen Menschen, keinen Rasen, keine Tribüne, nichts! In dicken Schwaden wabt der betondicke Rauch der Bengalos aufs Spielfeld, und ich frage mich, wie lange es dauern wird, bis der Nebel wieder abzieht und das Spiel fortgesetzt werden kann.

Währenddessen zeigt Dhia-K mir auf dem Handy alte Szenen aus dem Fanblock, wunderschöne Bengalo-Choreographien in den Vereinsfarben Rot und Gelb. Dhia-K erzählt im Detail, wie die Polizisten bestochen werden, wie er selbst früher Tage vorher im Stadion im Klo hinter losen Kacheln allerlei Zeugs versteckt hat, das eigentlich nicht ins Stadion gehört.

«Die Regeln, die die Regierung macht, werden ja nur gemacht, weil die Regierung was sagen muss, aber jeder weiß, dass das Blödsinn ist.»

Dhia-K schweigt.

Er hat alles Wichtige gesagt.

Erstens: Es gibt Regeln.

Zweitens: Jeder weiß, dass sie nicht gelten.

In der zweiten Halbzeit geht der Spaß erst richtig los, als Casablanca tatsächlich den Ausgleich erzielt. Besser: fast den Ausgleich erzielt! Denn der Schiedsrichter, für den der Titel «der Unparteiische» ein Witz wäre, den sich selbst die Tunesier nicht erlauben würden, nimmt das Tor zurück, weil er zuvor ein Stürmerfoul erkannt haben will. Dhia-K klatscht in die Hände und singt. Verzückt werden wir Zeugen erster Rudelbildungen, die Spieler und der Trainerstab beider Mannschaften gehen aufeinander los. Die Marokkaner fordern den Einsatz des VAR, des Videoassistenten, der allein dafür existiert, um solche Situationen zu überprüfen. Der gambische Schiedsrichter Bakary Gassama, kurz nur «Papa» genannt, muss nun den bereits glutkeifenden Spielern mitteilen, dass ebenjene Videofunktion, upsi, nicht funktioniert. Und sogar noch kleinlauter hinzufügen: Man habe das vor dem Spiel schon bemerkt, aber niemandem etwas gesagt.

Oh, der verlässliche Humor des Weltengeistes! O holde Brutalität des Absurden! In der allgemeinen Fassungslosigkeit stellen die Tunesier schnell klar: Falls dieses Tor zählt, dann holen wir den Elfmeter nach, den wir in der ersten Hälfte nicht bekommen haben! Streit, Streit und noch mal Streit, keiner weiß mehr, was passiert oder was von wem noch irgendwann überhaupt irgendwie entschieden werden soll. Aus den Zuschauerrängen fliegen Hunderte Plastikflaschen auf das Spielfeld, einige Fans versuchen den Rasen zu stürmen und können noch gerade so von der Polizei aufgehalten und zurückgedrängt werden. Dhia-K sagt so trocken wie Mehl: «Papa muss entscheiden.»

«Papa ist bestochen», antworte ich.

«Ja klar, aber die Frage ist, von wem, von wem mehr! Egal, irgendwas muss er entscheiden.»

Und er entscheidet. Er nimmt die Pfeife in die Hand und unterbricht das Spiel, um sich mit wem auch immer zu beraten. Die Spieler stehen wie bedröppelt herum. Ein Tunesier, der sich bei einem Zweikampf eine Wunde am Kopf zugetragen hat und mittlerweile einen verhurstelten Verband um den Kopf trägt, sieht aus wie jemand von uns aus der Küche. Nachdem weiterhin Flaschen und andere Gegenstände aufs Feld geschmissen werden, werden die Mannschaften in die Kabinen geschickt, um dort zu warten.

Wir warten eine halbe Stunde.

Und noch eine.

Dhia-K erzählt und erzählt, vor allem vom Hinspiel, das schon sehr verdächtig gepfiffen wurde, sogar so verdächtig, dass selbst der afrikanische Verband den Schiedsrichter wegen «Unfähigkeit» für ein halbes Jahr sperrte. Der Lokalpatriot ist ehrlich und gibt ohne Umschweife zu, dass Esperance 2007 und 2011 bereits Spiele gekauft hat. «Fake it till you make it», ist sein nüchternes Fazit.

Mittlerweile sind 1,5 Stunden vergangen, und wir haben die Zeit unseres Lebens, uns die Unterhaltungen vorzustellen, die in den Katakomben gerade stattfinden, die hysterischen Telefonate, die Angst vor internationaler Schmähung. Wenn das hier in die Hose geht, wird es Schlagzeilen in der ganzen Welt machen. «Und dann», sagt Dhia-K, «werden wir natürlich als die unfähigen, korrupten Afrikaner dargestellt. Weil wir eben auch unfähig und korrupt sind, haha, ich meine, schau dir das an!»

Papa Schiri steht mittlerweile wieder mit einigen Offiziellen am Spielfeldrand. Eine Handvoll müder Sachgegenstände fliegt noch Richtung Rasen. Dann nimmt Papa die Pfeife in den Mund und bläst die Backen auf, ein schrilles Signal hallt durch das stille, nur noch tuschelnde Stadion. Er wedelt mit den Armen und pfeift das Spiel ab.

Dann verschwindet er. So schnell, wie ihn seine Füße tragen können.

Dhia-K und ich schauen uns an. Für eine Sekunde sind wir vollkommen ruhig. Dann brüllen wir los, sodass die völlig gelangweilte Anna in ihrem Aufpasserstuhl hochschreckt und sich panisch ans Herz greift. Aus dem Auge des Sturms lassen wir uns bereitwillig in seine Arme fallen. Ich habe seit Monaten nicht mehr so gelacht, presse mein Gesicht in die Matratze und gehe vollkommen unter. An der Peripherie meines Bewusstseins höre ich Dhia-K willenlos kreischen, er schnaubt nach Luft, während das Ende der bekannten Welt in unseren Ohren nachhallt. Diese schrille Pfeife von Onkel Papa, sie ist mehr als das Ende dieses grandiosen Schauspiels, sie ist eine Absage an alles, was jemals war oder sein wird. Der Abpfiff sagt: Es ist vorbei, erledigt, it's fucking over: Geht einfach nach Hause!

Ich nehme mein Gesicht aus der Matratze und lasse es laufen, wir schreien, und ich weiß, selbst Dhia-K, dieser ewig positive, großherzige und geduldige Mensch, hat dieses Losreißen nötig, diese Katharsis, die uns die Welt wieder rund macht. Ich hole weit aus, so weit ich kann, und stopfe alles hinein, werfe alles diesen Strudel hinunter, die Ohrenschmerzen, die bis zum Hirn verstopfte Nase, Pusteln und beschissene Sehnerven, die Einsamkeit, die Zweifel, all das leuchtend rote WARUM, alles hinein, weggespült, weggesaugt und abgesagt. Ich weiß es wieder, aufrecht steht es im weißen, wunderschönen Raum, Papa hat es bewiesen: Nichts ist von Bedeutung – und gleichzeitig alles.

Das ist das Einzige, was wir Menschen aushalten müssen.

Alle Blauen stehen mittlerweile staunend in der Tür, selbst Felix hat sich in seinem Bett heranschieben lassen. Es macht es nur noch schlimmer. Tränen lachend liegen Dhia-K und ich auf der Seite, halten uns den Bauch und können noch immer nicht aufhören. Das Erste, was er mit tränenverwässerter Stimme flüstert, als er, vollkommen fertig und entkräftet, die ersten Worte hervorblubbern kann, ist:

«Hey, was denn, das wollte ich schon immer mal machen!»

«Darf ich heute bei Dhia-K schlafen?» Mit der Begründung, wenn wir jetzt so anfangen würden, lägen wir bald zu viert oder fünft in einem Zimmer und quatschten die ganze Nacht, wird meine Bitte verneint.

Ich komme in mein eigenes Zimmer, das eine völlig neue Weite gewonnen hat. Fast ist es so, als liege ich hier zum ersten Mal, frisch mit offenen Augen und einem entknoteten Herzen, mein Zimmer, mein Kosmos, mein Zuhause. Zum wiederholten Male bin ich hier vollkommen angekommen.

Ich krame mein Handy hervor.

Auf Damis Uhr steht: noch sieben Tage liegen. Nur noch sieben verdammte Tage! Erst jetzt sehe ich die Nachricht von Klara.

«Ein Gedicht für den Schwerelosen», schreibt sie.

Es stammt von Martin Auer und lautet:

Es war einmal ein Wurm,
der fiel von einem Turm.
Um sich nicht zu verwunden,
fiel er nicht nach unten,
sondern in die Höh.
So tat er sich nicht weh.

Der Tag geht zu Ende. Daniela lässt sich über unseren Flur schieben, um allen gute Nacht zu sagen.

«Schlaf gut, Schnuckibär.»

Dhia-K: «Schlaf gut, Daniela, du.»

«Schlaf gut, FC Bayern.»

Felix: «Du auch!»

«Schlaf gut, Damian-Unterhosenmann!»

Dami: «Schlaf gut.»

«Schlaf gut, Dennis, du Lachmaus.»

Ich: «Schlaf gut, Daniela.»

«Schlaf gut, Stinktier!»

Chris: «Hey!»

«Süße Träume, Salomon.»

Salomon: «Ich träume nie!»

Die Tür ist zu. Das Raumschiff legt sich schlafen. Ich öffne die Herzvideos, die Valentin vorbeigebracht hat. Da sitzt es. Rot mit blauem Strom in einer dunklen Kammer. Mein lebendiges Herz. Ich erinnere mich:

Das Herz sitzt in der Brust.
Ich liege in einem Zimmer.
Die Zimmer und Sonnen schweben in einem Kosmos.
Und der Kosmos sitzt im Herzen und atmet.

Woche Acht

58. Liegetag

Noch 11.803.248 Kilometer bis zum Mars
Noch 3 Tage bis zum Aufstehen

Ich schaue auf Damis Uhr und kann es nicht fassen. Insgesamt 73 Tage sind wir nun schon hier drinnen! Eine unvorstellbare Zahl, gerade wenn ich sie der empfundenen Zeit gegenüberstelle. Das Weltall ist ein Loch, monatetief. Jetzt hat es uns wieder ausgespuckt, und wir liegen noch drei Tage und werden dann auf den Kipptisch geschnallt, und zack: ein Planet unter unseren Füßen.

Dami erledigt seine Bettpfannen-Einheit. Ich warte eine Viertelstunde, bis sich seine Ablass-Luft verzogen hat. Dann lasse ich mich zu ihm schieben.

Er hört sich seltsam an. Etwas stimmt nicht mit seiner Stimme. Eine Schwingung ist verschmutzt. Dami sieht, zum allerersten Mal überhaupt, mitgenommen aus, sogar mitgenommener als damals am ersten Liegetag, als er sich alle Haare im Gesicht und auf dem Kopf rasiert hat.

«Ich sage dir was, aber nur dir, okay?»

«Okay», antworte ich. Und befürchte das Schlimmste.

«Am allerersten Tag im Liegen, da wäre ich beinahe gegangen. Ehrlich, ich war kurz davor. Eigentlich war ich schon am Gehen, hatte schon fast ein Bein aus dem Bett geschwungen. Ich hatte plötzlich keine Lust und keine Motivation mehr. Aber in dem Moment kam Tatjana herein und hat mir den Snack gebracht, den Himbeershake. Sie sah so schön aus. Irgendwie hat das geholfen, nur diese eine Kleinigkeit. Ich wollte vor ihr nicht aufstehen, und jetzt liege ich immer noch hier.»

«Wegen Tatjana?»

«Wegen Tatjana.»

Ich nicke. Und habe das Gefühl, dass das alles noch nicht vorbei ist. Könnte ich mir vorstellen, dass er am ersten Tag wirklich gegangen wäre? – Ja. Kann ich mir vorstellen, dass er jetzt noch geht, übermorgen, am allerletzten Tag, dass er heute sagt: So, das war's ja jetzt fast, aus dem Bett steigt und seinen Rucksack packt? – Ja! Scheiße, ich würde es ihm zutrauen, jetzt vor meinen Augen aus dem Bett zu hüpfen und abzuhauen.

«Dami, wenn du jetzt auf den letzten Metern schlappmachst, reiße ich dir den Sack ab! Großes Ehrenwort! Wir haben es eigentlich schon geschafft! Fast alles liegt hinter uns, noch drei Tage, Mann, nur noch drei verdammte Tage liegen! Der Rest wird dann Pillepalle. Am großen Tisch können wir noch mal Risiko spielen. Ich lasse dich auch freiwillig verlieren.»

«Jaja, ich weiß. Ich bleibe schon hier, keine Sorge, den Rest des Geldes und des Ruhmes nehme ich jetzt auch noch mit.»

«Auf jeden Fall. Stell dir mal vor, du wärst damals gegangen am ersten Tag!»

«Ja», sagt er und grinst mich an, wie nur er es kann, «das wäre ziemlich cool gewesen.»

Ich lasse seinen Satz in eine ausgiebige Stille fallen.

«Auf was freust du dich am meisten, wenn wir hier raus sind?», frage ich.

Er überlegt lange.

«Selbstbestimmt schlafen. Anderes Essen, selbstbestimmt essen. Und den Wind. Und du? Was wirst du als Erstes machen, wenn du hier raus bist?»

Ohne zu überlegen, sage ich: «Im See schwimmen.»

Ich fertige eine neue Liste an.

All die Dinge, auf die ich mich freue, wenn wir angekommen sind. Ich schreibe und schreibe, ununterbrochen, schreibe eine halbe Stunde lang und komme an kein Ende. Ich zerknülle den Zettel und schreibe die Liste von neuem. Drei Dinge, auf die ich mich am meisten freue:

- Sonne
- Türklingen runterdrücken
- Schlafen, ohne zu wissen, wann man aufwachen wird

Ein letztes Mal blinzel ich in die hellen Lichter des OP-Saals, diese Minussonnen. Nur noch dieses eine Mal. Peter habe ich seit Wochen nicht mehr gesehen. Völlig erstaunt, als sähen wir uns überhaupt zum ersten Mal, schauen wir uns an. Spaßeshalber drückt er auf meinen Schenkeln herum, um zu schauen, ob mir noch etwas Fleischlichkeit geblieben ist für die letzte Biopsie, für seinen letzten Schnitt.

Ich, der nie Angst vor Nadeln oder Spritzen hatte, werde mittlerweile nervös, wenn die Damen und Herren mit ihren Hautzerstörungsgeräten ankommen. Die ungezählten Blutabnahmen, die täglichen Stiche und Schnitte in meinen Körper haben mir zugesetzt. Ich kann diese Kanülen und Skalpelle nicht mehr sehen! Trotz der Betäubung spüre ich den Schnitt und das Herauszwacken des Oberschenkel- und Wadenmuskels. Erst als ich die schweinchenrosa Würfel in der Schale liegen sehe, kann ich mich entspannen. Das Gewicht meines gesamten Körpers fällt von mir ab. Das war's, denke ich, das war's jetzt wirklich, verpisst euch mit euren scharfen Klingen und angespitzten Nadeln, ihr habt genug!

Die Muskelwürfel sind blasser und glänzen weniger. Irgendwie trauriger als zu Beginn der Reise. Die verzückten Aussagen haben sich jedoch nicht geändert:

«Es ist perfekt», sagt die Assistentin und strahlt.

Am Nachmittag kommt Peter auf mein Zimmer. Das Pflaster ist vollgeblutet, die Wunde schmerzt. «Mein Immunsystem ist runter», sage ich. «Ich muss mal wieder raus hier und an die frische Luft. Mal atmen. Die Sonne sehen.»

«Es ist völlig normal, dass der Körper hier drinnen empfindlicher wird. Das Schöne ist, dass ihr alle noch hier seid, das ist eine großartige Leistung. Du weißt es zwar noch nicht, aber du hast es schon geschafft. So richtig merken wirst du das erst, wenn du in drei Tagen aufs Laufband musst. Und glaub mir, dann willst du nur eines tun: dich zurück ins Bett legen!»

Das Telefon klingelt. Es ist Dhia-K. Ob ich schon nervös sei? Ich verneine und lege auf. Klara kommt heute wieder, und ich habe keine Ahnung, wie ich mir diese letzte Stunde des Wartens vertreiben soll. Ich lasse mich erst zu Reinhard und anschließend zu Chris fahren, dessen Geburtstagsballons verschrumpelt an der Wand hängen. Alles an uns und diesem Raumschiff sagt: Es ist Zeit, die Landeklappen auszufahren.

Jeremy fährt mich ins Casino, wo ich nicht mehr weiß, was ich hier überhaupt wollte. Zurück im Zimmer, wedelt er mit einem Zwanziger, dem Einsatz für die heutige Pokerrunde. Vorne höre ich Klara ankommen. Ich versuche tatsächlich, mich *gut* hinzulegen. Ich trage mein bestes T-Shirt. Ich höre den Strom des Blutes in den Schläfen. Das Lachen und Erzählen der Blauen hallt über die Flure. Dann klingelt das Telefon.

Ich weiß, dass es Dhia-K ist, und gehe nicht dran.

Nach zehn Minuten rufe ich vorne an und frage nach der Pinkelflasche. Amir ist am Telefon, aber Klara erscheint in der Tür.

«Hallo, Astronaut», sagt sie.

«Hallo, Erdling. Komm!»

Sie setzt sich zu mir und legt die Pinkelflasche auf meinen Beinen ab, so, wie sie bei unserer ersten Begegnung die Bettpfanne auf mir abgestellt hat. Von der Kamera unbemerkt legt sie ihre Hand in meine. Sie ist braun geworden. Ihre Augen sind voll. Ich kann es spüren, das Reich der Sonne auf ihrer Haut, den

Wein im Blut, das Salz, ihre Mittelmeertage. Alles bekannt. Sie, die Erde, das Meer.

Erst jetzt, wo sie wieder da ist, merke ich, dass sie gar nicht weg gewesen ist, dass sie die letzten zwei Wochen hier an meinem Bett stand oder hinter der Tür, drüben auf dem anderen Flur, in Köln, in Italien, auf der Erde. Es macht keinen Unterschied. Und trotzdem: Erst jetzt, da sie gekommen ist, um mich hier rauszuholen, weiß ich endgültig, dass dies alles vorbei sein wird, das Liegen, die Skalpelle, der Schleim im Hals und all das Blut im dicken Kopf. All dieser Scheiß. Aber auch die Stunden mit Bernd, die Kameradschaft, meine Zeit mit meinen Weggefährten, dieses großartige Bett, die nicht entflammbaren Gedichte, die Decken-Meditationen, mein Fenster.

Alles, was geschah, war absolut notwendig.

Keine Marsreise ohne diese Monate, ohne den Verlust, die Angst, ohne die Freundschaft und die Liebe.

Ich will es ihr sagen oder überhaupt irgendetwas, weiß aber, dass das Schweigen, dass *ihr* Schweigen die schönere, die vollkommenere Sprache ist. Leuchtend sieht sie mich an. Was soll man anfangen mit so einem Reichtum?

«Die Flasche», sagt sie. «Und beeil dich.»

Sie schließt die Tür. Eine Minute später rufe ich sie an. Die Klappe lasse ich auf der Kamera. Sie zieht die Tür und den Vorhang hinter sich zu und legt sich zu mir.

Ich schließe die Augen. Mein Herz liegt an ihrem und rast.

Sie sagt: «Schön hier unten bei dir.»

59. Liegetag

Noch 11.147.512 Kilometer
bis zum Mars
Noch 2 Tage bis zum
Aufstehen

Ich liege.

Ich liege auf meiner Matratze und schaue mir alles noch mal an, als hinge mein Leben davon ab. Wie ist das, so seltsam zu liegen in solch einem Zimmer in solch einem Raumschiff? Nur noch 48 Stunden, und dann werde ich womöglich nie wieder auch nur eine Sekunde in dieser Kopfunterlage verbringen, mich nie mehr zu Dhia-K oder Chris oder Daniela fahren lassen, nie wieder dreimal am Tag Essen bekommen, nie wieder einen Trockner benutzen, nie wieder geweckt werden um 6 Uhr 30 in der gottverdammten Frühe.

Ich liege.

An der Decke merke ich mir jede Ritze, jedes Stück Weiß, ich drehe den Kopf ins Kissen und sauge alles auf, befühle meinen runden Kopf und taste nach den verlorenen Schenkeln. Ich rufe bei den Blauen an und frage nach der Pinkelflasche. Jeremys lachendes Gesicht in der Tür. Auf dem Gang höre ich Bernd, der Dami abholt. Verdammt, ich werde es vermissen, hier zu liegen. Diese Menschen werden mir fehlen. Was wird mit unserer Crew geschehen, wenn wir bald dieses Raumschiff verlassen?

Ich rufe Dhia-K an, Felix, Mareike und telefoniere lange mit Kaya. Alle sind voller Energie und Vorfreude. Nur noch zwei Wochen, bis wir den Mars betreten werden!

Das Handy leuchtet auf. Felix hat mir einen Link zu einer NASA-Seite geschickt. «Send Your Name To Mars» ist das Motto der Aktion, und das Prinzip ist simpel. Ich gebe meinen Namen an, dieser landet auf einem Chip und der Chip auf Perseverance, dem neuen Forschungs-Rover der Nasa, der 2021 bei seinem Vorgänger Curiosity auf dem Mars landen wird.

Ich trage mich ein und erhalte meine Bordkarte. Neben meinem Namen steht der stolze Perseverance bereits auf dem Marsboden und sucht mit seinem aufgestülpten Glasauge, der sogenannten SuperCam, nach neuem oder altem Leben.

Ich beschließe, Chris nicht nur ein, sondern Dutzende Tickets zu «kaufen», und schicke ihm nacheinander die Bordkarten mit seinen Namen:

Proband BBBehindert.

Christopherus Kackwurstibus.

Proband B wichst im Zimmer und grüßt.

Proband B will bei einem Hässlichkeitswettbewerb mitmachen, darf aber nicht, denn der ist nicht für Profis.

Hier furzt Proband B.

Kandidat B falsche Antwort wie immer.

Zentrifugenheini a. k. a. behindert drinnen im Kopf wegen Dummheit.

Ich rufe ihn an. Er lässt es ungefähr 40-mal klingeln. Dann nimmt er ab.

«Was sind sechs mal sechs in der Schwerelosigkeit?», fragt er.

«Hast du deine schönen Tickets gesehen?»

«Was sind sechs mal sechs in der Schwerelosigkeit?»

«Bei der Hässlichkeitsrecherche bin ich auf einen schlechten Mudder-Witz gestoßen. Achtung: Deine Mudder ist so hässlich, sie macht sogar ein Happy-Meal traurig.»

«Was sind sechs plus sechs in der Schwerelosigkeit?»

«Wahrscheinlich irgendwas mit Creme oder Furzen.»

«Falsch.»

Im Büro lasse ich mir mein Ticket ausdrucken. Der Rover starrt mich an, und ich muss an Curiosity denken, der jetzt schon seit vielen Jahren auf dem Mars herumfährt und den man ebenfalls auf abenteuerliche Weise dort hinaufgeschossen bzw. abgesetzt hat. Nun sind wir an der Reihe. Liegen hier unter null mit Muskel- und Knochenschwund und sind dabei wahrscheinlich nicht mal das Seltsamste, was die Menschheit jemals ins All geschossen hat.

Erst vor ein paar Jahren hat Elon Musk seinen Spaceman auf die Umlaufbahn um die Sonne geschossen, eine Astronautenpuppe, die in einem echten Tesla Roadster sitzt und nun die nächsten Milliarden Jahre durch unser Sonnensystem treiben wird. Der Sinn dieser Aktion? Marketing, die Erzeugung eines absolut atemberaubenden Bildes (der vor der Erdkugel schwebende Spaceman in seinem Automobil) und der Beweis, dass man alles tun kann, was überhaupt möglich ist. Was würden Außerirdische denken, wenn sie den roten Tesla vorbeischweben sähen und zu ihrer Verwunderung noch feststellten, dass der Fahrer kein biologisches Lebewesen ist, sondern eine zerrupfte Schaufensterpuppe? Würden Sie die Heimat von Mister Spaceman suchen, um sein Rätsel zu lüften und sich dies alles vom Schaufensterpuppenanführer erklären zu lassen?

Die Menschheit hat bereits einiges unternommen, um gefunden zu werden. Schon 1972 flog mit der Pionier-10-Sonde eine goldene Platte ins All, die von Carl Sagan und Frank Drake gestaltet wurde. Der erste Versuch der Kontaktaufnahme mit intelligentem Leben aus den Tiefen des Alls fiel wenig feierlich aus. Eine simple Zeichnung von einem Mann und einer Frau, ein Abbild der Sonde und eine primitive Sternenkarte, mit deren Hilfe die Erde in der gewaltigen Leere zu finden ist. Mehr Platz gab die Plakette nicht her. So sehen wir aus. Dies ist unser Raumschiff. Hier entlang geht es zu unserem Planeten.

Nur zwei Jahre später schickte das Arecibo-Observatorium in Puerto Rico die erste für Außerirdische bestimmte Botschaft in Form eines Radiowellen-Signals Richtung Ewigkeit, genauer gesagt in das 25 000 Lichtjahre entfernte Sternbild des Herkules. Der Inhalt der Botschaft sind schlichte Binär-Codes, die Informationen über unsere DNA, die Menschheit und unser Sonnensystem enthalten, eine kurze chemische, biologische und geographische Landkarte unseres irdischen Seins.

1977 kam es zum vorläufigen Höhepunkt der terrestrischen Grußbotschaften, indem die Zwillingssonden Voyager 1 und 2, die zunächst zu den äußeren Planeten unseres Sonnensystems und dann in den interstellaren Raum geschickt wurden (wo sie heute noch unterwegs sind und zur Erde zurückfunken), eine goldene Schallplatte mit auf den wahrscheinlich ewigen Weg bekamen. Da es fragwürdig ist, ob die Außerirdischen einen Plattenspieler besitzen, hat man eine Bedienungsanleitung mitgeschickt, um die an Bord integrierte Abspielvorrichtung handhaben zu können, falls man denn überhaupt Hände oder dergleichen besitzt. Auch hier zog man als Erdbewohner blank. Die Schallplatte ist voll mit Bildern der Erde und des Menschen, mit Musik, Geräuschen, einer Wegbeschreibung und Grußbotschaften in 55 Sprachen. Der Zuhörer kann sich durch phantastische Audioaufnahmen von strömendem Regen, Froschquaken oder Herzschlägen hören, er kann erleben, wie Menschen lachen und Babys weinen, hat Dutzende Darstellungen unserer wissenschaftlichen Erkenntnisse und Fotos von Schulunterricht, Straßenverkehr, den Olympischen Spielen oder eines über der Erde schwebenden Astronauten. Im Ordner Musik[6] findet sich alles von Beethoven bis zu senegalesischen Trommeln oder, was

6 2008 erlaubte sich die NASA, den Beatles-Song «Across the Universe» als weiteren Beweis menschlicher Existenz in die noch unbekannten Winkel des Kosmos zu senden. Paul McCartney gratulierte. Und Yoko Ono ließ es sich selbstredend nicht nehmen, selbst nach ihrer Zerstörung der Beatles auch hier noch tapfer einzugreifen: Sie erkenne den Beginn einer neuen Ära, in der die Menschheit mit Milliarden von Planeten kommunizieren werde.

vielleicht am meisten überrascht, das grandiose «Dark Was the Night, Cold Was the Ground» von Blind Willie Johnson. Blues für den dunkelsten, für den einsamsten aller Räume.

Aber wie niedlich und wohlwollend die Menschheit den Fremden begegnet, zeigen vor allem die in etlichen Sprachen aufgezeichneten Grüße, die viel über die Seele der jeweiligen Länder verraten. So zeigen sich die Burmesen und die Koreaner mit ihren *Geht es Ihnen gut?* respektive *Wie geht es Ihnen?* so besorgt wie zuvorkommend freundlich, die Franzosen gewohnt leger, *Hallo, allerseits!,* und die meisten Schweden wissen wohl nicht, dass sich ein zu Späßen neigender Landsmann herausgenommen hat, stellvertretend für ein ganzes Land Hallo zu sagen, ohne selbiges auch nur zu erwähnen: *Grüße vom einen Computer-Programmierer in der kleinen Universitätsstadt Ithaca auf dem Planeten Erde.*

Und dann natürlich der Erstkontakt in deutscher Sprache, ein Grauen, wenn man sich zuerst durch die übrigen Sprachen gehört hat, ein in sichtlich schlechter Laune verfasster und viel zu schnell gesprochener «Gruß», ohne Betonung, ohne Herz, etwas, was man den langweiligen Verwandten unter den Weihnachtsbaum legt, weil man selbst auf keinen Fall hat kommen wollen. Die Familie legt die Nadel auf und ist kaum erstaunt, die blechernd-mechanische Stimme von Tante Gertrud zu hören, die mit kalten Worten alle zum Teufel schickt: *Herzliche Grüße an alle.*

Wir sind da. Wir wollen zeigen, wer und wo wir sind, und wir suchen. Kaum etwas schürt unsere Phantasie und Sehnsucht mit solch einer Gewalt, und keine andere Entdeckung würde uns so viel über das Prinzip Leben lehren wie die Begegnung mit extraplanetarischen Lebewesen. Die Hoffnung unter den Wissenschaftlern, in den nächsten zehn Jahren den ersten verifizierten Kontakt zu intelligentem Leben in unserer Galaxie herzustellen, ist groß – und begründet. Zumal wir mit fast hundertprozentiger Sicherheit davon ausgehen können, selbst gesucht zu werden.

Auf einem Astronomen-Kongress stellte jener Frank Drake, der zusammen mit Carl Sagan die erste Botschaft an Bord der Pioneer 10 ins All schoss, eine bald nach ihm benannte Gleichung vor, die die Menschheit bis heute fasziniert. Drake versuchte herauszufinden, wie hoch die Wahrscheinlichkeit war, dass sich andere intelligente Lebewesen aus unserer Galaxie ebenfalls auf die Suche nach anderen Lebewesen machten – oder überhaupt existierten. Seine Formel lautete:

$$N = R^* \times f(P) \times n(E) \times f(L) \times f(I) \times f(C) \times L$$

Drake multiplizierte unter anderem die mittlere Sternenentstehungsrate, die durchschnittliche Anzahl der Planeten pro Stern innerhalb jener habitablen Zonen, in denen Leben entstehen kann, den Anteil an Planeten mit intelligentem Leben oder die Lebensdauer einer technologisch versierten Zivilisation. Der mythische Zauber dieser Gleichung war zunächst ihre rein spekulative Natur, die primär der Hoffnung, aber nicht der Wissenschaft Tür und Tor öffnete. Der oben erwähnte Kongress fand 1961 statt, ein Jahr, in dem keine einzige Variable der Gleichung mit konkreten Zahlen besetzt werden konnte. Heute ist das anders, wenn auch das Ergebnis anhand neuer Daten immer wieder konkretisiert wird. Unterm Strich jedoch wissen wir im Jahr 2021, dass sich allein in unserer Milchstraße rund 20 Milliarden erdähnlicher Planeten befinden! Für das gesamte Universum bedeutet dies die Existenz von zwei Milliarden Billionen vielversprechender Exoplaneten, die alle uns bekannten Kriterien für die Entstehung von Leben erfüllen. Eine Zahl, so hoch, dass wir uns sie noch nicht einmal vorstellen können.

Die große Frage, die sich aus der Drake-Gleichung ergibt, ist als Fermi-Paradoxon bekannt. Denn wenn die Wahrscheinlichkeit von intelligentem, hochentwickeltem Leben im All so hoch ist, dass es mathematisch unmöglich ist, dass wir alleine sind: Wo sind dann unsere galaktischen Nachbarn? Warum haben sie mit uns noch keinen Kontakt aufgenommen, uns noch niemals ein Zeichen ihrer Anwesenheit oder einen Beweis ihrer Existenz hinterlassen?

Einige der vielen möglichen Antworten auf diese unbeantwortbare Frage sind:

- Sie sind bereits hier (oder kommunizieren aus der Ferne), ohne dass wir es merken.

- Zeichen und Beweise gibt es überall, nur interpretieren wir sie nicht als Ereignisse extraterrestrischer Aktivitäten.

- Sie sind zu weit entfernt, um uns zu finden.

Oder:

- Das primitive Leben auf unserem Planeten ist völlig uninteressant für den Rest des intelligenten, bewussten Universums.

Ein weiterer Grund dafür, dass wir noch immer keine Beweise haben, nicht die einzigen Sternfahrer im Universum zu sein, ist, dass wir uns erst seit kurzem auf die Suche gemacht haben. Das SETI-Institut (Search for ExtraTerrestrial Intelligence) zum Beispiel ist noch keine 40 Jahre alt. Hier suchen Wissenschaftlerinnen und Wissenschaftler mitunter mit Hilfe enormer Radioteleskope nach den Spuren fremder Zivilisationen, ohne zu wissen, ob unsere Signale auch so wahrgenommen und entschlüsselt werden können. Mit ziemlicher Sicherheit besitzen unterschiedliche Zivilisationen auch unterschiedliche Technologien. Wenn sich Außerirdische über codierte Bakterien, Laserbotschaften oder Telekinese austauschen, werden sie die spezifischen Frequenzen unserer Radiowellen nicht wahrnehmen und vice versa. Der Physiker Michio Kaku spricht in *Abschied von der Erde* von einem weiteren Dilemma. Wir sind Menschenaffen. Unsere Sinne und die Art, wie wir die Welt verstehen und wahrnehmen, sind so eindeutig an unsere biologische Evolution gekoppelt, dass wir für den größten Teil der wirklichen (und möglichen) Welt blind und taub sind. Die Außerirdischen verwenden womöglich eher Gerüche als visuelle Bilder, da sie eventuell von intelligenten

Hunden abstammen. Es könnte sein, dass sie spezifische Melodien verwenden, die sich aus dem Singsang vogelartiger Lebewesen entwickelt haben, oder sie kommunizieren anhand eines hochentwickelten Ultraschalls, den man von Fledermäusen oder Delfinen kennt. Was die Frage nach sich zieht, welche physische Form außerirdisches Leben überhaupt annehmen kann. Und ob es überhaupt noch physisch ist?

Alle Sternenwesen, die uns in Science-Fiction-Büchern und -Filmen begegnen, sehen entweder uns oder einer anderen, auf Kohlenstoff basierenden Kreatur ähnlich. Die meisten besitzen zum Beispiel einen sich fortbewegenden Körper mit mindestens Augen und Mund. Intuitiv ist das erst mal richtig. Unsere Sonne tut genau das Gleiche wie alle anderen Sterne des Universums: Sie fusioniert Wasserstoff zu Helium. Überall wirkt die Schwerkraft und zieht Staub und Materie zu Protoplaneten und Planeten zusammen, die in festgeschriebenen Bahnen um die jeweiligen Sonnen kreisen. Allerorts herrschen dieselben Naturgesetze. Es lässt sich also durchaus argumentieren, dass wir die Außerirdischen als solche erkennen würden, da die Chance in der Tat groß ist, dass sie dem Leben auf der Erde in irgendeiner Form ähneln – es sei denn, sie sind uns viele Hunderttausende oder sogar Millionen Jahre voraus.

Laut Seth Shostak vom SETI-Institut, der fest davon ausgeht, mit den hochmodernen Stärken seiner Radioteleskope in den kommenden Jahren außerirdisches Leben zu finden, werden wir es womöglich gar nicht mehr mit biologischen Lebewesen zu tun haben. Wenn es Zivilisationen gibt, welche die Technologien besitzen, für uns absolut unvorstellbare Strecken zurückzulegen, so sind es wahrscheinlich synthetische Lebewesen, künstliche Intelligenzen oder reine Geisteswesen, die wir nicht als menschenähnlich erkennen würden. Lange interstellare Reisen sind nicht nur gefährlich, sie benötigen vor allen Dingen Zeit. Ein Rohstoff, den kein Lebewesen aufbringen kann, das nicht auf eine rein feinstoffliche, digitale oder geistige Ebene reduziert ist – immerhin misst allein unsere Galaxie 185 000 Lichtjahre. Zudem stellt sich die Frage, warum eine hochentwickelte Kultur, die mit Hilfe von Überlichtgeschwindigkeit reisen kann, an einem insignifikanten Planeten wie dem unseren haltmachen würde? Außer Currywurstbuden, Romantic Comedys und Keimen hätten wir ihnen nichts zu bieten, was sie nicht schon hätten oder gebrauchen könnten.[7]

Letztlich ist es stets der endlose, gnadenlos leere Raum, der sich uns wie eine Wand in den Weg stellt. Wie sollen sich in einem schier grenzenlosen Universum, das sich zudem immer weiter ausbreitet, die Lebenswege zweier intelligenter und hochtechnologischer Zivilisationen kreuzen? Auf den ersten Blick klingt es merkwürdig, wenn wir behaupten, dass die Erde, die bereits seit Milliarden Jahren existiert, noch nie aufgespürt oder besucht worden wäre. Aber wie hätte man uns finden sollen, wenn wir erst seit einigen Jahrzehnten «sichtbar» sind?

Unsere Galaxie ist 12 Milliarden Jahre alt, unsere Sonne 4,5. Nehmen wir an, dass sich auf den habitablen Planeten derjenigen Sterne, die wesentlich älter sind als unsere Sonne, intelligente wie neugierige Lebewesen entwickelt hätten, die eben-

7 Neben allerlei Hinweisen und Spekulationen gibt es vor allem zwei Ereignisse der letzten 50 Jahre, die auf das Vorhandensein außerirdischer Lebensformen verweisen. 1977 empfing das «Big-Ear»-Radioteleskop das sogenannte Wow!-Signal, ein bis heute unerklärliches Schmalband-Signal. Und erst vor kurzem passierte ein zunächst als Exokomet deklariertes Flugobjekt die Erde, wobei seine höchst außergewöhnliche Form und seine Geschwindigkeit (es wird dauerhaft von einer unerklärlichen Kraft angeschoben) den Wissenschaftlern Rätsel aufgaben. «Oumuamua» ist so unerklärlich und eigentlich unmöglich, dass der Astronom und Harvard-Professor Avi Loeb zu keinem anderen Schluss kam, als in dem sehr flachen «Steinbrocken» eine Aliensonde zu vermuten, die mit Hilfe eines Lichtsegels reist.

falls wissen wollen, ob sie allein sind oder nicht. Bei der schier unmöglichen Ausdehnung kosmischer Leere und der Abertrillionen Planeten ist es nahezu unmöglich, das Zielfernrohr ausgerechnet auf unsere Erde zu richten, einen unbedeutenden Steinbrocken, der erst seit kurzem mit Radiowellen sendet, Satelliten in den Orbit schießt und Grußbotschaften ins All beamt. Die Erde ist 3,7 Milliarden Jahre alt. Aber erst seit einigen hundert Jahren emittieren wir Strahlungen oder Radiowellen in den Weltenraum. Kein Wunder also, dass uns noch niemand aufgespürt hat.

Und wenn sie uns doch finden würden? Schon Steven Hawking lamentierte, man möge die durchs All blinkenden Grußbotschaften besser sein lassen, weil wir uns nicht preisgeben sollten – immerhin könnte es ja sein, dass man zu uns kommt, um uns auszulöschen oder zu versklaven. Aber Angriff, Mord und Totschlag? Die Chancen stehen gut, dass diese Kriegsszenarien, die auf der Kinoleinwand so prächtig funktionieren, mehr dem Zeitgeist des Planeten Erde im 20. Jahrhundert entsprechen als der Wirklichkeit unserer kosmischen Nachbarn. Wenn es nicht die Einsamkeit oder die blanke Neugierde ist, welche die Außerirdischen zu uns treibt, dann aller Wahrscheinlichkeit nach die Suche nach Energie – und die bekommt man von den unzähligen Sonnen genug. Nein, die Erkenntnisse, die wir durch das Studium unserer eigenen Geschichte gewinnen, deuten vielmehr darauf hin, dass Lebewesen, die in der Lage sind, mehrere Galaxien zu erkunden, mit unseren primitiven Vorstellungen von Gebiet und Gewalt nichts mehr zu tun haben. Wie der Psychologe Steven Pinker in *Gewalt – eine neue Geschichte der Menschheit* eindrucksvoll gezeigt hat, nimmt die Gewalt unter den Menschen stetig ab. Und es gibt vor allem zwei entscheidende Gründe, warum wir dies in unserem Alltag kaum bemerken:

1. Unsere horrende Unwissenheit und Unaufgeklärtheit darüber, wie gewalttätig und leidgeprägt die bisherige Geschichte der Menschheit war, und was es für ein Wunder ist, den jetzigen,

weniger schrecklichen Zivilisationszustand überhaupt erreicht zu haben.

2. Jede noch so banale Schrecklichkeit des hinterletzten Erdenwinkels landet sofort, mitsamt dem Aufmerksamkeit generierenden Opferwettbewerb in den sozialen Medien, auf dem Präsentierteller unserer Handys, auf dem die Welt immer finsterer und extremer aussieht, als sie eigentlich ist.

Aber nein, in Wirklichkeit zeigen alle Daten, dass wir im Laufe unserer Evolution immer friedfertiger, sensibler und gerechter geworden sind – auch wenn der Weg von einem Herdentier zu einem Gott ein sehr langer ist. Warum also sollte es unseren Genossen aus dem All anders ergehen als uns?

Ob wir aber nun weiterhin Liebesbotschaften in den Kosmos schießen, um uns für Freund oder Feind auffindbar zu machen, ist schon aus einem anderen Grund völlig gleichgültig. Jede Sekunde strahlen derart viele Radiowellen und andere elektronische Signale um den Globus, dass der Erdball sich so oder so sichtbar macht.

Wir glühen.

Permanent rast nur eine Botschaft hinaus in den irgendwo bewohnten Raum:

Schaut mal – hier sind wir!

Bernd steckt seinen Kopf ins Zimmer. In Gedanken bin ich noch so sehr bei den Außerirdischen, dass ich mich zunächst über ihn wundere. Warum haben diese Wesen ein feierliches Gesicht, vierschrötige Schädel wie wir, warum gehen sie wie unsereins auf zwei Beinen und tragen sogar eine Brille auf der lustigen Nase? Warum geben sie mir Freundschaftsklapse auf die Wange und sprechen Russisch, um mich zu ärgern?

Ich frage ihn, ob er glaubt, dass unsere Voyager-Sonden jemals von außerirdischen Lebensformen gefunden werden?

«Mein lieber Herr Schriftsteller, der Phantasie sind keine Grenzen gesetzt, der realen Physik aber schon. Ich bin nur ein einfacher Mann und werde mich nicht über Dinge auslassen, von denen man nichts wissen kann. Die Phantasie und die Erregung des Dichters überlasse ich dir.»

«Langweilig. Du redest dich raus!»

Er schweigt. Und schnaubt leise, bevor er sich räuspert.

«Ich glaube, dass wir die Außerirdischen sind. Wir empfinden uns immer nur zu sehr als Mittelpunkt und nicht als einfacher Teil des Ganzen. Giordano Bruno sagte einmal, als er über die Wirklichkeit der menschlichen Rasse oder so was in der Art gefragt wurde: *Wir sind im Himmel.* Ganz einfache Worte. Mit enormen Implikationen. Er wollte sagen, dass von einer anderen Stelle aus betrachtet wir nämlich die Fremden und das Unglaubliche sind, weißt du, wir die außerirdische Lebensform da draußen irgendwo. Ständig wollen wir von wem anderen überrascht werden, wundern uns aber kaum über uns selbst. So, da hastes!»

«Giordano Berndo! Berndrant Russel! Gottfried Bernd!»

«Ja, ja, ja. Komm jetzt. Mal sehen, was du die letzten Monate gelernt hast.»

Es fühlt sich an wie ein großes Ende. Zum letzten Mal werde ich in den Docking-Raum geschoben. Von allen Experimenten und Untersuchungen war das Docking mit Abstand das spannendste. Wann sonst bekommt man die Gelegenheit, mit demselben Lernprogramm, das auch die Astronauten für ihr Training benutzen, ein Raumschiff an eine Raumstation anzudocken? Ich werde es vermissen, so, wie ich Bernd unheimlich vermissen werde.

«Wenn wir auf dem Mars angekommen sind, gehen wir alle erst mal schön mit dir in die Kneipe.»

«Selbstverständlich, Towarisch. Aber erst die Arbeit, dann das Vergnügen. Kannst du dich an das letzte Mal erinnern? Falls nicht, ich helfe dir auf die Sprünge: Du hast nur einmal richtig gezählt.»

Bernd hat recht. Die letzte Übung bestand darin, uns noch

mehr unter Druck zu setzen, indem die Zeit verkürzt und alle Führungshilfen und Armaturen ausgeblendet wurden. Unter diesen Bedingungen mussten wir neben dem Anflug entweder noch einen hohen Piepton zählen, der in unregelmäßigen Abständen ertönte, oder Rechenaufgaben lösen. Entweder ich schaffte das Docking-Manöver einigermaßen, konnte mich aber nicht auf die genaue Anzahl der Töne oder Additionen konzentrieren, oder ich konzentrierte mich – genau ein einziges Mal – vor allem auf die Zusatzaufgaben, vermasselte aber den Anflug.

Heute aber kommt der Höhepunkt, auf den wir so lange hingearbeitet haben. Wir verlassen das 6df-Docking-Programm und wechseln zum großen und alles entscheidenden Bruder, dem berühmten und berüchtigten TORU-System, mit dem schon Ziblijew auf der MIR um Leben und Tod kämpfte. Der Härtetest seiner und unserer Mission.

«Dies ist der realistische Referenztest, mein Lieber», sagt Bernd. «Der original russische Dockingtrainer, wie er von 2008 bis 2011 auf der ISS im Einsatz war. Du hast fünf Versuche. Hals und Beinbruch! Und ab die Post ...»

Bernd schaltet das Programm ein, und ich kneife die Augen zusammen. Ich bin vollkommen geblendet. Es ist, als hätte ich die Spielkonsolenversion des Trainings verlassen und säße tatsächlich in der Raumsonde, die blendende Sonne und eine sich spiegelnde Raumstation im Auge. Das Programm ist phänomenal wirklichkeitsgetreu. Die Armaturen sind andere, die Schaltknüppel und Lenkvorrichtungen reagieren anders, die Docking-Station der ISS ist vollkommen verändert. Alles bewegt sich sperriger. Ich versuche, langsam und ruhig zu atmen. Die Sonne nimmt mir die Sicht. Die ISS rotiert, als wolle sie mir entkommen, und die Sonde reagiert zu sensibel auf meine Kurskorrekturen. Der erste Versuch geht schief, der zweite auch. Beim dritten Versuch komme ich auf 80 Prozent, im vierten Anlauf docke ich so perfekt, dass ich sicher bin, dass es noch nie ein Mensch besser geschafft hat. Ich strahle. Ich glaube, ich habe während des bestimmt zehnminütigen Anflugs kein einziges Mal geatmet.

Das grüne Licht erscheint. 99 Prozent!

Den fünften Flug mache ich mit neuen Rechenaufgaben. Erneut 99 Prozent. Scheiße, ich war noch nie so stolz in meinem Leben! Ich weiß, ich war bei weitem nicht der beste Docker, aber dies kann keiner geschlagen haben. Gebt mir ein Raumschiff, denke ich, und ich führe die Menschheit nach Hause! Wo auch immer ihr zu Hause sein wollt, ich bring euch hin!

«99 Prozent, das ist Rekord, oder?»

«Na ja, fast. Daniela hat in der Tat hundert geschafft, Salomon auch.»

«Diese verdammten Schweine!»

«Aber du hast es geschafft. Gut geschafft. Nahezu perfekt.»

«Würdest du dich von mir fliegen lassen?»

«Sogar blind!»

«Ich blind im Andocken oder du blind an Bord?»

«Ich blind an Bord.»

«Blind, also blind, als blinder Passagier oder blind mit den Augen zugebunden, damit du nicht siehst, wie ich fliege?»

«Rate mal.»

«Letzteres.»

«100 Prozent!»

Selbst als der Bildschirm schon erloschen ist, pumpt mein Herz noch gewaltig. Bernd schaut auf die Uhr. Wir haben noch ein bisschen Zeit.

«Okay, Giorberndo», sage ich, «das war großartig. Aber eine abschließende Frage noch: Wann, glaubst du, steht die erste Kleinstadt auf dem Mars? Und was wird es uns bringen?»

«Mein Lieber, ich erinnere dich gerne noch mal daran, dass ich Weltraumpsychologe bin und kein Einwohnermeldeamt auf dem Mars. Außerdem waren das zwei Fragen. Aber na ja, ich probiere es mal. Kannst du dich erinnern, als du mich vor ein paar

Wochen gefragt hast, ob es auf dem Mars schön sein wird, und ich verneinte und du dann wissen wolltest, warum wir dann hinfliegen?»

«Ja. Vielleicht aber auch nein.»

«Also, dann helfe ich dir mal auf die Sprünge, wa? Ich sagte: Wir fliegen, weil wir es können. Weil es möglich ist und wir so viel über uns und unsere Welt lernen werden. Das stimmt auch. Ja, das stimmt. Aber in Wahrheit fliegen wir eben auch, weil wir es müssen.»

Bernd legt die Fingerspitzen seiner gewaltigen Hände aneinander und formt eine Kugel. Lautstark imitiert er einen Kometeneinschlag und sprengt die Hände auseinander. BUMM!

«Es ist eigentlich ein Wunder», seufzt er, «dass das Leben auf der Erde überhaupt so lange durchgehalten hat.»

Bernd hat recht. Noch haben wir Glück, aber niemand weiß, wie lange noch. Es gibt unzählige Gefahren, die der Erde und den Menschen von inner- und außerhalb drohen: katastrophale Vulkanausbrüche, ein verheerender Klimawandel, Dürren, Eiszeiten, globale Seuchen oder ein atomarer Weltkrieg. Und natürlich die größte Gefahr, gegen die wir wohl immer machtlos bleiben werden: Einschläge von Kometen, Meteoriten und Asteroiden, die alles Leben in wenigen Minuten auslöschen können. So oder so: In spätestens fünf Milliarden Jahren, wenn die Sonne erlischt, wird es die Erde nicht mehr geben – und die Nachkommen der heutigen Menschen werden nur überleben, wenn wir bis dahin nicht nur eine transirdische und multiplanetarische, sondern auch eine multigalaktische Spezies geworden sind. Der Mars wird dabei nur der erste Schritt einer Reise sein, die uns durch das gesamte Universum führen wird. Bis auch dieses, aller Wahrscheinlichkeit nach, irgendwann enden wird.

Elon Musk hält es für machbar, dass Menschen bereits in den 2050er Jahren in kleinen, sich selbst versorgenden Städten auf dem Mars leben werden. Da auf der Heimaterde jederzeit die

Katastrophe hereinbrechen und der Fluss der Versorgungsschiffe abbrechen könnte, ist es das ausgeschriebene Ziel, den Mars schnellstmöglich zum autonomen Selbstversorger zu konvertieren.

Der Mars bietet alle Ressourcen, die es dazu braucht. «Mit leichtem Gepäck reisen», schreibt der Raumfahrtingenieur und Mars-Enthusiast Robert Zubrin, «und von den Rohstoffen des Planeten leben – das ist die Fahrkarte zum Mars.» Die Worte des Visionärs, der bereits zu Beginn der neunziger Jahre seinen Mars-Direct-Plan vorgestellt hat, sind heute noch genauso wahr und aktueller denn je. Wir werden mit wiederverwertbaren Raumschiffen kommen, und da sich der Treibstoff, den man für einen Rück- oder Weiterflug benötigt, in situ aus der Marsatmosphäre produzieren lässt, käme man leicht und kostengünstig hin. Der Mars beherbergt Stickstoff, Kohlenstoff, Sauerstoff und Wasserstoff en masse. Aus ihnen und den Rohmaterialien des Marsbodens kann nicht nur Energie gewonnen werden, sondern auch so ziemlich alles hergestellt werden, was man zum Überleben braucht: Kleidung, Kunststoffe, Metalle, Häuser und natürlich die zwei wichtigsten Komponenten: Nahrung und Wasser. Ersteres kann in einfachen Gewächshäusern wachsen, gerade Pilze eignen sich wahrscheinlich prächtig für den Anbau auf dem Mars, und Wasser ist nicht nur in Form von Wassereis vorhanden, sondern kann ebenfalls aus der Luft kondensiert werden; zumal es als sicher gilt, dass der Mars geothermische Quellen mit heißem Wasser besitzt. 3-D-Drucker können alles liefern, was für den Siedlungsbau benötigt wird, und die Energie wird durch Atomreaktoren, Sonnen- oder Thermalenergie erzeugt. Rechnen wir noch jene neuen Erfindungen und Technologien mit ein, die erst in den kommenden Jahrzehnten gemacht werden, wird es zunächst nicht leicht sein, eine Stadt auf dem Mars zu errichten, aber allemal möglich. Und sobald wir uns auf dem Mars etabliert haben, können wir uns der eigentlichen Aufgabe widmen, die alles verändern wird.

Der Terraformierung des roten in einen blauen Planeten.

Der Mars war nicht immer ein lebloser Planet. Er starb, als er sein Magnetfeld verlor und somit auch den Schutz gegen die gnadenlose Sonnenstrahlung. Bis dahin gab es Wasser auf dem Mars, Flüsse und womöglich sogar organisches Leben innerhalb einer dichten Kohlendioxidatmosphäre. Das alles ist 3,5 Milliarden Jahre her. So lange hat er warten müssen. Und sich bestimmt nicht vorstellen können, von Lebewesen aus der planetarischen Nachbarschaft aus seinem Dornröschenschlaf geweckt zu werden.

Terraforming (oder «Planetary Engineering») ist die Kunst, einem toten, kalten, sauerstoffarmen Planeten Leben einzuhauchen. Im Falle des Mars bedarf es «nur» eines globalen Temperaturanstiegs um 6 Grad, um zu erreichen, dass seine Erwärmung automatisch voranschreitet und dieselben biochemischen Treibhausprozesse beginnen, die wir von der Erde kennen. Bereits heute existieren unzählige Methoden, um den Stein des marsianischen Lebens ins Rollen zu bringen.

- Riesige Reflektoren im All bündeln die wärmende Sonnenstrahlung und leiten sie auf die Marsoberfläche, allen voran auf die wassereisreichen Pole.

- Das Zünden von Wasserstoffbomben an den Polen, die das Eis zum Schmelzen bringen. (Das hatte Elon Musk gemeint, als er «Nuke Mars!» twitterte.)

- Fabriken, die aus fossilen Brennstoffen gezielt Treibhausgase produzieren. (Der Mars besitzt Unmengen an hochpotenten Treibhausgasen, die das Sonnenlicht einfangen, z. B. Schwefel oder Oktaflor-Propan, welches das 800-fache Treibhauspotenzial von Kohlenstoff hat.)

- Die Erzeugung eines künstlichen Magnetfeldes.

- Die Einfuhr des Treibhausgases Methan, z. B. von Titan, einem der Monde des Saturn.

All diese Methoden haben nur ein Ziel: einen künstlichen Treibhauseffekt in Gang zu bringen, sodass sich eine dichte Atmosphäre bilden kann, die in der Lage ist, die Wärme des Planeten zu speichern. Durch das Schmelzen des Wassereises werden Wasserstoff und Kohlendioxid freigesetzt. Erste photosynthetische Organismen und Pflanzen verwandeln das Kohlendioxid in Sauerstoff, woraufhin eine Ozonschicht entsteht. Nun ist die Atmosphäre derart stabil und warm, dass sich erneut flüssiges Wasser bilden kann. Es ist Schluss mit dem roten Planeten, denn der Himmel wird so blau sein wie auf der Erde. Meere entstehen. Das Land wird fruchtbar. Bis der Planet allerdings grün wird und bis sich genug Sauerstoff in der Atmosphäre angereichert hat, sodass wir heutigen Menschen problemlos atmen könnten, ist es noch ein langer Weg.

Das Terraforming des Mars wird, je nach Finanzierung, einige Hunderte Jahre dauern – oder Tausende. Aber die Chancen stehen gut, dass es der Mensch innerhalb eines Jahrtausends schaffen wird, den Mars entscheidend zu verändern. Alles, was es dazu bedarf, ist das Zehnfache dessen, was an CO_2 in den letzten hundert Jahren auf der Erde generiert worden ist. Das ist durchaus machbar, zudem wir das größte Ass in unserem Ärmel noch gar nicht ausspielen können. Zubrin bringt es auf den Punkt, wenn er sagt, dass wir gerade mit den Möglichkeiten von Menschen aus dem 20. Jahrhundert die Probleme des 22. Jahrhunderts angehen. Allein in den kommenden Jahrzehnten stehen wir vor gravierenden technologischen Fortschritten, und was in hundert, zweihundert oder tausend Jahren möglich sein wird, ist für uns genauso unvorstellbar wie die Unendlichkeit. Wir werden über lebensverändernde Nanotechnologie verfügen, künstliche Intelligenz, womöglich durch Gentechnik in 50 Jahren schon Pflanzen züchten, die auf dem Mars wachsen können. In nur 150 Jahren wird alles, was wir Heutigen tun, unseren Urgroßenkeln so primitiv erscheinen, als müsse man noch zwei Steine aneinanderschlagen, um ein Feuer zu entfachen. Wer glaubt, dass dies alles zu verrückt oder zu unmöglich klingt, muss sich nur klarmachen, dass die Menschen des frühen 20. Jahrhunderts von Hexerei gesprochen hätten, wenn man ihnen erklärt hätte, dass man sich heutzutage mit einem handtellergroßen Kasten in den Wald setzen kann und jedes Musikstück und jeden Film der Welt in Sekundenschnelle hören oder anschauen kann – zumal sich niemand mehr darüber wundert, dass so etwas überhaupt möglich ist! Der Gedanke an Hunderte Tonnen schwere Metallkonstruktionen, die sicher durch die Lüfte schweben vor 200 Jahren? Gedanken an Raumstationen wie die ISS oder Marsreisen zu Kepler und Galileis Zeiten? Oder Künstliche Intelligenz im Mittelalter? Nein, schon bald wird es so leicht und natürlich sein, einem toten Planeten Leben einzuhauchen, wie es für uns Heutige ist, mit unseren Freunden am anderen Ende der Welt zu telefonieren.

Und der Mars wird erst der Anfang sein. Um noch einmal auf Worte von Robert Zubrin hinzuweisen: Der Mars ist nur eine Richtung, aber nicht das endgültige Ziel. Es wäre keine Überraschung, wenn in 10 000 Jahren der Mars so aussähe wie die Erde und die Erde als lebloses kosmisches Fossil ihre vereinsamten Bahnen um die Sonne zieht. Das Prinzip bleibt dasselbe. Da auch der Mars von Kometen oder den Widrigkeiten eines Menschenaffen zerstört werden kann, werden wir immer weiter in die Milchstraße vordringen. Die nötigen Fortbewegungsmittel dazu liefern zum Beispiel Sonnensegel-Raumschiffe, die sich den Druck der Sonnenstrahlen zunutze machen können, Nanoschiffe mit Laser-Segel, die in nur 1,5 Stunden die Strecke Köln–Mars zurücklegen, oder all das, was heute noch nach Science-Fiction klingt, aber in naher oder ferner Zukunft Realität wird: Kernfusionsantriebe, Ionenantriebe oder sogar Raumschiffe mit Antimaterie-Motoren oder Warp-Antriebe, die das Gewebe der Raumzeit verändern können!

Die Menschen, die in diesen Sternenkreuzern reisen, werden vielleicht nur noch unser Bewusstsein und unsere Ich-Identität besitzen, aber keinen physischen Körper mehr. Man ist sich einig, dass sich mit fortschreitender Evolution und Digitalisierung der biologische Körper für interstellare Reisen als überflüssig erweisen wird. Bereits heute arbeitet die Wissenschaft fieberhaft am Human Connectome Project, das sich zur Aufgabe gemacht hat, jedes Neuron im menschlichen Gehirn zu kartographieren. Bei mehr Neuronen im menschlichen Gehirn als Sterne im Universum ist das, gelinde gesagt, eine Mammutaufgabe. Aber Künstliche Intelligenz und Quantencomputer können bald dazu führen, dass es möglich sein wird, unser Bewusstsein zu digitalisieren und die Konnektome auf Laserstrahlen in fremde Galaxien zu schicken. Der Quantenphysiker Michio Kaku nennt dies Laser-Porting. Ist der Geist einmal ausgelagert, könnte man ihn in einen Silikonkörper hochladen, der dreimal so alt werden kann wie der biologische – wenn man denn überhaupt noch eine Art materiellen Körper haben möchte.

Die transhumanistische Wissenschaft wird den Körper immer weiter verbessern, unsere Lebenszeit dramatisch verlängern und schließlich dafür sorgen, dass das Leben, zumindest das Bewusstsein, gar nicht mehr sterben muss. Wie die intelligenten Zivilisationen fremder Planetensysteme, nach denen wir heute noch suchen, können wir selbst bald keine materiellen Körper mehr unser Eigen nennen und mit Technologien reisen, die heute noch so unvorstellbar sind wie ein Smartphone vor 250 Jahren.

Es ist so sicher wie der Umstand, dass wir Lungen zum Atmen besitzen: Die Zukunft des Menschen liegt außerhalb unseres Sonnensystems, sogar außerhalb unserer Galaxie. In Asimovs Foundation-Triologie entwirft der Autor ein gespenstisch akkurates Bild unserer Zukunft, wenn er schreibt, dass die Menschheit in 50 000 Jahren so viele Planeten besiedelt haben wird, dass sie gar nicht mehr weiß, auf welchem sie ihren Anfang genommen hat. Das ist die Zukunft des Übergangswesens Mensch: Niemand wird sich mehr an die Erde erinnern. Mein Docking-Trainer, Freund und Lehrer hat recht: Die Intergalaktischen, das sind wir selbst.

Bernd hat alles ausgeschaltet. Der Docking-Raum ist still.

«Tja», sagt er, «das war es dann. Auf und davon.» Zufrieden lehnt er sich zurück und faltet die Hände im Schoß. Seine schmalen Augen blicken auf mich hinab. «Und, noch weise letzte Worte?», fragt er.

«Nein. Aber weißt du, was mir aufgefallen ist? Nur so als schöne Geschichte? Die Viking 1 ist 1976 als erste Sonde auf dem Mars gelandet. Und ganz genau 50 Jahre später, 2026, werden wahrscheinlich die ersten Menschen den Mars betreten.»

«Chapeau, und du bist dabei, und ich funke dir von hier aus durch, wann du deine Tabletten nehmen musst.»

«Und packe noch einmal 100 Jahre drauf, maximal, und wir wohnen auch auf den Monden von Jupiter und Saturn, auf Europa und Enceladus.»

«Also ich nicht mehr und du auch nicht. In zwei Jahren sitze ich in Brandenburg am Fischteich und bleibe da, so lange, wie's eben dauert. Aber du hast recht. Wenn wir über die Zukunft des Menschen im Weltall forschen, nennen wir das übrigens Kosmismus, ein schönes Wort, wie ich finde. Es könnte von mir sein, wa?»

«Wie lange, glaubst du, wird es dauern, bis wir uns außerhalb unseres eigenen Planetensystems ansiedeln?»

«Jesus Maria und Josef!» Er hält sich die Hand vor die Augen und rechnet. «Das nächste Planetensystem um den Stern Alpha Centauri ist ungefähr 4 Millionen Lichtjahre entfernt, mit der heutigen Reisegeschwindigkeit bräuchten wir ... in etwa 300 Jahre! Aber mit unseren heutigen Mitteln. Und das hat nichts zu sagen. In allein 50 Jahren wird sich durch unseren technologischen Fortschritt, durch hyperintelligente Maschinen und Hochleistungsroboter alles radikal geändert haben.»

«Die Kardaschow-Skala, sagt dir das was?»

«Ich kenne den guten Mann, ja.»

«Nun, der gute Mann hat ja, gerade im Hinblick auf irgendwo anzutreffende Außerirdische, eine Klassifikation von Zivilisationen vorgeschlagen, die sich vorrangig um den Energieverbrauch dreht. Eine Typ-1-Zivilisation nutzt das Sonnenlicht eines Planeten, eine Typ-2-Zivilisation nicht nur die Lichtstrahlung, sondern alle Energie eines Sterns, Typ-3 bereits die Energie der gesamten Galaxie und Typ-4, ja Typ-4, auch noch andere Galaxien und die Energie des gesamten Universums. Ich persönlich würde aber ...» Ich mache eine Pause, damit ich Bernds gesamte Aufmerksamkeit habe. Er zieht die Augenbrauen hoch. «... ich persönlich würde noch eine Typ-5-Zivilisation hinzufügen. Eine Zivilisation, die in den Blasen, die das Multiversum schlägt, sogar die Energie eines oder mehrerer Universen nutzt.»

Bernd verzieht keine Miene. Er bewegt sich keinen Millimeter. «Möglich», sagt er schließlich, «so wie alles, was möglich ist.»

«Rate mal, an welchem Punkt der Skala wir uns befinden?»

«Wo?»

«0,7. Wir befinden uns erst noch auf dem Weg zu einer Typ-1-Zivilisation.»

«Immerhin», ergänzt er. «Vor 200 Jahren waren wir noch 0,0.»

Ich nicke. Beide sind wir in unseren Gedanken versunken und schweigen. Nach einer Weile schaut Bernd auf die Uhr und sagt: «So, ich muss Mareike holen. Noch ein Schlusswort, Herr Marstronaut? Eine Rede vor meiner Nation?»

Ich drehe mich auf die Seite. Dann doch wieder auf den Rücken, um an die Decke schauen zu können. Wenn Bernd eine Rede hören möchte, soll er eine bekommen.

«Ich glaube, im Kern ist jede Reise ein spiritueller Pfad. Und der Weg ins All wird uns jener Entität näher bringen, die wir mit dem Wort ‹Seele› nur schlecht begreifen. Mit jedem Schritt ins Unbekannte lernen wir mehr über uns selbst. Der Mensch ist ein Übergangswesen. Wir evolvieren vom Tier zu einem Menschen und dann zu einem Wesen, das das Menschsein in einer Art und Weise überwunden haben wird, wie wir den Schimpansen überwunden haben. Wir reisen, lernen und erkennen. Die Weite des Universums, der *Unview Effect* und die gnadenlose Stille werden uns voll und ganz auf uns selbst zurückwerfen. Und je mehr wir auf uns selbst schauen, je mehr wir innehalten und in uns hineinhorchen, desto schneller werden wir lernen, dass der Urgrund alles Seins, der Impuls zur Weltwerdung, immer ein geistiger ist, ein ewiges Rätsel von Leben und Tod, das stets die materielle Welt nach seinen immateriellen Ideen formt. Dieses Bewusstsein werden wir nach und nach ausgraben, wenn wir uns auf den Weg machen, und zwar nicht dort draußen, sondern hier drinnen, in uns. Der *Cosmo sapiens* wird seinen Geist schälen wie eine Zwiebel. Das Universum ist nur Werkzeug, ist Beschleuniger, Katalysator. Es hält nichts Neues für uns bereit, nichts außer dem größten aller anzunehmenden Spiegel. Worte, die auch schon den Tempel des Apollon schmückten: Erkenne dich selbst.»

60. Liegetag

Noch 10.491.776 Kilometer
bis zum Mars
Letzter Liegetag

Mitten in der Nacht liege ich wach und frage mich, ob die anderen auch nicht schlafen können. Dhia-K ist der Einzige, den es wahrscheinlich nicht stören würde, wenn ich ihn jetzt anriefe und grundlos aus dem Schlaf reißen würde. Doch ich lasse es bleiben. Mit weit aufgerissenen Augen starre ich an die Decke und warte, bis diese Nacht vorbeigeht. Noch einmal gehe ich durch meine Unbefindlichkeiten, wohlwissend, dass sie bald vorbei sein werden. Der verschleimte Rachen, die chronisch verstopfte Nase, die körperliche Verweichlichung – alles egal.

Das erste Licht fällt ins Zimmer, als gäbe es nur dies und als würde es reichen. Heute wird alles gelobt und zelebriert. Das Zimmer, das Licht und der Rotz. Ich weiß, ich werde das alles vermissen.

Als Jeremy um Punkt 6 Uhr 30 an der Tür klopft, bin ich hellwach. Blutdruckmanschette, Fieberthermometer, Blutabnahme, Wiegen, Waschlappen, die tägliche Anamnese.

«Wie geht es heute?», fragt Doc Frida.

«Absolut hervorragend!»

Ich greife zum Telefon und rufe Dhia-K an.

«Agent G!», schreit er mir entgegen.

«Wir sind durch, Mister Dhia-K, Prinz von Planetarien. Wir haben es geschafft.»

«Sag das noch nicht, das bringt nur Unglück! Wenn ich Geburtstag habe, gratulierst du ja auch nicht einen Tag vorher. Hey, aber ich habe zwei Fragen. Habt ihr schon richtig geknutscht? Oder sogar mehr? Seid ihr vielleicht die Ersten, die im Weltraum Liebe gemacht haben?»

«Das erzähle ich dir alles in Tunesien.»

«Inshallah, Agent G! Ich gebe dir süßen Tee und Baklava, und du erzählst mir. Der Zuckersirup wird deine Zunge versüßen, mein Bruder.»

Im Röntgenraum komme ich unter mehrere Maschinen, um meine genaue Knochendichte zu erfassen. Auf der Ganzkörperliege macht das langsam über mich herfahrende Gerät das Geräusch eines Druckers. Ich denke: Hier druckt man also die Menschen. Auf dem Bildschirm erscheint eine weiße Gestalt. Nur da, wo die Lungenflügel sind, befinden sich dunkle Flecke. Das Sanduhrenmeer, denke ich. Der Ozean des Mars.

«Tja», sagt Karl, ein angenehmer, schweigsamer Kerl, der keinen Sinn darin sieht, irgendetwas gegen seine hochgradig verdreckten Brillengläser zu unternehmen, «hier steht, du bist übergewichtig.»

«Das kann nicht sein.»

«Hier steht's.»

«Zum Glück kann ich diesmal nichts dafür.»

«Du hast dich hier freiwillig angemeldet, oder?»

«Ja.»

«Na, dann! Was machst du als Erstes, wenn du hier raus bist?»

«Bier trinken.»

Ich dusche ein letztes Mal auf der Pritsche, unserem Badelatschen. Ich will alles hören, lasse die Ohrenstöpsel weg und reiße die Augen auf. Ich schwebe im Strahl des lauwarmen Wassers und levitiere unter dem Röntgenlicht. Ein Nacktmull, ja, ein Gorilla, ja, ein Mensch und Marsianer.

Zurück in meinem Zimmer, frage ich sofort nach der Bettpfanne. Ich wünschte, ich könnte es irgendwie aufnehmen. Grinsend und glücklich seile ich meinen letzten Haufen in den Schieber. Im Alter von 39 Jahren zwei Monate lang in Kopfunterlage in eine Bettpfanne gekackt zu haben – das kann mir keiner mehr nehmen!

Chris liegt in seinem Zimmer und knüllt Papier zusammen, um es auf mich zu feuern.

«Ich werde», sage ich, «auch im Stehen noch Bettpfanne machen, habe ich mir überlegt. Hier bei dir im Zimmer. Und ich werde dich nachts besuchen kommen und dich wecken und dir meine Träume erzählen.»

«Das wäre die Hölle. Darf man eigentlich nachts rumlaufen?»

Wir schauen uns an und schweigen. Wir hatten es tatsächlich vergessen und müssen lange überlegen. Aber ja. Ab morgen müssen wir wirklich, wenn wir nachts pinkeln müssen, selber nach vorne gehen und uns eine Flasche holen, sie auf der Toilette vollmachen und sie eigenhändig wieder zurückbringen. Keine Bestellungen mehr per Telefon, keine bequemen Liefer- und Abholdienste ans Bett. Es ist kaum vorzustellen.

«Selbst zum Essen müssen wir *selber* in den Speiseraum gehen», empört sich Chris. «Dhia-K wird das am meisten ärgern. In seinem Zimmer konnte er zwei Monate ungestört rumpupsen.»

Da Morgen der geschäftigste Tag der gesamten Studie ist, verschwimmen die Stunden in grenzenloser Aufregung. Die Vorbereitungen laufen auf Hochtouren. Alles wird sich verändern. Selbst Dagi ist zu beschäftigt, um mir noch einen Witz vorbeizubringen.

Ich lasse mich durch den Trubel und die Vorfreude schieben, falls überhaupt jemand von den Blauen Zeit hat, und liege ansonsten in meinem Zimmer herum und versuche, mir alles einzuprägen und meiner Schieflage auf irgendeine Weise Lebewohl zu sagen.

Als letztes Liegeexperiment steht K-ICB auf dem Plan. Valentin tänzelt herein und stellt den Batman-Koffer auf den Tisch. Ich klebe mir die Elektrodenstreifen an, die beiden blinkenden Geräte. Leuchtend sitzt der Diamant auf meiner Brust. Ich drücke die Starttaste, schließe die Augen und sinke tief in mein Bett. Da sind sie wieder, die Geräusche, das Wasserblubbern, zu dessen Aufsteigen und Absinken ich atmen muss, meine Lunge eingetaucht in den Takt dieser Strandseekulisse, Möwen, Pelikane, Vögel, die der Wind über den Himmel wirft. Noch immer höre ich dort eine knarrende Tür, wo den anderen entweder Delfine oder das splitternde Holz eines Kahns in den Ohren klingt. So oder so: Es sind die Geräusche, die Strom- und Lebenslinien eines lebendigen Planeten, Bilder und Tage so bekannt wie mein geschwollenes Auge. Nur noch zwei Wochen, dann schenke ich sie dem glühenden Mars.

Valentin sammelt sein Strandgut ein und sagt: «Ich habe für euch alle ein Paket belgischer Schokolade aus meiner Heimat mitgebracht. Nur die beste. Ihr dürft sie erst am letzten Tag bekommen, aber schau mal.»

Er holt eine goldene Kartonbox aus seiner Tasche und hebt sie mir vors Gesicht. Direkt vor meiner Nase, direkt unter meinen Augen klappt er die Schachtel auf. Eine Bernsteinkammer! Ein Versprechen! Rund zwei Dutzend Pralinekugeln schimmern wie Perlen in einer verdammten Schatztruhe. Fast meine ich, die Weltseele, Demeter oder irgendeinen Himmel singen und lobpreisen zu hören.

«Die Welt ist gütig und voller Barmherzigkeit», sage ich.

Valentin nickt: «Gott ist groß, er hat die Erde und den Mars geschaffen und belgische Trüffel.»

Sebastian, Heiner und Doc Frida klappern unsere Zimmer ab und bereiten uns auf all das vor, was uns morgen erwartet: Tilt

Test, PEC, Balancetest, Lumar Muscle EMG, Augentest, Parcours, erneuter Augentest, Sprungtests, Muskeltests, Laufband und V2Max, auf dem Fahrrad bis zum Ende der Kraft, RSQ und eine immense Befundaufnahme durch einen allgemeinen und einen spezifischen Schmerzfragebogen.

«Der Tag wird so voll sein», sagt Sebastian, «ihr werdet die Mahlzeiten wohl auf dem Weg von einem Experiment zum anderen einnehmen müssen.» Ich habe kaum Worte dafür, wie egal mir das alles ist. Wir werden ein Tagesprogramm von 6 Uhr 30 bis 21 Uhr 30 absolvieren müssen. Ich werde wieder sitzen, stehen und laufen. Ich werde nach zwei Monaten Schwerelosigkeit in meinen Körper zurückkehren, hoffentlich wird die Nase frei, das Auge normal. Was währenddessen um uns herum passiert und wann ich wo etwas esse, ist mir, zumindest heute, scheißegal.

Am Abend liegen fast alle noch mal zusammen im Casino. Wir bestaunen uns selbst: Dass wir es geschafft haben, 60 Tage so zu liegen, können wir selbst am wenigsten glauben. Seltsam unaufgeregt geht es zurück auf unsere Zimmer. Es muss einfach jetzt vorbei sein, und sonst nichts. Aber an tiefen Schlaf ist nicht zu denken. Um vier Uhr muss ich pinkeln. Ich bekomme die Flasche, mache sie halb voll und starre an die Zimmerdecke. Vielleicht träume ich. Bevor ich es vergesse, rufe ich vorne an und sage, ich sei fertig mit Pinkeln.

«Die Flasche haben wir vor genau einer Stunde schon geholt», sagt Jeremy.

«Wirklich?» Ich schaue überall nach. Und finde tatsächlich keine Flasche. Vielleicht hat er recht. Vielleicht ist das aber auch alles ein Traum?

«Ihr wollt uns verarschen, oder?», fragt Jeremy.

«Wir?»

«Chris hat genau dieselbe Aktion gebracht wie du, und Dhia hat schon dreimal angerufen, weil er behauptet, nicht schlafen zu können und dass ihm langweilig ist. Das ist also der Dank dafür, dass wir euch zwei Monate lang gepflegt und betüdelt haben!»

«Ich verrate dir was: Nichts von alledem hier ist real! Ist Dagi da?»

«Ja.»

«Hat sie 'nen Witz?»

«Ich geb sie dir mal ...»

«Hallo, Dennis?»

«Dagi, hast du 'nen Witz?»

«Na klar, immer. Warte kurz ...»

Ich warte lange. So lange, dass ich schon Sorge habe, wieder eingeschlafen zu sein, ohne es zu bemerken. Dann höre ich ein Geräusch, das mich fassungslos macht. Ich höre den Drucker rattern. Sie druckt den Witz tatsächlich aus!

«Ähm ... noch da? Also. Ein russischer Kosmonaut, ein amerikanischer und ein ostfriesischer Astronaut sitzen an der Bar und trinken Bier. Der russische Kosmonaut sagt: ‹Wir Russen sind die Besten, denn wir waren die Ersten im Weltall!› Der amerikanische Astronaut unterbricht ihn und sagt: ‹Quatsch. Wir sind die Besten, denn wir waren die Ersten, die auf dem Mond spazieren gegangen sind!› Der ostfriesische Astronaut erwidert: ‹Paahh! Ist doch alles Kinderkram. Wir Ostfriesen sind die Besten, denn wir werden als Erste auf der Sonne landen.› Der Russe und der Ami drehen sich zum Ostfriesen um und sagen: ‹Da wirst du verbrennen, du Idiot!› Meint der Ostfriese: ‹Selber Idioten! Wir fliegen natürlich nachts hin!›»

«Dagi, einfach großartig!»

«Danke. Kannst du jetzt schlafen, Dhia?»

«Dhia?»

«Ich meine Dennis.»

«Nein.»

Ich schlafe ein. Kurze Zeit später schrecke ich hoch, ohne hochzuschrecken, greife zum Handy und schreibe Klara, deren Dienst in einer Stunde beginnt.

«Hey du. Wie groß bist du eigentlich?»

Aufstehtag

75. Tag auf Station

Noch 9.836.040 Kilometer
bis zum Mars
Noch 14 Tage bis zum Mars

Sie sind schon da. Noch bevor ich die Augen ganz aufhabe, stehen sie schnaubend an meinem Bett und hüpfen von einem Fuß auf den anderen. Heiner, Doc Frida und Werner. 60 Tage lagen wir hier mehr oder weniger bewegungslos rum, und plötzlich muss alles ganz schnell gehen! Blutdruck- und Fiebermessen, in Rekordzeit wiegen und *nein*, bekomme ich erklärt, als ich nach dem Waschlappen frage, duschen könne ich heute Abend – und zwar im Stehen! Zum Fragebogen allerdings zwingt man mich noch, selbst nachdem ich mich bereits das allerletzte Mal in meinem Leben auf die Transportliege gerobbt habe. Während ich auf dem Tablett meine Kreuze mache, schießt Doc Frida die letzten Fotos von meinem Puffyface. Der Fragebogen liest:

Stark? – Äußerst stark!
Verärgert? – Kein bisschen!
Wach? – Erheblich!
Gereizt? – Gar nicht!
Begeistert? – Äußerst stark!
Stolz? – Erheblich!
Ängstlich? – Gar nicht!

Jeremy schiebt mich aus dem Wohntrakt, begleitet von Werner, der für den Kipptisch verantwortlich ist. In einer sicheren Sekunde beugt sich Jeremy zu mir runter und flüstert: «Ich find's schade, dass es vorbei es. Wehe, ihr wollt jetzt abends nicht mehr mit mir pokern!»

«Ich find's auch schade, mein Lieber. Aber wir haben ja noch zwei Wochen. Nur den kleinen Pokertisch, den werde ich vermissen. Der war süß. So hat noch niemand gepokert im gesamten Universum, da bin ich mir sicher.»

Er nickt. Plötzlich schrecke ich hoch, ohne hochzuschrecken, stiere ihn an und packe seinen Arm. «Sag mal, hat Dagi mir heute Nacht 'nen beschissenen Ostfriesenwitz vorgelesen?»

Als wir den Kipptisch-Raum erreichen, bin ich zunächst überrascht. Seit dem Besuch Ewalds habe ich nicht mehr so viele Menschen auf einem Haufen gesehen. Ich zähle durch. Es sind zwölf. In ihren blauen und weißen Kitteln sehen sie aus wie Chirurgen. Ich habe das altbekannte und ungute Gefühl, in einen Operationssaal geschoben zu werden.

Operation Kipp-dich-auf.

Operation Vertikal.

Operation Schwerkraft.

«So», sagt Werner, «wir haben es ja schon einmal gemacht. Du erinnerst dich?»

Ich erinnere mich. In der Prä-Liegephase wurden wir schon einmal auf den futuristischen Kipptisch gepackt, ein Gerät, das aussieht wie eine Zeitmaschine. Wir wurden verkabelt, verklebt und wenig sanft auf den Tisch geschnallt. Von der Hüfte abwärts bekamen wir eine luftdichte Saugglocke aufgesetzt, die bei Bedarf, wenn der Kreislauf partout nicht zusammenbrechen will, den letzten Druck aus dem Körper zieht. Aus der Waagrechten wurden wir schließlich, ein klackerndes Geräusch wie auf einer Achterbahn, vorsichtig in die Vertikale gekippt. Festgezurrt standen wir da und warteten, bis der Kreislauf dieses Spiel nicht mehr mitmachte. Das Team kontrollierte alle Körperwerte, die Augen, die Farbe in meinem Gesicht, den Schweiß in meinen Handflächen. Ich stand eine knappe Minute, bis mir schwindelig wurde und man mich zurückkippen musste.

«Ich erinnere mich.»

«Schön», sagt Werner. «Heute machen wir das Ganze einfach noch mal.»

Ich wurme mich auf den kalten Metalltisch und werde am ganzen Körper festgezurrt. Das Ankabeln, Elektrodensetzen, Messen und Vorbereiten dauern ewig. Keine 30 Minuten in meinem Leben waren jemals so unerträglich lang. Ich trage nur eine dünne kurze Hose. Wann immer es geht, legt man mir eine Decke über, damit ich nicht friere. Ich liege. Ich liege und warte. Du bist ein Meister des Liegens und Wartens geworden, spreche ich mir Mut zu, diese letzten Meter hältst du auch noch aus. G wie Gleichklang, G wie GEDULD. Noch diese Stunde liegen, diese allerletzte deines Lebens: Sie wird dein Meisterstück!

Dann ist es so weit. Werner geht die Checkliste Punkt für Punkt durch und bekommt von jedem seiner Assistenten ein lautes «Fertig!». Er beugt sich über mich, grinst, zieht mir die Decke weg und faltet sie, was überhaupt nicht sein muss, akkurat zusammen. Dann sagt er: «War eine wahnsinnige Zeit, oder? Hast du noch letzte Worte?»

«Mach hin!»

Der ganze Raum lacht. Werner kneift mich in die Wange.

«Es war großartig mit dir, Junge! Einen guten letzten Schuss!» Er tritt zurück und gibt das Zeichen.

Drei.

Zwei.

Eins.

Und los!

Mit einem Ruck werde ich in die Senkrechte geschleudert. Ich stehe. Ich fühle den Boden der Maschine unter meinen Sohlen.

Aus meinem Kopf sinkt das Gewicht von hundert Erden in die Beine. Ich grinse. Ich will etwas sagen, irgendeinen dummen Witz machen, muss mich aber sofort auf den Atem konzentrieren, der mir bereits abhanden zu kommen droht. Die Gurte drücken auf meine Brust, ich beginne zu schwitzen. Der Raum fängt an, sich zu drehen, mir wird schlecht. «Ab!», schreit der Assistent.

Und sachte surrt mich die Maschine zurück in die Horizontale.

Ich liege.

Zurückgeworfen auf weltliche null Grad.

Ich schließe die Augen und höre aus dem Genuschel um mich herum, wie lange ich stand: 14 Sekunden. Meine Transitzeit, denke ich. Von jetzt bis an mein Lebensende nur noch Schwerkraft. Ich warte, bis etwas Spektakuläres passiert. Doch zunächst ist da kein göttergesandtes Licht, weder Trommelwirbel noch Fanfaren hallen durch das Raumschiff. Nein, am Ende von allem kommt zunächst die große Entkabelung. Stück für Stück entfernt man die Elektroden und Messgeräte von meinem Körper, die Blutdruckmanschette, den Sensor um den Zeigefinger. 20 Augen blicken mich an und gratulieren mit dem feuchtblauen Funkel der Begeisterung, der um ihre Pupillen kreist. Nervös schiebt Doc Frida den Rollstuhl an den Tisch. Sebastian filmt. Alle sind sie begeistert.

Am Ende also, jetzt weiß ich es, steht die große *Erwartung*.

Für eine Sekunde frage ich mich, ob der Automatismus des Aufstehens überhaupt noch in Gang kommt, ob die anästhesierte Motorik das Signal nachzeichnen wird, das der Aufstehwille ihm sendet. Nach 60 Tagen, in denen ich kein einziges Mal auch nur den Kopf hob, könnte es durchaus sein, dass diese Verbindung so lahmgelegt ist wie meine Beine.

Aber der Körper ist ein Zauberwerk. Er erinnert sich. Ich drücke mich auf den Ellbogen, stoße mich hoch und sitze. Bleiern hängen die Beine über der Bettkante. Sie sind taub und schwer. Lege ich den Kopf leicht in den Nacken, zieht es den gesamten

Oberkörper zurück, und ein Schwindel reißt mich gen Boden. Drehe ich ihn etwas zur Seite, wird mir sofort schummrig; ansonsten sitze ich einfach und fühle, wie ich in der Vertikalen existiere.

Schließlich stoße ich mich langsam vom Tisch. Die Assistenten lassen mich los. Ich stehe. Verdammt noch mal, ich stehe! Ein Augenblick, den wir nun mit jenen Astronauten gemeinsam haben, die von langen Aufenthalten auf den Raumstationen zurück in den Schoß des Heimatplaneten kehren, ein Erlebnis, das wir alle nie wieder vergessen werden: Eine unsichtbare Großmacht, der dunkelgraue Sog der Erde, strömt durch meinen Körper. Ich spüre den Planeten. Er sitzt in mir wie Blutplättchen und Knochen, er wirkt und zieht und dehnt sich zäh in die Glieder. Jede Sekunde meines Lebens hat mich diese Anziehung begleitet und vorausgesetzt. Sie hat die Galaxien gestaltet und die Sonnen, die Berge und diesen Körper, sie ist «allgegenwärtig wie die Liebe» (Saint-Exupéry). Aber heute ist der erste Tag, an dem ich *sie* spüre. Es ist das erste Mal, dass sie sich vollkommen in mir beheimatet. Nach einem halben Menschenleben weiß man es endlich: Die Schwerkraft, das bin ich!

Ich gehe. Millimeter um Millimeter. Werner und Doc Frida stützen meine Arme. Mit jedem Schritt muss ich all meine Kraft aufwenden, um mich gegen die Kraft des Planeten zur Wehr zu setzen. Als stecke ein dumpfer Magnet tief im Körper. Als müsse ich mich aus mir selbst herausgraben. Es ist Arbeit, die tauben Beine zu heben und einigermaßen gerade wieder abzusetzen. Sie sind dreimal so schwer wie gewohnt. Es ist ein merkwürdiges Spiel: Der Körper weiß noch, was er zu tun hat, gleichzeitig hat er alles vergessen. Er fühlt sich fremd und geisterhaft an, während er im selben Moment wieder voller Blut, Gewicht und Gegenwart schießt, während alles erneut unter dem Druck des Getragen-werden-Müssens an Realität gewinnt! Mit kindlicher Freude lache ich vor mich hin und weiß, was mich nun erwartet.

Zwei Monate lang lag alles herum und wurde gehalten.

Nun gilt es, mich wieder selbst zu tragen.

Im Rollstuhl sitzend, flitze ich durch die Station, mit einer Hand stets zurückgehalten von Doc Frida. Unten krampfen die Waden und sind schwer wie Steine, die Oberschenkel dagegen sind zittrig und hohl. Die Arme kann ich herumschleudern, heben und senken, wie ich will. Der Druck im Kopf nimmt langsam ab, das erste Stück Nase wird frei. Der Mars: Er macht mich wieder zu einem Menschen!

Im Wohntrakt werde ich mit Konfetti und Luftballonschlangen empfangen, aber das Fest und die Gratulationen der Blauen währen nur kurz. Die Tour de force beginnt. Meine erste Station ist der Wiegeraum, wo ich nicht gewogen, sondern in der Länge gemessen werde. Stramm stehe ich an der Wand. Das Ergebnis: Ich bin vier Zentimeter gewachsen. Im Liegen und in der Schwerelosigkeit hat sich die Wirbelsäule entstaucht. Vier Zentimeter schwereloser! Den Rekord allerdings hält Mareike, die, sowieso schon eine große Frau, um stolze sechs Zentimeter angewachsen ist.

Ich rolle zu den Muskeltests. Um mein Gleichgewicht zu testen, steige ich in eine Anti-Fall-Vorrichtung, die man von Hochseilparks kennt, und stehe in einer engen Kabine auf wackelndem Boden. Die bewegliche Plattform kippt vor und zurück, ich habe die Arme auf der Brust gekreuzt. Zweimal geht mir der Kreislauf flöten. Ich werde abgeschnallt, lege mich auf den Boden, bekomme von Doc Frida eine Sauerstoffmaske aufs Gesicht gedrückt und anschließend eine Banane, um wieder zu Kräften zu kommen. Ich liege auf dem Boden und warte. Dann noch mal zum Test und noch mal mit der Sauerstoffmaske zurück auf den Boden. Währenddessen rede ich ohne Unterlass und kann nicht aufhören, draufloszuerzählen. Ich muss alles loswerden, alles rauslassen. Ja, es gibt das unsagbare Glück, hinaufgeschossen zu werden für den *Overview Effect* und euphorisch zurückzublicken auf die blaue Erde, auf dieses grundsätzlichste aller Wunder. Ebenso groß, jetzt weiß ich es, ist die Begeisterung, wieder in die somatische Hülle eines Planeten gewickelt zu sein, wieder schwerevoll anzukommen auf der guten alten Erde.

Der Heimatfelsen-Effekt.

Vor neun Wochen bin ich das letzte Mal den Hindernis-Parcours gelaufen. Jetzt muss ich ihn wiederholen. Ich drücke mich aus dem Rollstuhl und weiß nicht, wie ich zehnmal, und das so schnell wie möglich, diese Strecke laufen soll! Noch immer zieht mich mein Magnet zu Boden. Die Schulter und der Nacken sind so schwer, als habe man sie mit Gewichten beschwert, die Beine sind kraftlos und matt. Ich schwitze, stemme mich gegen die unsichtbare Kraft in mir und tippel vor mich hin, begleitet von zwei Assistenten, die mich auffangen sollen, falls ich stürze. Nach zehn unendlich langen Runden will ich nur noch zurück in den Rollstuhl und ihn nie wieder verlassen.

Oder liegen! Wie wunderbar wäre es jetzt, einfach nur noch zu liegen!

Noch nie war ich so glücklich, zum Augentest geschoben zu werden: die einzige Aufgabe des Tages, die nichts mit Stehen, Hin-und-her-Springen, Laufen oder Radfahren zu tun hat. Ich sitze in meinem Rollstuhl und absolviere.

Wird das Auge schon wieder kleiner?

Dehnt es sich zurück?

Verdampft die Flüssigkeit aus meinem Sehnerv?

Nach eineinhalb Stunden im dunklen Augenraum, in denen die Erschöpfung genug Zeit hatte, sich in mir auszubreiten wie Nebel über einem Moor, werde ich zum Laufband geschoben. Stumm starre ich auf das Gerät, das mich ebenfalls stumm und blöd anstarrt. Ich soll da rauf, denke ich. Und joggen. Zehn Minuten lang. Aber es wird nicht möglich sein. Meine Knöchel sind wie in Zement gegossen. Mir ist schlecht vor Erschöpfung. Meine

Hände zittern, und mein Rücken ist so steif, ich habe Angst, er würde entzweibrechen. Ich weiß nicht, wie ich überhaupt aufstehen soll, geschweige denn joggen.

«Glaube mir», sagt Werner, der mir alles ansieht, «es wird gehen.»

Ich aber sehe mich zusammenklappen und kopfüber auf das Laufband schlagen. Ob man das wirklich wolle, dass wir hier stürzen und die Studie abbrechen müssen, jetzt noch abtransportiert werden, am Aufstehtag, dem goldenen Tag für alle Wissenschaftler hier und dem Höhepunkt der ganzen Veranstaltung?

Werner schaltet das Laufband an. «Versuch es. Es wird gehen.»

Okay. Wie ein Zombie drücke ich mich aus dem Rollstuhl und wanke auf das Laufband. Ich stehe und halte mich fest. Werner schmeißt den ersten Gang an. Ich gehe. Er erhöht die Geschwindigkeit, ich gehe schneller, er schaltet höher, und ich laufe, jogge bald zehn Minuten lang und könnte noch länger.

«Wie geht so was», frage ich Werner, als ich wieder im Rollstuhl sitze, «zwei Monate liegen und dann zack aufs Laufband?»

«Einfach Körpermagie. Und Geisteskraft. Du musst nur wissen, dass es geht, und dann funktioniert es ganz von allein.»

«Ich habe aber nicht gewusst, dass es funktioniert.»

«Ich aber!»

Im Casino finde ich Dhia-K, Felix und Kaya. Wir sitzen in unseren Rollstühlen und fallen uns in die Arme. Alle sind wir entsetzlich blass, völlig gerädert und überglücklich, Gespenster, die sich wieder zurück auf dem Weg ins Leben befinden. Mit großem Getöse kommen Mareike und Reinhold hereingerollt, gerade Mareike ist außer sich vor Erleichterung, schüttelt die Arme und schreit: «Es ist vorbei, wir haben es geschafft, ich freu mich soooooo. Tut euch auch alles weh?» Eine große Runde freudiges Wehklagen, bis Daniela um die Ecke biegt und sofort Geschenke zu verteilen beginnt. Irgendwo hat sie eine zwölfteilige Holzpizza aufgetrieben, und jeder bekommt eines der Teile als Erinnerung an diesen

Tag. Hier ist sie plötzlich penibel: «Es ist ein Andenken an diesen Tag, *nicht* für die Studie!» Auf jedes Stückchen hat sie einen unserer Namen geschrieben. Dhia-K nennt sie Habibi-Maus, knutscht ihn ab und sagt, seine dicken Backen seien bereits weg, was schade sei, er habe ausgesehen wie ein süßes Monchhichi.

«Ja», sagt Dhia-K, «dafür sind jetzt die Beine schwer und dick. Ich fühle mich nicht wie ein Monchhichi, sondern wie ein Monster.»

Der Nachmittag wird lang und hart.

Erst am Abend rolle ich zum ersten Mal in mein Zimmer. Ich schließe die Türe hinter mir und starre auf mein leeres Bett, das noch immer dasteht in seiner Minus-6-Grad-Schräge. Die Blauen haben noch keine Zeit gehabt, es wieder in die Waagrechte zu bringen. Ob es mir heute Nacht komisch vorkommen wird, nicht mit dem Kopf nach unten zu schlafen? Ich lege meine Hand auf die Matratze, als könnte ich so Kontakt zu dem Gespenst aufnehmen, welches hier acht Wochen lang zu Hause war.

Als der Astronaut Scott Kelly nach zwölf Monaten im All von der ISS zur Erde zurückkehrte, gestand er, er habe zum ersten Mal erfahren, wie lange ein Jahr sein kann. Er könne nicht anders, als zu glauben, sein ganzes Leben dort oben verbracht zu haben.

Ich stelle den Rollstuhl fest und stehe auf. Ich bin allein. Wie seltsam, einfach überall hingehen zu können! Ich habe das Gefühl, etwas falsch zu machen und jede Sekunde dabei erwischt und aus der Studie geworfen zu werden. Ich halte kurz inne und vergewissere mich. Aber es stimmt:

Du darfst aufstehen. Du darfst gehen. Du darfst dich an deinen Schreibtisch setzen. Du darfst dich an die Wand lehnen, den Oberschenkel kneten, einfach auf den Flur hinausspazieren oder ums Bett laufen, so oft du willst. Nur reinlegen darfst du dich nicht!

Ein Moment, auf den ich lange gewartet habe. Ich trete ans Fenster und schaue hinaus. Da liegen sie, rund und ewig wie verknöcherte Tiere, meine Kiesel, meine Steine! Mein Garten! Ich drücke das Gesicht ans Glas und erkenne jeden Zentimeter Moos auf den buckligen Felsen. Durch das grün schimmernde Licht sehe ich neue Blätter, die der Himmel fallen gelassen und der Wind herangeweht hat. Ich scanne jeden Millimeter. Ein zarter Löwenzahn leuchtet ins Grau. Das vorsichtige Gelb eines winzigen Stängels reckt sich zur Sonne und stäubt seine Pollen ins Steinreich. Blatt und Knospe. Wachsen und Werden. Selbst im Allerkleinsten offenbart sich noch immer der größte Wille der Natur.

Dieser ruhende, unveränderliche Zen-Garten.

Ich hatte vergessen, wie lebendig er ist.

Sebastian bringt mein Abendessen ins Zimmer und sieht mich verstört an. «Entschuldige», sagt er, «es ist einfach so krass ungewohnt, euch außerhalb des Bettes zu sehen. Ich bekomme jedes Mal einen Schock! Hast du dich schon für V2Max rasiert? Wie ich sehe, nein. Dann aber schnell, Pia holt dich in zehn Minuten ab.»

Ich stehe im Bad und schaue in den Spiegel. Ich bin zugewachsen. Da es schnell gehen muss, rasiere ich mir zunächst nur den Bart. Erst mit dem Trimmer, dann nass. Für V2Max bekommen wir eine mit etlichen Sensoren ausgestattete Atemmaske ums Gesicht gespannt, und es darf kein Härchen übrig bleiben. Die Maske muss sitzen wie ein Saugnapf.

Als ich fertig bin, wundere ich mich über meine glatte Haut. Fast drei Monate mit festen Schlafenszeiten, ohne Alkohol und jegliche andere legale wie illegale Genussmittel haben mich vorbildlich verjüngt. Ich bin porentief rein, denke ich werbespruchreif. Und weiß, so weiß wie Kalk oder Nivea-Creme. Eine Schande, dass man sich normalerweise so vollgießt mit Alkohol und Co, aber eine noch größere Schande, wenn man es nicht täte.

Das Schlimmste also zum Schluss. Für V2Max werden die Brust und meine Schläfen mit einem Dutzend Elektroden verkabelt. Wie eine Maschine werde ich an die große Maschine angeschlossen, hinter der die Männer in Weiß stehen. Pia schnallt mir die Maske um. Vorsichtig steige ich auf das am Boden festgeschnallte Bike, atme einmal tief ein, bekreuzige mich und beginne meine Tortur. Nach jeweils einer Steigung erhöht sich der Widerstand, gefolgt von einem zweiminütigen Plateau. Das machen wir so lange, bis ich nicht mehr kann.

Nach 20 Minuten ist es so weit. Die Geräte schlagen aus. Ich keuche. Nun schlägt die große Stunde von Werner und seinen Kollegen. Man hat die breitkiefrigsten, lautstärksten Kerle des Raumschiffs zusammengetrommelt, um mich anzuschreien, als gäbe es kein Morgen hinter dieser Stunde. Mit ihren Blöcken, Tabellen und Stoppuhren sehen sie aus, als seien sie selbst Teil eines niederschmetternden Experiments. Mittlerweile strample ich um mein Leben, fühle literweise Schweiß auf den Boden klatschen und hänge mich, das Motivationsgeschrei hilft, rein, als ginge es um genau das, um was es hier geht: die werten Kollegen von meinem Flur, vor allem Dhia-K und Chris, bei unseren inoffiziellen V2Max-Meisterschaften zu schlagen! Und so schließe ich die Augen und fahre weiter und weiter, selbst, als ich nicht mehr kann. Für einen einzigartigen Moment bin ich mir sicher, ich werde nie aufgeben, niemals zu treten aufhören, egal, wie schwer es wird, egal, wie wenig Muskeln mir geblieben sind. Werner hat es gesagt, *Man muss nur wissen, dass man es will,* oder irgendwas in der Richtung, ich habe es schon wieder vergessen, aber es macht nichts, da ich es will und alle Rekorde brechen werde, bevor ich nicht tot umfalle, strample ich weiter, plötzlich will ich, dass ich es weiß, und noch nie habe ich mich so angestrengt, vom Ringen mal abgesehen, es war ein harter Tag, und jetzt, wo er fast vorbei ist, will ich sehen, wie hart er noch werden kann, ich will es, und Werner will es auch, Werner und die anderen brüllenden Mäuler, die ihre Spucke über meine

Verkabelungen streuen wie Bombenteppiche, ich will, bis meine Beine zitternd und krampfend aus der Fußhalterung schnappen und ich auf die Armstützen falle wie ein Paket Leben, das von einer Sekunde auf die andere gestorben ist, hechelnd, als säße keine Lunge mehr in meiner Brust, als sei das gesamte Universum eine vernichtende Schwärze, und nur der eisernste aller Willen behütet mich davor, mir die Maske runterzureißen und auf das Fahrrad zu kotzen.

Ich kann nicht mehr. Aber ich kann!

«Spitze, Cowboy», sagt Werner. «Willkommen auf dem Mars!»

Nun ist es entschieden: nicht die Matratze. Nicht der Schaber. Nein, der Rollstuhl wird unser bester Freund sein! Ich parke ihn vor der Toilette, meiner «alten» Toilette, die ich mir auf unserem Flur mit Dami teile. Aus dem Büro hole ich den Schlüssel für die Klobrille. Damit wir nicht aus Unachtsamkeit und alter Gewohnheit ins Klo pinkeln, sondern immer nur in die Flasche, müssen wir jedes Mal die Kloschüssel aufsperren, um unsere größeren Geschäfte zu erledigen.

Staunend und mit hohlen Beinen stehe ich vor der offenen Schüssel.

Das Hinsetzen ist so schmerzhaft, dass ich laut aufschreie. Aber ich sitze. Ich kann, ich will, und ich drücke. Der Tag zollt seinen Tribut. Angewidert betrachte ich mein Werk, bevor ich es wegspüle, und bin froh, so seltsam und durcheinander kein einziges Mal während der Bettpfannenzeit geschissen zu haben.

Dieses alte Sitz-Kacken ist langweilig, einsam, unprätentiös. Die Bettpfanne habe ich zelebriert. Sie wurde zu einer kleinen Meditation. Und nun schnell ab in die Schüssel, und das war's, kalt und seelenlos muss alles abgeseilt werden, weil Dami schon an der Tür klopft. Vielleicht war im Bett doch alles besser.

Das Duschen aber ist eine Offenbarung. Ich schaffe es zwar nicht, mich zu bücken und in die Knie zu gehen, muss mich zittrig an den Armaturen festhalten und mich gegen die Wand lehnen, um nicht umzukippen – aber ein dicker Strahl warmen Wassers rauscht über meinen ohrstöpsellosen Körper, es ist das schönste Geräusch der Welt, eine mich umarmende Wasserwand, ein Segen, ein diesseitiger Gott. Schlüge Dami nicht noch immer an die Tür, ich würde hier stehen bleiben, bis ich zerflossen wäre.

Klaras Schicht beginnt um neun. Um zehn steht sie bei mir im Zimmer. Ich rolle mich vom Schreibtisch weg und drücke mich aus dem Rollstuhl.

«Du hast ja keinen Bart mehr!», ruft sie. «So nackt! Wie groß bist du eigentlich?»

Mit steifen, vorsichtigen Schritten humpel ich auf sie zu. Als setzte sich ein Fels in Bewegung. Klara schließt die Tür und zieht den Vorhang vor, damit wir vor der Kamera verborgen bleiben. Der künstliche Raum, den wir durch diese Trennung geschaffen haben, ist gerade so groß, um uns beide zu beherbergen. Unsere Höhle, unser Kreis, unser neues Zuhause. Zum ersten Mal stehen wir buchstäblich auf Augenhöhe voreinander.

Klara nimmt meinen Kopf in ihre Hände. Langsam zieht sie mich zu sich. Es ist die Berührung, die ich brauche, um mich endgültig fallen zu lassen, die letzte Strecke, die mir noch geblieben ist. Halb sinke ich auf Klara. Hier ist es, mein Ankommen, mein herrlicher Abgrund! Alles, was Schwere hat, lasse ich los, atme ich von mir wie die Luft aus den Lungen. Meine Knie schlottern. Sie muss mir buchstäblich unter die Arme greifen, damit ich stehen bleibe. Sie ist das Einzige, denke ich, was bleibt.

«Ich bin hier.» Ich weiß nicht, ob ich das gesagt habe oder sie. Mein Kopf liegt auf ihrer Schulter, ich habe die Augen geschlossen, der Duft ihrer Haut sinkt mir bis in die Zehen. Sie schmeckt nach dem Strom der Flüsse und Meere da draußen.

Ich hebe den Kopf und schaue sie an, den kupferfarbenen Hals, ihr Ohr, das nussbraune Auge. Die klare Form ihrer Liebe, ihre gnadenlose *Gewissheit.*

Sie lächelt und beginnt, sich langsam zu der Musik aus dem

Laptop zu bewegen. Automatisch folgt ihr Körper der Melodie, ohne etwas zu suchen. Klara nimmt mich mit. Alles resoniert, *das* ist sie also, ein Resonanzkörper, der schlichtweg erkennt und aufnimmt, was ist, und wenn es Schönheit ist, dann ist es schön, und wenn eine Stunde auf die andere folgt, dann ist es ein Leben.

Wir tanzen. Ich lache. Schniefend liege ich an ihrer Schulter. Der ganze Schmodder aus Nase und Hals löst sich und rinnt aus meinem Kopf.

«Da draußen», sagt sie, «sehe ich dich, bevor du verschwindest?»

Das Lied endet, und ein neues beginnt. Ich warte, bis die Stille vorbei ist, und antworte:

«Du siehst mich, bevor ich verschwinde.»

Es klopft an der Tür.

«Gut. Dann geh ich mir jetzt mal den Kittel wechseln.»

Ich hebe den Kopf. Ihre ganze Schulter ist vollgeschmiert mit Tränen und Rotz.

Es klopft erneut, gleichzeitig wird die Tür aufgestoßen. Ich bekomme meinen Fuß nicht schnell genug vorgeschoben. Ein Wuschelkopf erscheint im Türspalt.

«Ohh ah», stammelt Dhia-K, «sorry, aber ich habe nichts gesehen. Was auf dem Mars geschieht, bleibt auf dem Mars, versprochen.»

90. Tag auf Station

Noch 655.736 Kilometer bis
zum Mars
Noch 1 Tag bis zum Mars

Den Rest der Reise verleben wir alle in einem Grenzbereich zwischen vollkommener Erschöpfung und grenzenloser Ekstase. Die ersten Tage bleiben die Beine verhärtet wie Baumstämme. Jeder Knochen und jedes Gelenk des Körpers schmerzen, die Wirbelsäule ist steif wie eine Autobahn. Selbst die Zehen! Noch nie im Leben hatte ich Muskelkater oder Schmerzen in den Zehen und ahnte nicht, dass dies überhaupt möglich ist. Wie die mit Glücksbärchensaft vollgepumpten Einwohner eines Seniorenheims wackeln wir über die Gänge unseres geliebten Raumschiffs. Jeder filmt den anderen bei seinen seltsam unmenschlichen Gehversuchen: raus aus dem Rollstuhl, ein paar Meter staksen, zurück in den Rollstuhl. Viel Zeit für ein Sozialleben bleibt allerdings kaum. Die Tage sind so vollgepackt mit Untersuchungen, Leistungstests und Experimenten, dass meistens nur der Abend frei bleibt, um gemeinsam im Casino herumzulungern.

Vor meinen eigenen Augen hat mein Zimmer eine Verwandlung vollzogen. Seitdem ich wieder herumlaufen kann und waagerecht schlafe, fühlt es sich nicht mehr so «wahr» an. Alles in diesem Raum ging mir so nahe wie die eigene Leber, dies war meine Welt, mein Alles-Raum. Nach ein paar aufrechten Tagen allerdings wurde aus meinem heiligen Kosmos wieder ein gewöhnliches Zimmer mit praktischem Mobiliar, ein nüchternes Gefäß, das kaum noch etwas von unserer gemeinsamen Vergangenheit beinhaltet. Doch trotz der leidenschaftslosen Fremde beinhaltet es noch immer den schönsten Planeten des Universums: mein Bett.

Es ist der Ort, den ich am meisten vermisse. Das rudimentäre Auf-der-Matratze-Sein war meine Primärhülle und der Kokon, in dem ich reifte, die Gebärmutter, die mich zwei Monate lang nährte und trug, kurz: mein auf das nötigste Ich-Sein runterreduzierter Raum. Hier habe ich gehofft, gelacht, geweint und geliebt, hier lag ich vergraben oder beseelt. Eine einzigartige Beheimatung, die mir für immer genommen ist. Dies ist die härteste Aufgabe, die wir hier drin meistern müssen:

Acht Wochen durfte ich dieses Bett nicht verlassen.

Nun darf ich mich, außer nachts, nicht wieder hineinlegen.

Was sonst noch geschieht:

- Das Gefühl, etwas falsch zu machen, sobald man sich aufsetzt, steht oder geht, hält genau zwei Tage an.
- Meine Biopsienarben verfärben sich schwarz, als das Blut eines lebendigen Körpers in sie hineinschießt.
- Die vier Extra-Zentimeter der Schwerelosigkeit sind nach ein paar Tagen Gravitation wieder eingebüßt.
- In Zweiergruppen beginnen wir die typische Astronauten-Reha für unsere Muskulatur, besonders für die Beine. Die spielerischen Kraft-, Konditions- und Koordinationsaufgaben sind die Highlights meiner Tage. Bereits nach einer Woche merken wir, wie die alte Kraft und die Härte in unsere Körper zurückfinden.
- Felix macht eine Entdeckung. Und wäre diese nicht am genau vorletzten Tag geschehen, sondern schon zu Beginn unserer Reise, hätten die Studienleiter dem Versacken etlicher Millionen Euros mit angsterfüllten Augen beigewohnt und wären unverrichteter Mars-Dinge nach Hause gefahren. Felix fand heraus: Wenn man unsere fast leere Trinkflasche schnell und kräftig in der Mitte zusammendrückt, schießt eine ordentliche Gischtfontäne aus dem Trinknoppen. Nicht auszudenken, wie unsere Rei-

se verlaufen wäre, hätten wir diese Entdeckung, die wir «Wal-Atmer» nennen, schon vor einigen Monaten gemacht! Eine Phase der absoluten Albernheit beginnt. Der gesamte männliche Teil der Crew nutzt jede Gelegenheit, den werten Kollegen diesen Nebel ins Gesicht zu schießen. Einziges Ziel: Je überraschender die Fontäne einschlägt, umso besser. Bonuspunkte gibt es für absolut unpassende Momente: Gischt, wenn man aus der MRT-Röhre geschoben wird. Gischt, wenn man bereits im Bett liegt und das Licht aus ist. Gischt, wenn man von den Reportern des DLR-Magazins interviewt wird.

- Ebenfalls am vorletzten Tag machte ich eine Entdeckung der anderen Art, die mir den Atem verschlug. Ich war fest davon überzeugt, noch nie etwas Einzigartigeres gesehen zu haben. Ich sah sie im Flur, ganz in der Nähe meines Zimmers. Eine Mücke! Ein fliegendes, brummendes Ding, vor dem ich erstarrte, als sei ich meinem ersten außerirdischen Wesen begegnet. Das winzige Etwas hob ab, flog Richtung Casino, und ich machte mich hinterher, so schnell ich konnte. Die Mücke setzte sich auf den Fernseher und war wunderschön. Erst in diesem Moment wurde mir das Ausmaß dessen bewusst, drei Monate lang kein einziges Tier oder Insekt gesehen zu haben. Sie musste es durch die Pforte und die Schleusen bis in den Wohntrakt geschafft haben. Die erste Begrüßung des Mars! Ein Symbol des immerwährenden Lebens, und ich schaue genau hin, ob sie nicht auch einen Ölzweig im Mund trägt.

Der heutige Tag ist von der Trauer und der Freude eines jeden letzten Tages erfüllt. Auch wenn wir erst morgen Vormittag endgültig entlassen werden, sind die Experimente und Datenerhebungen heute Abend bereits abgeschlossen. Im Klartext bedeutet das: Wir müssen uns ab 20 Uhr an keine Vorgaben mehr halten. Es bedeutet: Wir sind frei, zu essen und zu trinken, was und wann immer wir wollen. Es bedeutet: Bier und belgische Schokolade.

Am Nachmittag habe ich noch einen wunderbaren Augenblick mit Kaya. Wir sind die Ersten, die mit dem Snack am Tisch sitzen. In der Ecke des Casinos hat jemand eine der Transportliegen geparkt. Stumm starren wir sie an. Dann starren wir uns an. Dann wieder die Liege. Die Sechs-Grad-Neigung sieht so gewaltig aus, als könnte das Ding keinen Menschen auch nur zehn Sekunden lang an seinem Platz halten; als wäre es unvorstellbar, dass wir einst auf diesen Dingern und in solchen Betten lagen. Und das monatelang.

Kaya lässt ihren Löffel fallen. Dann nimmt sie meine Hand, schaut mich an und sagt, in ihrem schweren slawischen Akzent, der nach gefrorener Erde und abgrundtiefer Ehrlichkeit klingt: «Dennis, schau. Das haben wir echt gemacht!»

Ja. Ja, das haben wir. Noch einmal blicken wir auf die Transportliege, einmal zu viel. In der nächsten Sekunde durchtobt uns ein so haltlos machender Lachkrampf, dass wir hustend und mit hagebuttenrotem Kopf unter den Tisch fallen. Wir brauchen fünf Minuten, um uns einzukriegen. Es ist kaum zu verstehen, aber ja, es ist eine absurde, gar hoffnungslos absurde und doch einzigartige Welt.

Am Abend haben sich so ziemlich alle, die in den letzten drei Monaten einen Fuß in dieses Raumschiff setzten, im Casino versammelt. Der womöglich letzte Schock der Reise: alle Blauen und Wissenschaftler zum ersten Mal in ihren Freizeitklamotten zu sehen! Es hat ja niemand ahnen können, dass diese Menschen noch ein anderes, richtiges Leben außerhalb der Arbeit und dieser Station besitzen.

Trotz der übersichtlichen Klamottenauswahl hat man sich innerhalb der Crew doch auf einen Dresscode (Hemd, lange Hose) geeinigt, torpediert nur von Raketen-Dami. Seit Tagen trägt er nur noch die über den Knien abgeschnittene Stoffhose aus dem MRT und ein neongelbes T-Shirt, auf dem groß und breit *Shitdiso* steht. Natürlich zieht er es durch. Dieses Outfit, in Kombination mit seinen grauen, zerklüfteten Hausschlappen, wird er stur weitertragen, bis er hier raus ist.

Chris ist der Letzte, der mit den Untersuchungen fertig sein wird. Wir warten auf ihn und vertreiben uns die Zeit. Angela erzählt Katzengeschichten aus Irland und beteuert, dass sie keine Lust hat, in ihr altes Leben zurückzukehren.

«Draußen», sagt sie, «gibt es nur nervige Kinder und ganz dicke Menschen und Kranke. Hier muss ich nichts tun und werde bewirtet wie eine Königin. Man hat drei Monate für mich gekocht, und ich habe auch noch einen Haufen Geld dafür bekommen. Es ist so traurig. Ich will hier nicht weg!»

«Versteh ich», sagt Daniela, die mittlerweile ein Foto und ein Glätteisen aus ihrem Zimmer geholt hat. Sie hält das Foto in die Höhe und sagt: «Das ist das erste Ergebnis, wenn man Troll googelt!» Es ist ein Foto von Dhia-K, mit Puffyface im Bett liegend. Wir brüllen vor Lachen. Da Dhia-K für alles zu haben ist, zieht er sich einen Stuhl heran und sagt: «Na, leg los.» Und Daniela legt los. Wenn sie jemals irgendwo mit irgendwas losgelegt hat, dann jetzt und hier. Unter dem Jubel der gesamten Mannschaft glättet sie Dhia-K die Haare, bis er aussieht wie Struwwelpeter. Währenddessen haben Reinhard und Mareike zwei Tische aneinandergeschoben, aus Teetassen ein Netz gebaut und schießen sich mit den Teigschabern einen Tischtennisball hin und her.

Chris ist durch. Er hat sich ein grünes Stretchband um die Stirn gebunden und kommt im Rollstuhl, den wir seit zehn Tagen nicht mehr benutzen, ins Casino geschossen. Der letzte Schlusspunkt unter unsere Reise. Theatralisch drückt er sich aus dem Rollstuhl und wird verschluckt von der jubelnden Menge. Doc Frida, die es schnell hinter sich bringen will, steigt auf einen Stuhl und bittet um Ruhe. Ihre Rede, die sie stellvertretend für das gesamte Studienteam hält, ist kurz und bündig.

Dass sie unheimlich stolz sei und sehr dankbar für die Leistung der Crew und der Blauen.

Dass die Studie nicht besser hätte laufen können.

Dass der Erfolg unserem Einsatz und unserem großartigen Teamgeist zu verdanken sei, wir wären alle unterschiedlich, aber eine sehr harmonische Crew gewesen, was nicht häufig vorkomme – eine sehr gute Repräsentation der menschlichen Rasse.

Dass wir bestimmt alle diese besondere Zeit immer wieder vermissen würden.

Dass jetzt ein neues Leben beginne, welches nie wieder das alte sein werde.

Denn, verdammt noch mal, wir seien die ersten Menschen, die zum Mars geflogen sind!

«Und zum Schluss kann ich nur noch mal sagen, wie stolz ich bin, was wir für eine kleine tolle Familie geworden sind. Ich hoffe, wir werden uns nicht aus den Augen verlieren. Genießt euer Bier, wir alle haben es uns verdient!»

Sebastian eilt in die Küche und kommt mit einem Kasten zurück. Vor einer Woche durften wir ein Bier oder ein nichtalkoholisches Getränk unserer Wahl bestellen. Ich wählte ein Leffe Brune, eine dunkle, leicht nach Kaffee schmeckende Portion Gott. Dazu gibt es die Pralinen, die Valentin mitgebracht hat, und so viel Abendessen, wie wir wollen. Womöglich ist es jetzt wirklich die allerletzte Untersuchung: Ein Tross aus Wissenschaftlern und Blauen steht um den langen Tisch herum und schaut uns zu, wie wir nach drei Monaten Abstinenz an dem ersten Schluck Bier nippen und uns gierig die Schokolade in den Mund stopfen. Der erste neue Geschmack nach drei Monaten. Kakao auf der Zunge. Bitternougat am Gaumen. Die leichte Säusel-Flocke im Kopf. Das Leben ist gut, sagt mein Gehirn. Wie habe ich es vermisst, diese einfachen Kostbarkeiten durch meinen Körper fließen zu lassen.

Nach dem Essen schließt Bernd seinen Laptop an den Fernseher an. Es folgt ein kurzer Dokumentarfilm über die Geschichte des Dockens, alte Aufnahmen von den allerersten Trainingsprogrammen, die nur ganze sechs Bilder pro Sekunde übertragen konnten. Unterlegt mit Musik, als hätte Bernd sich weiterhin bei den bereits weltabgewandten Kunstwerken seiner ehemaligen Psychiatriepatienten bedient. Zum Schluss gesteht er, dass wir als Gruppe nicht schlechter als die normalen Astronauten abgeschnitten hätten, und überreicht jedem von uns ein 6df-Docking-Zertifikat. Stolz- und bierdurchflutet, lesen wir es schwarz auf weiß: Wir dürfen einen Roboterarm im All bewegen, handgesteuert im Weltraum fliegen und eine Raumsonde an eine Raumstation andocken.

Beifall, Verbeugungen, Umarmungen. Der semioffizielle Teil des Abends ist Geschichte. Hierauf hat Dami gewartet. Er schließt sein Handy an die Lautsprecher an, positioniert sich mitten im Casino und ruft: «Der fucking Dancefloor ist eröffnet!»

Nach drei Monaten Grenzerfahrung hätten wir wahrscheinlich alles von unserem besten Mann erwartet, aber nicht das. Denn erstens schafft es Dami a. k. a. Kamikaze-M, genau die richtigen Neunziger-Jahre-Pop- und Discohits zu spielen, die für solche Zusammenkünfte unerlässlich sind, und zweitens ist er selbst die Rakete, die den Abend endgültig zündet. Er spreizt die Arme, stampft ein Bein in den Boden und grölt, so laut es seine Stimmbänder zulassen. Singend stiefelt er durchs Casino, als hätte die Arbeit an seinen TikTok-Songs nur zum Ziel gehabt, ihn lyrisch wie choreographisch auf diesen Abend vorzubereiten. Übertroffen wird er allein von Valentin, der, gekleidet wie James Bond, sich die Hosenträger zwirbelt und unter dem Rausch, den Dami entfacht hat, sogar Rückwärtssaltos vorführt.

Wir tanzen. Wie eine Gruppe aus betreuten Wohnverhältnissen formen wir einen Kreis und juckeln auf der Stelle, während ein Einzelner stets seine Kunststücke respektive Grausamkeiten in unser aller Mitte aufführt. Dami spielt Warren G und Luniz. Als er «Time of my life» aus *Dirty Dancing* spielt, ist der Siedepunkt der Party erreicht. Ich gebe meine Zurückhaltung auf und schnappe mir Klara, die an meiner Schulter den gesamten Song verkichert.

Chris und Felix werfen sich Pralinés in den Mund, Dhia-K murrt, dass ihm schon schlecht sei von all der Schokolade, und Daniela hat mittlerweile Rasierklingen geholt, um ihm, den sie aufgrund seiner noch immer schmalen Beine nur noch Chickenlegs ruft, selbige zu rasieren. Aber selbst für Dhia-K ist hier eine Grenze erreicht. Sein Einspruch ist vehement. Wenn er mit glattrasierten Beinen zurück nach Tunesien käme, sagt er, würde er für immer als schwul gelten. Ich drohe, mir an seiner Statt die Beine rasieren zu lassen und so in Djerba aufzuschlagen: die Ankunft des schwulen deutschen Freundes mit Küsschen auf alle Backen! Aber Daniela verneint: Es müssen die Chickenlegs sein oder keine!

Es ist schneller elf Uhr, als wir denken. Mittlerweile tanzen wir über die Flure. Die Endstation ist Reinhards Zimmer, der die Chose grinsend über sich ergehen lässt. Zwölf terrestrische Astronauten, springend und schreiend auf seinem Zimmer, während Dami «Last Christmas» spielt und die Scheiben beschlagen.

Als wir endgültig in unsere Zimmer gescheucht werden, rückt Angela mit ihrem Plan raus und schreit über den Flur, damit es auch ja alle zu hören bekommen: «Ich werde ein Verbrechen begehen, in Norwegen. Da sollen die Gefängnisse luxuriös sein, und man muss noch nicht einmal liegen. Schöne Unterkunft und Essen umsonst, das ist meine Zukunft! Nur eure Gesellschaft werde ich vermissen.»

Sie hat recht. Norwegen hat vorzügliche Strafvollzugsunterkünfte, fast so schön wie hier, und wir werden uns wahrscheinlich alle ein bisschen fehlen. Zwölf sich vollkommen fremde Menschen, die man auf so eine Reise geschickt hat, irgendwo zwischen Bundeswehr-Bootcamp und Klassenfahrt, sind zu einer kleinen Familie verwachsen, zu einem zusammengeschweißten Haufen Explornauten. Nicht auszudenken, was hier passiert wäre und wie hart die Monate geworden wären, hätten wir uns innerhalb des Teams nicht so gut verstanden. Es ist mittlerweile allen Raumeroberern klar, dass die wichtigste Aufgabe für künftige Missionen ins All die Zusammenstellung der Besatzung ist. Denn im Grunde ist es einfach: Weiß man gute Menschen an seiner Seite, ist es leicht, auch die schweren Zeiten, die auf jeden Fall kommen werden, zu überstehen. Wird man aber nicht gemeinsam leben, lachen und weinen können, dann ist alles verloren.

Ich muss pinkeln, gehe zur Flaschenausgabe und stehe vor einem leeren Schrank. Ich brauche einige Sekunden, bis mir klar wird, dass ich keine Pinkelflasche mehr brauche. Im Klo hebe ich den unabgeschlossenen Deckel. Neu: In eine Toilette pinkeln! Ich huldige diesem sakralen Moment, indem ich den Finger einige Sekunden auf der Spültaste ruhen lasse, bevor ich abziehe. «Da geht sie hin», sage ich, ist einfach weg, verschwunden, meine Pisse, für nichts und niemanden mehr brauchbar. Ciao!

Von der ganzen Tanzerei bin ich nass geschwitzt und klebe an Klara. Unsere Besenkammer zwischen Tür und Vorhang, unser kleines Reich, das nur uns gehört. Ich werde es vermissen. Ein Wir, das gab und gibt es nur auf diesem Raumschiff. Wie es wohl sein wird, sie draußen auf dem Mars zu treffen, wo wir beide andere Personen sein werden als hier drinnen? Ob es aufgehen wird, unsere Geschichte in einer anderen Welt weiterzuerzählen?

Aufgewühlt liege ich im Bett und gebe es bald auf, schlafen zu wollen. Ich schleiche zum Fenster. Die Station liegt in fahlem Licht, der Zen-Garten wacht grau und kalt. Meine Steine, mein Moos, mein zartes Blattgelb. Ich presse die Wange an die Scheibe und versuche, wie an einem der ersten Tage, ein Stück Nachthimmel zu erhaschen. Aber vergeblich. Ich weiß, dass uns nur noch diese Nacht von der Ankunft auf dem Mars trennt, dass er da draußen irgendwo leuchten muss, stolz und greifbar nur für die Hände von Menschenaffen eines anderen Planeten.

Seit 4,5 Milliarden Jahren existiert der Mars. Damit ist er ungefähr so alt wie seine Schwester, die Erde, und ihr wahlverwandt mit all seinen Canyons, Polarkappen, Vulkanen und Steinwüsten, mit dem fast gleichen Rhythmus der Tage und Jahre, mit all dem warmen, siedenden Wasser unter seiner Haut, der Grundvoraussetzung für Leben, wie wir es kennen. Rostrot glühend hängt er seit Milliarden Jahren in unseren Tagen und Nächten und strahlt auf uns herab. Bruder Mars, der Erwartungsvolle! Endlich wird es so weit sein, dass wir ihn tatsächlich besuchen kommen, endlich geht ein Traum in Erfüllung, der größer kaum sein könnte.

Ich frage mich, was geschehen wäre, wenn wir uns nie nach diesem Augenblick gesehnt hätten; wenn wir nicht, wie wir es seit Jahrtausenden tun, davon tagträumten, hinaus zu den Planeten zu reisen? Nichts ist so wahr wie die Tatsache, dass die Träume von heute die Wirklichkeiten von morgen sind. Die Verwirklichungskraft der Phantasie ist eine noch immer unterschätzte Göttin, obgleich sie zu den lebendigsten gehört. Gerade das Wechselspiel von Kunst und Wissenschaft in der Raumfahrt beweist, wie eng der träumende Geist mit dem Zauber der Machbarwerdung verwandt ist. Alle Astronauten und Astronautinnen sind von den großen Bildern der Raumfahrtgeschichte *und* von Filmen und Science-Fiction-Literatur animiert worden, ihren Traum wahr werden zu lassen. Sie sahen den ersten Menschen auf dem Mond landen und lasen Arthur C. Clarks Romane, sie träumten von Städten auf dem Mars und reisten ein Leben lang an der Seite von Jules Verne. Die Monde des Uranus sind nach Charakteren aus den Werken Shakespeares benannt, und als der Apollo-13-Astronaut Bill Lovell eine Live-Schaltung zur Erde hatte, ließ er Richard Strauss' *Also sprach Zarathustra* über die Lautsprecher zurück zum Heimatplaneten schallen, eine Hommage an Kubricks *A Space Odyssey*. Umgekehrt verfolgen die Künstlerinnen und Künstler seit jeher, was die Wissenschaft bereits verifizieren kann, und erweitern das Spektrum des Gegenwärtigen mit den radikalen Visionen von morgen – und so ad infinitum.

Die heutigen Macher, die hinter dem Mars-Direct-Plan, Blue Origin oder SpaceX stecken, können zu Recht als Sci-Fi-Nerds beschrieben werden. Jeder von ihnen ist mit Comics und Romanen aufgewachsen, die dafür gesorgt haben, dass sie es sind, die nunmehr Raketen und Raumschiffe ins Unbekannte schicken. Sie alle sind Wissenschaftler und Pioniere geworden, weil die Kunst sie inspiriert hat. Robert Zubrins Leidenschaft für den Mars und die Raumfahrt hat mit Weltraum-Literatur begonnen, Jeff Bezos träumte bereits als Jugendlicher davon, Hotels und Freizeitparks auf dem Mond zu bauen, und Elon Musk benannte nicht nur seine Falcon-Rakete nach dem Millennium-Falken aus *Star Wars*, sondern auch seine Dragon-Sonde, die mittlerweile Astronauten zur ISS bringt, nach Puff the Magic Dragon (Puff der Zauberdrache). «Das Wichtigste», schrieb der Raumfahrtexperte Wadim Lukaschewitsch, «das einen Menschen voranbringt, sind sein Traum und die Möglichkeit, diesen zu verwirklichen.»

Wenn wir in naher Zukunft vor lauter bewohnten Exoplaneten nicht mehr wissen, welcher unter den unzähligen kosmischen Felsbrocken der erste unserer Spezies war, wird dies nicht nur den Ingenieuren der Weltraumunternehmen, sondern auch der unermüdlichen Arbeit der Dichter und Philosophen zu verdanken sein.

Mars 1

1. Tag auf dem Mars

Aufstehen. Kein Wiegen, kein Fiebermessen, keine Blutabnahme. Nur das Salamibrötchen zum Frühstück, das mir nicht fehlen wird.

Ich packe meine Sachen, nehme die eingefallenen Ballons von der Wand, räume das Bücherregal leer. Klara sitzt auf dem Stuhl und sieht zu, wie ich meine Parzelle räume, wie sich unser gemeinsamer Raum auflöst. Ich muss daran denken, dass das griechische Wort *kósmos* nicht nur Weltenordnung, sondern auch Schmuck bedeutet.

Höflich klopft Bernd an der offenen Tür. Dass Klara mit im Zimmer ist, stört ihn kein bisschen. Die beiden haben sich genauso miteinander angefreundet wie die meisten hier.

«Hier», sagt er und überreicht mir ein letztes Geschenk. «Und bevor du fragst, ja, ich habe es selbst eingepackt.»

Klara vergräbt ihr Gesicht in den Händen, um nicht zu lachen. Ich reiße das umständlich mit Tesafilm zusammengepappte Zeitungspapier auf. *Magellan* von Stefan Zweig. Ich grinse ihn an. Ich schlage das Buch auf und lese die Widmung, die er hineingeschrieben hat, ein Zitat von Carl Sagan:

We make our world significant by the courage of our questions and the depths of our answers.

«Hattest du Latein?», fragt er.

«Ja, aber ...»

Er kommt einen Schritt auf mich zu, drückt mich mit seiner Bärenumarmung, lässt mich wieder los und sagt: «Na, dann:

Per aspera ad astra![8] Eine gute Landung da draußen wünsch ich dir!»

Das altbekannte Gewicht meines Rucksacks auf den Schultern. Ein Gewicht, das zu mir spricht: Ich bin dein Stein. Wo immer ich auch hinrolle, ich nehme dich mit auf meine Reise.

Ich drehe die letzte Runde durch den Wohntrakt und verabschiede mich von allen. Die meisten werde ich schon bald wiedersehen. In zwei Tagen fliege ich zu Dhia-K nach Tunesien. Chris und Dami werden in zwei Wochen bei mir in Köln übernachten, wenn wir zur ersten von vier Nachuntersuchungen einen ganzen Tag lang auf unser Raumschiff zurückkehren. Kaya wohnt nebenan in Bonn, Klara in Düsseldorf, Bernd sogar hier draußen in Köln-Porz. Auch in der neuen Welt werden wir uns erhalten bleiben.

Ein letztes Mal gehe ich durch die zischenden Schleusen des Wohntrakts und stehe kurz darauf vor der Pforte, die uns drei Monate vom Rest des Universums getrennt hat. Ein letztes Mal schaue ich zurück. Klara steht vor der Wohntrakt-Schleuse, der Höhle, die ich nun verlasse habe, und winkt. Bis bald, sage ich in mich hinein. Dann drücke ich den weißen Schalter, trete einen Schritt zurück und warte, bis sich die Tür geöffnet hat.

Der Mars.

Von diesem Augenblick habe ich mein Leben lang geträumt.

Weißes Licht. Ich gehe einige Schritte und kneife die Augen zusammen. Eine fremde Macht legt sich über meine Haut, eine Gewalt, die ich nicht zuordnen kann. Stumm stehe ich da und warte. Eine mächtige Hitze überschwemmt meine Sinne, die Luft schmeckt nach Wasser und Blüte. Ich höre die dicke, volle Geräuschlosigkeit der Welt, die in meinen Ohren brummt wie ein Käfer. Alles, ja selbst das Ruhende, ist in Bewegung. Oben

8 Per aspera ad astra = Durch Mühsal zu den Sternen.

steht der große Ball am weiten Ende der Welt, die Sonne, Göttin des bahnziehenden Raumes, und hier unten lebt ihre Tochter namens Luft, Planetenluft, und Söhne namens Knospe und Torf, einfach vorhanden, als ob die Dinge und Wesen einfach vorhanden sind, hineingraviert in das betäubende Nichts des Kosmos – das Leben, als sei nichts dabei. Ja, denke ich, diese Welt ist *ehrlich*, sie ist ehrlich und richtig.

Meine Augen gewöhnen sich nur langsam an die Helligkeit. Ich warte, bis alles um mich herum Blau ist, eine endlose Membran, als säße ich in einem Saphir. Ich suche die erstbeste Wiese und lege mich hin, mitten hinein in die kleinen Farben am Boden, in das Dottergelb, das Veilchenblau, das mächtige Purpur der kleinen Stängel und Halme. Ich lege mich auf den Rücken und mache mich lang. Die Erde ist meine Matratze. Als sei nichts dabei:

Vögel gleiten in die Büsche.
Die Sonne stumm wie einhundert Sonnen.
Der in den Bäumen sich schüttelnde Wind.
Das Gezwitscher, das Ohr heißt und Klang.
Die Unaufhaltsamkeit des Lebendigen.

Ich liege. Mit dem Fingernagel kratze ich die Erde auf. Sie ist warm. Ich grabe, bis sie kühl wird. Ameisen laufen über mein Knie, ein Marienkäfer mit Flügeln auf dem Rücken dünner als Spinnweben. Dinge, die leben und ... *wollen*! In ihnen sitzt ein Wille, der sie antreibt, eine Absicht glüht in den winzigen Körpern und lässt sie geschehen. Ich hebe den Käfer ans Licht. Orientierungslos rennt er über meine Hand. Oben das Dröhnen von Flugzeugturbinen, ein dunkles Brummen durchstottert den Himmel. Ich rupfe einen Grashalm aus und halte ihn mir unter die Nase. Der Marienkäfer klettert hinauf. Dann hebt er ab und surrt davon, ich hebe den Kopf, um ihm nachzusehen. Ein fliegendes Pünktchen, mehr nicht.

Drei Monate muss man also abseits des Planeten verbringen,

um es erneut in aller Deutlichkeit zu wissen: Alles, was existiert, ist gewollt. Das Leben ist stets vollständig und unterscheidet nicht, nur Menschen unterscheiden und sagen Ja und Nein, Armut und Reichtum, Gut und Böse – nur Menschen kommen auf den absurden Gedanken, dass sich etwas nicht lohnt. Währenddessen beweist das Leben, welches in stiller Vielfalt einfach *ist* und alles in seinen Kreisläufen bewahrt, dass es das Wesen der Monde nicht trübt, wenn ihre Zeit sich dem Ende nähert. Dafür allein hat sich unsere Reise gelohnt, die krank machende Klimaanlage, das weiße Zimmer, die Kopfunterlage, die monatelange Kälte einer verstummten Welt. Dem Zurückkommen schließt sich eine gnadenlose Gewissheit an, die größer ist als alles, was man auf dem Weg hierher hätte verlieren können: Die Erde besitzt ein Geheimnis, eine erschöpfende Fragilität. Ein Geheimnis, über das man nur schweigen kann, weil es zu groß ist für Sprache und Worte.

Als der Astronaut Thomas Pesquet nach Monaten auf der ISS wieder nach Hause zurückkehrte, sagte er: «Die ersten Momente auf der Erde sind wie eine Wiedergeburt.» Nur, wer einmal für längere Zeit der Erde abhandengekommen ist, weiß, wie wahr diese Worte sind.

Langsam gehe ich, den Blick permanent in den Himmel gerichtet, zur Hauptpforte. Ich habe das Gefühl, dass der Himmel ein blauer Gasplanet ist, der nicht nur nah, sondern viel zu nah an der Erde schwebt. Wo die Baumwipfel enden, beginnt dieses Monstrum; nur ein bisschen Luft und Wolke liegt zwischen diesen beiden enormen Kugeln, zwischen Planet Erde und Planet Himmel. Das Blau ist erdrückend. Bis in den Horizont klebt Planet Himmel an uns, der Erdkugel und mir. Ich versuche, mir dieses Gefühl auszureden, aber es gelingt nicht. Wie die Gallier, die ständig Angst haben, der Himmel könnte ihnen auf den Kopf fallen, fühle ich mich von der Macht dort oben bedroht und erdrückt.

Von meinen Freunden, die hinter dem Eingangstor des DLRs auf mich warten, werde ich empfangen, als begegneten sie E.T. Da bin ich, plötzlich erschienen, eine Sehenswürdigkeit vom Mars. Dabei sind sie die Außerirdischen, die Neulinge. Seit Monaten habe ich immer nur dieselben Gesichter gesehen, und jetzt das! Brandneue Menschen! Und wie sie riechen, wie anders sie aussehen, was für Klamotten sie tragen! Während der kurzen Fahrt in die Stadt bin ich entsetzt, wie schnell so ein Erdenauto fährt. Ein Wahnsinn, mit 100 km/h in solch einem groben Gerät, in so einer *Kiste* über die Stadtautobahn zu fahren! Jegliches Gefühl für Geschwindigkeit ist mir abhandengekommen. Den Kopf halte ich weit aus dem Fenster. Philip Emde und Tim sind höchst amüsiert und filmen mich, wie ich sogar noch nach unserer Ankunft in Köln-Nippes stumm und ungläubig in den Himmel starre. Sie zeigen mir die Aufnahmen. Der Außerirdische ist kreidebleich, labbrig, steht wie ausgeschnitten in der bunten und allzu realen Welt. Der Sommer hat seinen Höhepunkt erreicht, ich aber bin der blasseste Mensch in ganz Deutschland, stehe mit offenem Mund und meinen zu großen Klamotten auf dem Schill-Platz und suche den Himmel ab, als hingen dort oben die ersten und letzten Rätsel der Menschheit. Ich erzähle ihnen von Planet Erde und Planet Himmel und dass Letzterer schon zu nah an den Baumwipfeln schwebe. Belustigte Blicke, wahrscheinlich zu Recht. Ich sehe nicht nur aus wie ein Außerirdischer, sondern benehme mich auch so.

Monatelang habe ich von all den Sachen geträumt, die ich hier draußen wieder essen und trinken kann. Ein substanzieller Teil der Reise ist mit Gelage-Phantasien verbracht worden. Doch jetzt sitze ich ohne Hunger über meiner Pizza, ein kaltes Glas Bier in der Hand. Perlen klettern die Glaswand hinauf. Ich lehne mich über den Tisch und halte das Ohr ans Glas. Der Schaum macht Geräusche. Das Bier kann ich kaum trinken. Ich bin satt, satt von Farben und der gewaltigen Sonne, vollgemacht von Hitze und Welt. Ich brauche nichts und rühre kaum etwas an.

Alles, was ich für den Nachmittag geplant habe, sage ich ab. Klara schreibe ich, dass ich raus zum See fahre und mich später melde. Vor meiner Wohnungstür krame ich den Schlüssel aus den Tiefen meines Rucksacks. Die Türen sind dünn und leicht. Wie Papier. Wie Marienkäferflügel. Die Türklinken unwirklich und fremd, viel zu fest für die Vorstellung, die mir von ihnen noch geblieben ist. Meine Wohnung, und ich stehe da wie ein Idiot. Alles muss ich selber machen. Schränke auf- und zuklappen, Schubladen aufziehen, Knöpfe drücken, Dinge anfassen, Dinge wegräumen, auf die Toilette gehen. Der Geldbeutel liegt in meiner Hand wie ein Stein. Ob ich einkaufen sollte? Was sollte ich einkaufen? Im Supermarkt werde ich von der Flut der Waren erdrückt. Die raschelnden Plastikpackungen halte ich mir ans Ohr und knistere. In der Obstabteilung nehme ich alles in die Hand und lasse es schwer werden, rieche an den Früchten und halte sie vors Auge: Drachenfrucht, Ingwer, Birnen, die gelben Zitronenbomben. Und Kirschen, blutrote Miniplaneten, beieinanderliegend wie Planet Erde und Planet Himmel. Welches Prinzip, welcher Formungswille ist es, der die exakte Form einer Kirsche hervorbringt? Ich kaufe die schönsten Farben und Kaffee und die Kirschen. An der Kasse krame ich durch mein Kleingeld, diese alten Metallplättchen, die in der Supermarktwelt einen Wert besitzen. 5-Cent-Scheibchen, 10-Cent-Scheibchen, dunkel blitzende Münzen, die man aus dem Metall des Planeten geschmiedet hat. Schwere! Ein Schatz der Erde, die eine Schatzkiste ist.

Mit dem Fahrrad mache ich mich auf den Weg zum See. Warum gibt es eigentlich so viele Menschen?! Ich lese: Auszahlautomat. Beerdigungsinstitut. Augenarzt. Naturschutzverband. Abwasserkanal. Ordnungsamt. Auf dem Weg Hunde, die mich anstarren, zwei Augenpaare, die bemerken, dass es mich gibt, und keine Ahnung haben, was sie eigentlich sind. Im drückenden Himmel die Vögel. Die Straße voller herumtapsender Kinder, kleine Menschen mit Knopfaugen, lebendige Puppen! Nichts wird die nächsten Tage faszinierender sein als das: kleine Menschenaffen, die herumstolpern, alles anfassen, verwundert in den Himmel schauen und nicht wissen, was das alles soll, aber imstande sind, glucksend weiterzumachen ohne ein Ziel.

Der See fast menschenleer. Durch das Gestrüpp schlage ich mich hinunter zum Wasser. Die Oberfläche ist so ruhig und dunkel, als ginge es hier kilometertief in die Erde hinab. Ein grau schattiertes Loch vor meinen Füßen. Ich stehe in den Strahlen eines Sterns und halte die Zehen in die lackierte Dunkelheit. Planet Himmel, Planet Erde, Planet Wasser. Ob ich Dami schreiben soll, dass ich nun, wie ich es mir gewünscht hatte, am See stehe? Soll ich ihn fragen, ob er bereits so viel isst, wie er will, und vor allen Dingen, wann er will? Ich gleite hinein und lasse mich fallen. Unter der Oberfläche lebe ich weiter, endlich umschlossen von allem. Die ungezählten kalten Nadeln auf meinem Körper, die Stille, die nie vollkommen allein ist. Umhüllt bin ich. Endlich ist es so weit: Ich schwebe.

Ich bleibe, bis es dunkel wird. Wachsam setzen sich die Sterne in den Himmel. Ich liege im Gras und lausche der Nacht, der gleichförmigen Dunkelheit. Unter dem Getöse der leuchtenden Sterne fahre ich schließlich zurück in die Stadt, die allein ist mit ihren Straßen, Regenrinnen, Glasfronten und Parkanlagen. Ich hole mir ein Bier. Dann noch eins. Das kleine Rauschen macht mich leichter. In meiner Wohnung muss ich alles suchen, Bettzeug, Feuerzeug, Stifte, Gläser – allesamt Verdichtungen, Verkleinerungen! Ich habe die Weltendinge verlernt und sträube mich gegen ihre Schwere, ihre definierte Zusammenballung.

Mein Bett. Es ist weicher als das Bett von Proband G. Vor dem Abflug hatte ich eine Flasche Whisky gekauft, eine Erinnerung an den Winter, und sie für genau diesen Moment neben die Matratze gestellt. Ich rühre sie nicht an. Durch das offene Fenster strömen die Sternbilder. Unendlich tief sitzen sie im Universum, in einem nackten Himmel, der kein Himmel mehr ist. Nur tagsüber darf er Himmel heißen und die Erde in seinen Mantel hüllen, nachts jedoch reichen die Augen bis in die Unendlichkeit, an all die Orte, an denen wir zu Hause sein können.

Ein Weberknecht krabbelt ins Zimmer. Kleine Insekten summen um die aufgeschnittene Kirsche, die ich auf die Fensterbank gelegt habe. Ich höre die Nacht atmen. Und dann steigt er auf, leuchtend, steht als Waagschale am Himmel und wendet die Nacht in ihr Blau.

Der Mond.

Jeder Krater ein Auge, mit dem er auf die Welt hinabschaut.

Ich kann nicht schlafen. Ich will etwas tun, um müde zu werden, krame durch meine Bücher, suche nach Tee, esse das Obst, um mir den Magen zu füllen. Aber nichts.

Als es endlich sechs Uhr schlägt, gehe ich auf den Marktplatz. Die Tauben erwachen im großen Versprechen der Morgendämmerung, Händler schleppen ihre Kisten heran, Stimmen strömen über die Erde, das Marktcafé öffnet. Ich hole mir einen Kaffee und ein frisches Croissant, das mir die Finger verbuttert. Der Wilhelmsplatz duftet nach Minze. Ich kaufe frische Bündel Rosmarin, Verbene, Zitronenthymian, Lavendel. Nacheinander zerreibe ich sie alle zwischen meinen Fingern, die Finger halte ich mir unter die Nase. Dann ist es so weit. Vollkommen lautlos offenbart er sein Antlitz, schält sich aus dem leeren Bild des Morgens, kommt näher, ist da: der blaue Himmelsplanet.

Die Nacht ist nicht verschwunden, sie ist eingenommen worden. Gegen Planet Himmel hat sie keine Chance. Licht und Dunkelheit wechseln sich ab: Das eine existiert nur als Kehrseite des anderen, des Immergleichen in anderer Gestalt. Das Leben-ansich ist unveränderbar. Hunde schauen sich um und wundern sich. Der Thymian wächst, dann welkt er, nie verlässt er diese unerlässliche Strecke des Lebens. Ich beiße in mein Croissant und picke die Krümel vom Tisch. Nietzsche sprach von der ewigen Wiederkehr des Gleichen. Ich beginne zu begreifen, was er damit hat sagen wollen.

Ich bleibe stundenlang sitzen. Bald frage ich mich, ob ich überhaupt sichtbar bin. Können meine Mitmenschen mich sehen? Immerhin bin ich nicht von hier. Ein Außerirdischer in Menschengestalt mit Tarnkappe aus Augen und Armen, der kreidebleich auf einem Marktplatz sitzt und plötzlich an einen Gott zu glauben gewillt ist, weil Thymian an seinen Fingern klebt. Auf einer Erde, die ihn trägt, obwohl die blaue Kugel grundlos in der schwarzen Tasche des Universums herumkullert. Nein, ein Außerirdischer würde sich nicht anders fühlen. Ich bin unter ihnen, und die Menschen haben keine Ahnung, dass ich von woanders komme. Wenn ich ihnen erzählen würde, was für Monate gerade hinter mir liegen, erzählen von Marstronauten namens Dhia-K, von Muskelbiopsien, Wohntraktschleusen, Kopfunterlage und der Trillerpfeife von Bakary «Papa» Gassama – niemand würde mir glauben!

Ich rufe Kaya an, die nicht rangeht. Dami ist schon nach dem ersten Klingeln am Apparat. Er wirkt erleichtert. Im Verlauf der Studie hätte er das Träumen verlernt, sagt er. Aber heute Nacht wäre es wiedergekommen, schöner denn je. Angela schreibt in die Gruppe, dass sie nur blaue Sachen essen will. Blaues Eis. Blauen Käse. Blaue Beeren. Reinhold filmt sich, wie er im Auto sitzt und einfach drauflosfährt.

Ich texte Chris: «G wie Galaxienhaufen, G wie Glamour, wie großer Gesang.»

Seine Antwort lässt nicht lange auf sich warten: «B wie Bratwurst.»

Ich bin nicht enttäuscht. Nur Sekunden später ruft er mich an.

«Nicht schlecht, so ein Planet, oder?»

«Nicht schlecht, mein Freund, wahrlich ...», antworte ich.

«Ich warte noch darauf, dass ich dich vermisse, aber sonst ist alles ziemlich geil. Übrigens: Weißt du eigentlich immer noch nicht, was sechs plus sechs in der Schwerelosigkeit ist?»

«Nein.»

«Seltsam. Aber ich habe eine Ahnung, dass sich das Rätsel heute lösen wird.»

Ich habe kein Geld mehr. Wo bekomme ich Geld her? Ich muss zu einer Bank. Auf dem Weg sehe ich, wie ein Kerl den Sprudel aus seiner Wasserflasche schüttelt, während er in ein Schaufenster starrt. Ich sehe einen Jungen, der ein Dutzend Mal auf ein Klingelschild drückt, ohne dass etwas passiert. Eine Frau steckt sich die Haare auf ihrem Kopf zusammen und schüttelt sich, um zu überprüfen, ob alles sitzt. Ein Kind läuft jauchzend einer Katze hinterher. Es ist Sommer, die Wärme glänzt auf den Beinen der Frauen, die Männer schieben sich Sonnenbrillen ins Gesicht und riechen nach Tabak. Und über allem das animistische Blau, so lebendig wie der Eichenbaum und der Kiesel, wie der See, das Wasser, die Nacht.

Das schlichte Vorhandensein der Welt und ihrer Angelegenheiten: Ist das schon Perfektion? Dass das Auffindbare *ist*? Auf dem Mars muss man den Gang des Lebens in Bewegung setzen, damit in 100 Jahren womöglich ein Grashalm aus dem Boden sprießt, und hier ist zwischen dem Planeten und dem Prinzip des Lebens nicht zu trennen. Alles ist Drang, Wille und Größe. Wissen es diese Menschen zu schätzen? Sehen sie, was sie alles besitzen, spüren sie die Kraft, die sie veranlasst hat, eine Kraft, die aus nichts, die aus einem schwarzen und leeren Kosmos zwei Lungenflügel und ein Herz erschaffen hat, damit das Leben bemerken kann, dass es existiert? Damit es irgendwann Augen gibt, die einander betrachten?

Alles ist groß, aber je näher ich den vorbeiwuselnden Menschen komme, desto kleiner und trauriger wird diese Welt. Leer laufen sie vor sich hin und stieren auf ihre Handys, das Gramgebeugte, die Abwesenheit in ihren Augen, die Sorge! Fast niemand scheint ohne Schmerz und *Angst* zu sein. Die Menschheit ist eine unausgereifte Art, denke ich, verformt, krumm, verfettet. Sie machen Schritt für Schritt und wissen nicht wohin und warum. Sie sind da und sind es auch nicht. Ich will sie packen und rütteln, will erzählen von der Leblosigkeit meiner Welt. Wisst ihr denn nicht, will ich schreien, wo ich herkomme, wie es auf meinem rostenden Planeten aussieht, was für eine Nicht-Welt in einem Raumschiff herrscht? Er ist kalt und steril und weiß, und es fliegt kein Insekt durch die Luft, und keine Sonne steigt in den glühenden Himmel. Doch ihr habt diesen begehbaren Stern und das Grün eurer mächtigen Wälder, das Auge des Sommers ist eure Krone, ihr seid verlebendigt mit euren Geschwistern, dem Wind und den Dornen. Schaut hin! Ist euch das Wunder eurer Welt nichts wert? Was macht ihr mit den teuren Stunden, die auf den Tod hinauslaufen? Schämt ihr euch nicht? Warum singt ihr nicht, ihr Cosmo Sapiens, warum betet niemand und reißt den Nebenmann mit sich ins Herz der Welt? Jeder soll wissen, auf was für einer Zauberkugel er steht, jeder Mensch braucht dieses Ja auf den blutwarmen Lippen, ein großes, vernichtendes Ja zu allem, was ihn ausmacht, ein Bekenntnis zum Licht, ein Bekenntnis zur Dunkelheit. Wie schrieb Nietzsche in seiner *Fröhlichen Wissenschaft*:

«*Das größte Schwergewicht.* – Wie, wenn dir eines Tages oder Nachts, ein Dämon in deine einsamste Einsamkeit nachschliche und dir sagte: ‹Dieses Leben, wie du es jetzt lebst und gelebt hast, wirst du noch einmal und noch unzählige Male leben müssen; und es wird nichts Neues daran sein, sondern jeder Schmerz und jede Lust und jeder Gedanke und Seufzer und alles unsäglich Kleine und Große deines Lebens muss dir wiederkommen, und Alles in derselben Reihe und Folge – und ebenso diese Spinne und dieses Mondlicht zwischen den Bäumen, und ebenso dieser Augenblick und ich selber. Die ewige Sanduhr des Daseins wird immer wieder umgedreht – und du mit ihr, Stäubchen vom Staube!› – Würdest du dich nicht niederwerfen und mit den Zähnen knirschen und den Dämon verfluchen, der so redete? Oder hast du einmal einen ungeheuren Augenblick erlebt, wo du ihm antworten würdest: ‹du bist ein Gott und nie hörte ich Göttlicheres!›»

Erst nach der Rückkehr aus dem All, so die Astronautin Claudie Haigneré, habe sie gewusst, dass die Existenz des Menschen Sinn ergibt. Einen Sinn, für den uns die Demut fehlt. Es ist eine Schande, dass es auch nur einen Menschen, auch nur ein Wesen gibt, das Leid und Schwere empfindet. Jeder muss einmal in den Himmel geschossen werden. Der kosmische *Unview Effect:* Womöglich wird es erst ihm gelingen, in uns selbst ein unerschütterliches Zuhause zu errichten.

Ich gehe nach Hause, leere meinen Rucksack und stopfe ihn voll mit neuen Klamotten. Mein Flug geht in drei Stunden. «Bin auf dem Weg, Habibimaus», texte ich Dhia-K.

Als ich das Handy zurück in die Hosentasche stecke, vibriert es. Eine Nachricht von Chris: «Zwölf, du Trottel!»

Als graue Zacken steigen die Alpen auf. Selbst hier oben erkenne ich noch immer kein Ende des Himmelsplaneten. Mein Gesicht klebt an der Scheibe. Ich blicke auf eine gewaltige Erde hinab, die, wenn man nicht wüsste, dass sie Erinnerung wäre, auch eine Halluzination sein könnte.

Es wird dunkel. Wir fliegen über das Meer. Tunesien, das sind zunächst kleine gelbe Erdensterne, die aus der Dunkelheit auftauchen und sich zu Straßen und Städten verlaufen. Als ich den Flughafen verlasse, rieche ich Afrika, seine voluminöse Hitze, die die Wüste ausatmet, wenn es Nacht wird. Dhia-Ks Lockenkopf, das breite, schelmische Grinsen, dem man immer alles verzeihen wird. Ich nehme meinen Bruder in die Arme.

«Komm», sagt er. «Wir essen!»

Der Pick-up-Truck bringt uns durch die Nacht. Wir haben die Fenster geöffnet, neben uns liegt das bleierne, stille Meer. Wir halten an einer Kreuzung und setzen uns in ein Café. Uns gegenüber sitzt ein Mann, der Samen in eine Schüssel zählt. Seine Gebetskette ist weiß wie das Innere einer Mandel. Wir essen und trinken Tee. Die Wärme der Nacht ist ein Schutzraum, wir wissen es, wir machen uns lang und legen uns ganz hinein.

«Das ist Mlawi», sagt Dhia-K und zeigt auf den dick gefüllten Brotfladen auf unseren Tellern. «Wenn du eine Frau beeindrucken willst, dann sag: Komm, wir gehen essen, und ich kaufe dir zwei Mlawi.»

«Warum zwei?»

«Es ist einfach beeindruckend. Einen für sich selbst und den anderen für die Frau, mit doppelt Eier und doppelt Käse. Das ist Verwöhnen.»

Im winzigen Fernseher läuft die Wiederholung eines Fußballspiels. Es ist fast Mitternacht, immer mehr Männer kommen, Dhia-K grüßt, wird begrüßt, aber kein Wort davon, wo wir herkommen. Ein Freund aus Deutschland, nichts weiter. Sogar mit unrasierten Beinen. Vom Mars kein einziges Wort. Niemand soll ahnen, dass wir unter ihnen sind.

Im nächsten Dorf halten wir an der ersten Kreuzung. Ein Straßenstand verkauft Mlawi. Ich müsse auch hier Mlawi probieren, sagt Dhia-K, es seien die besten der Gegend. Die Straße ist voll, auch hier kennt Dhia-K jeden, und jeder kennt ihn. Es stimmt also, ich hatte es mir nicht nur ausgedacht: Mister Dhia-K ist der Prinz von Djerba! Wir essen. Das fettige Zeugs und die Saucen laufen uns die Handrücken herunter. Die heiße, nach Zimt und Stein schmeckende Luft, die Straßenkreuzung unter dem gelben Falterlicht, das Café gegenüber mit den weißblauen Fliesenwänden, den wackligen Stühlen und der Unergründbarkeit der Zeit, das Stimmengewirr der alten Männer, die von der Hitze aus den Häusern getrieben werden – ich erinnere mich an Kairo, an Kalkutta, an Jakarta. Im großen Schoß der Welt sitzt die glühende Nacht. Alles ist anwesend. Ich bin zu Hause.

Ausführlich erklärt mir Dhia-K, was er diese Woche mit mir geplant hat. Ich höre mir alles an. Solange es tägliche Mlawi-Einheiten beinhaltet, verspreche ich, könne er mit mir machen, was er wolle, und ich werde Zeugnis ablegen, wie großartig es war. Wir fahren weiter, bis wir die nächsten Häuser erreichen. «Das ist mein Dorf», sagt er, als wir den ersten Kiosk passieren, hinter dem eine einsame Palme in die Steppe ragt. Das Dorf heißt Mezraja. Warum es hier einen Polizeiposten gibt, ist mir ein Rätsel. Dhia-K hebt die Hand und fährt einfach weiter, man kennt ihn, und sowieso: Der Polizist ist seinen Stuhl hinuntergerutscht und schläft.

In der Einfahrt steht eine Enduro. «Für dich», sagt Dhia-K. «Hab ich ausgeliehen von einem Freund. Sag nicht, ich wüsste nicht, was du willst!» Ich setze mich auf die Maschine. Sie ist wie gemacht für die Wüste, die Steppe, den Sand. Ein kleiner Teufel. «Morgen zeige ich dir alles», sagt er und meint das Anwesen, das Familienhaus, den Garten, der sich geheimnisvoll gegen die Dunkelheit abzeichnet.

Ich werfe meinen Rucksack ins Gästezimmer. Wir setzen uns nach draußen. Ich habe den Whisky mitgebracht und trinke ihn allein. Dhia-K hat seinen Tee und seine Nüsse. Die niedrig hängenden Sterne sind dick wie Laternen, große Bälle direkt über den Augen. Trockene, kahle Büsche wie Skelette, das Zirpen der Grillen darinnen. In der Ferne knistert eine Stromleitung. Ansonsten ist die Nacht still und taucht uns in ihren blauen Schatten, wenn man nur lange genug in den Mond starrt.

Ich kann nicht schlafen. Es ist zu heiß. Morgen, denke ich mir, werde ich das Bett rausstellen. Vielleicht gibt es ein Dach, auf dem ich schlafen kann, einen Schlafplatz, der auch den Nachthimmel enthält.

Es ist drei Uhr, als ich schließlich den Whisky in den kleinen Rucksack packe. Der kleine Teufel heult auf. Ich fahre los, das Motorenrattern in den Knochen, der warme Wind über meinem Schädel. Die Beherbergung der Nacht ist absolut. Als ich das

Meer erreiche, bin ich bereits verschwunden. Ich lasse die Flipflops beim Motorrad und spaziere über den nachtblauen Strand. Vor mir eine vollkommene Welt, der Mond in seiner blauen Aureole. Tausende Lichter liegen über dem Wasser, das den Verlauf der Sternbilder spiegelt. Es gibt Mistkäfer, erinnere ich mich, welche seefahrergleich den Nachthimmel unserer Galaxie zur Orientierung benutzen. Und Pflanzen, die miteinander kommunizieren, alienartige Wesen wie Oktopusse, die planen und Probleme lösen, Insekten aus der Familie der Phylliidae, die Farbe und Gestalt von Blättern angenommen haben, um ihren Feinden zu entgehen. Bäume, die sich über Hunderte Kilometer hinweg verabreden, um auf einen Schlag gemeinsam zu blühen. Und Menschen, deren Sehnsucht den Mars aufwühlt.

Ich lege mich in den Sand. Der Himmel ist ein verschwundener Planet. Ich rufe Klara an. Nach dem dritten Läuten nimmt sie ab. Ihre Stimme bewegt den glühenden Mond. «Hallo», sage ich und schließe die Augen.

«Ich höre das Meer», antwortet sie.

Es klopft. Dhia-K steht in der Tür. In seinen Händen rollt er vier weiße Äpfel, die er gerade gepflückt hat. Wir setzen uns nach draußen, auf die eine Treppenstufe, die in mein Zimmer führt, unseren Thron. Der bernsteinfarbene Morgen, die Sonne ein rosinengroßes Rad, dem man im alten Ägypten Flügel verlieh. Wir essen die knackenden Äpfel. Die Nacht war heiß, aber die Äpfel sind kühl.

Das Haus der Dalys ist eine eigene Galaxie. Im Zentrum befindet sich der Obst- und Kräutergarten, zu allen Seiten umfangen von den Flügeln der niedrigen Häuser, der Obhut von vier Generationen. Alle wohnen hier. Großeltern, Eltern, Kinder, Cousins und Cousinen, Onkel und Tanten, Freunde und deren Freunde. Und es ist der Garten in der Mitte all dieser Leben, der die Seele und Münder einer ganzen Daly-Dynastie nährt.

Ich beobachte, wie Najiba, Dhia-Ks Mutter, ihr Zauberwerk

beginnt. Sie küsst den Feigenbaum wach. Sie weckt die Aprikosen und das Granatapfelrot. Sie lässt die Eimer volllaufen und huscht durch die Zweige. Ihr rundes Gesicht glänzt im Sonnenlicht, vorsichtig schwebt sie hinauf in die Baumkronen. Nichts wächst hier höher als drei Meter, Najiba schnellt darunter hindurch wie der Wind. Will man ihr folgen, muss man fast rennen und holt sie doch nie ein. So flink ihre Füße sind, so geduldig arbeiten ihre Hände. Jahrzehntelang hat sie all das erbaut, dies ist ihr Reich, ihr Wachsen und Sein und Nähren. Ihre Fruchtbarerde. Der knochige Rebstock kennt all ihre Schritte, sommerlang graben ihre Gebete im Fleisch der Birnen. Jeden Tag rollt die Sonne über die Olivenblätter und schießt, verlebendigt und groß, zurück in ihren Himmel. Der Großvater sitzt mittlerweile neben ihr, schneidet und wäscht die Petersilie. Sein Lachen ist brunnentief. Zwischen seinen Beinen sitzt eine Schildkröte, jeder tunesische Garten hat mindestens eine. Sie bringen Glück. Es sind diese kleinen Dinge, die Gott sieht und höher schätzt als das Wort und jedwedes Versprechen. Wer sie nicht ehrt, ist verloren.

«Zieh deine Badehose an», sagt Dhia-K. Ich packe ihn aufs Motorrad und fahre uns runter zum Strand, durch die leeren Straßen, die uns und einigen klapprigen Toyotas als Vorwand dienen, um von der Stelle zu kommen. Als wir am Wasser stehen, wissen wir endgültig, dass alles getan ist.

«Scheiße», sagt Dhia-K, «kannst du dir das vorstellen, dass wir echt hier stehen?! Wir haben es geschafft. Weißt du noch, als ich dir die Videos von hier gezeigt habe?»

«Ja. Vor allen Dingen die, wo du die Skorpione zerknabberst.»

Er lacht, legt sich hin und rollt über den Strand. Er hat recht. Hiervon haben wir geträumt in den letzten drei Monaten, in denen wir in unseren weißen Zellen lagen, in denen unser Raumschiff in der dunklen Kälte des interplanetaren Raumes verschwand. Vor uns liegt die neue Welt. Der Horizont teilt sich und wirft sein Türkis in unsere Augen. Wir legen uns auf diese Linie und schwimmen hinaus. Das Meer, wir wissen es wieder, schließt uns ein in seine Leichtigkeit, die die Erde mit dem Himmel verbindet. Nur Farben bleiben übrig. Hinter uns die weißen Kuppelhäuser von Mezraya, zurückgelassene Merkmale einer Landschaft, die erneut unsere Bekanntschaft gefunden hat. Das Land, das Meer und der Horizont. Sie gehören zu uns, so wie wir zu ihnen gehören.

Mag der Kopf auch vom Mars träumen, unser Herz gehört dieser Erde.

Schweigend klettert die Stunde ins Maul der Hitze. Das Meer leuchtet, und der Himmel schüttet uns zu; eine blaue Welt. Ich muss an eine Geschichte aus Ray Bradburys *Mars-Chroniken* denken, in der Priester von der Erde auf dem Mars die Lehre Gottes verbreiten wollen. Sie erreichen den roten Planeten und suchen dessen Bewohner. Aber sie finden keine leibhaftigen Wesen, sondern treffen auf leuchtende, blaue Kugeln. Die celestischen Geschöpfe nennen sich «die Alten» und sind reine Seelenwesen, die vor langer Zeit die Schwere ihres Körpers aufgegeben haben. Die frommen Priester wissen: Sie können diese Alten nichts lehren. Die Worte ihres Gottes verhallen im atmosphärischen Blau ihrer Alldurchdringlichkeit. Die blauen Kugeln stehen in Flammen und sind. Nur einem der Menschenvertreter geht auf, dass er hier womöglich seinem Gott in seiner reinsten Form gegenübersteht. Ob sich Bradbury an einem solchen Ort Inspiration geholt hat, hier am Meer, versunken im blauen Kranz dieser Heiligen, Gott genannt Meer, Gott genannt Himmel?

Wenn es ein Wort wie Ehrfurcht gäbe oder Liebe, sage ich zu Dhia-K, dann fände man es hier. Er nickt. Ich hole mein Notizbuch aus dem Beutel. Es ist immer das gleiche. Man schreibt viel, und man schreibt ein Leben lang, und die Hälfte ist unnötig, die andere Hälfte falsch. Schlussendlich gibt es nur drei einfache Wahrheiten, das ist alles. Sie sind die einzigen Worte der Welt:

Das Leben ist.

Das Sein ist ehrfürchtig.
Das Gestaltete hat recht.

Wir suchen Kaffee. Auf der Terrasse einer Strandbar versinken unsere Augen weiter im Meer. Dhia ohne K motzt mich an. Ich habe beschlossen, dass Dhia-K Geschichte ist. Proband K gibt es nicht mehr, er ist als Gespenst zurückgeblieben in fremden Akten und Ordnern, der Name davongetragen worden im Äther des Mars. Hier ist Dhia-K wieder Dhia, es ist sein Reich, er passt hinein in das Land wie Datteln und der warme Sand unter den Füßen. Prinz von Djerba, Herrscher von Planetarien!

Ich tränke meinen Espresso wie ein Europäer, motzt er.

«Schau dich um, schau in die kleinen Teetassen und die Kaffees der anderen, schau in meine. Alles voll. Man trinkt den Kaffee nicht, auch nicht genüsslich. Niemand mag Kaffee, sondern Tee, da ist mehr drin. Man bestellt, um zwei bis drei Stunden daran zu nippen, während die Freunde kommen und gehen und das Spiel läuft.»

«Ich mag Kaffee. Selbst diesen, der nicht gut ist.»

«Warum?»

«Ich hab mal in Indien einen Sadhu, einen Asketen, getroffen, der sagte mir, Kaffee brenne Löcher in den ätherischen Körper.»

«Deswegen?»

«Nein, nicht deswegen.»

Freunde kommen. Das Spiel läuft. Ich bestelle mehr Kaffee. Ein freier Mann seit drei Tagen, es bedeutet, ich trinke Kaffee, bis ich umfalle, Löcher hin oder her. Ich sehe eine orangefarbene Katze, mache ein Foto und schicke es an Angela. Wir dösen über den kalten Tassen, der Tisch hat allerlei Kerben, man hat die Tage hineingeritzt, das dünne Plastik blättert ab. Am Abend wird man die Späne zusammenkehren, in einigen Jahren ist der Tisch verschwunden. Die brennende Sonne sinkt zur Erde, ein sanddornfarbenes Land. Wir fahren zurück. Dhias Vater steht mit dem Brot und der selbstgemachten Holundermarmelade meiner

Mutter in der Einfahrt und winkt. Er bedankt sich für die Mitbringsel. Zwinkernd zeigt er auf seinen Sohn und sagt: «Du hast nicht gut auf ihn aufgepasst, schau, wie dick er geworden ist.»

Die beiden reiben ihre Bäuche aneinander. Hinter ihnen huschen die Kinder vorbei. Bis in den späten Abend hinein sitzen wir im Garten und müssen essen, was Najiba uns in die Hände legt. Ein großer Friede wendet den Tag in den Abend und stillt die Herzen. Es wird dunkel.

Wir sitzen, spielen Karten und essen. Die Terrasse ist voll. Wir liegen auf Decken und dünnen Matratzen, vor uns der Garten, über uns der stumme Nachthimmel. Babys werden umhergereicht und grunzen und feixen, Kinder klettern von Schoß zu Schoß, bis sie müde sind und an Ort und Stelle einschlafen. Wir schieben ihnen Kissen unter die träumenden Köpfe. Najiba bringt Minztee mit Mandeln. Ich schlürfe den dicken, süßen Tee, und eine Mandel nach der anderen flutscht in den Mund. Wir erzählen, und wir schweigen. Über uns das ausgelichtete Firmament, so weit, dass jeder Gedanke darin zu verschwinden vermag.

Um 1 Uhr geht Großvater ins Bett. Seine Urenkel werden ihm in die Arme gelegt. Singend nimmt er sie mit. Ich hole mir eine dünne Decke, um einfach einschlafen zu können, wenn mir die Augen zufallen. Nur Dhia, sein Bruder Baha und ich sind übrig, stummgemacht wie die ersten Menschen. Baha löscht die Lichterkette im Garten. Dhia und ich blasen die Kerzen aus. Zu dritt starren wir in das breite Bett der Milchstraße. Irgendwo habe ich mal gelesen, mit bloßem Auge ließen sich rund 3000 Sterne am Nachthimmel erkennen. Hier aber sind es Hunderttausende.

Wo ist der Mars? – Ich weiß es schon nicht mehr. Ist er das kleine rötliche Pünktchen neben dem hellen Stern? Und was ist dieser helle? Die Venus mit ihrem giftigen Dampf? Der Polarstern?

«Da wart ihr», sagt Baha und streckt den Finger über unsere Köpfe.

«Wir und Furzrakete Proband B, ja», sagt Dhia.

Wir lachen.

Dhia faltet die Hände auf der Brust und starrt in den Himmel.

«Wenn ich fertig bin mit dem Studium, will ich bei Ingenieuren ohne Grenzen arbeiten. Da kann ich reisen und die Welt sehen. Und arbeiten, was Gutes tun. Und irgendwann dann Sonden und Raumschiffe bauen, um nach da oben zu fliegen. So weit weg von hier. Wie weit werden wir noch kommen, Agent G? Ich meine in diesem Leben, du und ich? Weiter als der Mars?»

Ich habe keine Ahnung. Ich denke an die Voyager-Sonden, die dort draußen durch den Weltenraum fliegen, mittlerweile fast 20 Milliarden Kilometer von uns entfernt. Und dass wahrscheinlich wir selbst irgendwann die Voyager finden, wenn wir schon längst vergessen haben, dass es unsere neugierigen Vorfahren waren, die sie losgeschossen haben. Wir werden uns wundern über diese primitiven Dinger, die einsam durch die Leere ziehen, und vielleicht werden wir noch immer so neugierig sein, um nach der Welt zu suchen, aus der die Raumsonden stammen.

Ich setze mich auf, stecke mir einen Keks in den Mund und sage: «Auf der goldenen Schallplatte der Voyager-Sonden ist eine Rede, so eine Art Grußwort, von Jimmy Carter drauf. Ein Hallo für die Außerirdischen, die die Voyager hoffentlich finden werden. Er sagt, dass wir heutigen Menschen versuchen werden, unsere Zeit zu überleben, um mit ihnen in Berührung zu kommen.»

Dhia schweigt.

Baha raschelt in der Keksdose herum.

«Ich stelle mir immer vor, dass es die zukünftigen Menschen, die Galaxiewesen-Menschen, sein werden, die die Nachricht hören werden und sich wundern, von wem sie stammt.»

Ich sehe das Schmunzeln auf Dhias Gesicht.

«Und dann werden sie sich selbst auf die Schliche kommen!»

«Ja. Dann machen wir uns erneut auf den Weg zu uns selbst.»

Der Mond steigt durch unsere Augen, eine Sichel, welche die Nacht teilt. Wir blicken in diese kosmische Landschaft und suchen unseren Mars, sein flackerndes Versprechen. So viele Sterne, die das Sehen blind machen. Der Terrassenboden ist verschwunden, wir liegen mitten im Universum. Wenn die Menschen der Zukunft die Sternenkarte der Voyager entschlüsseln und in unser Sonnensystem reisen würden, was für ein phantastischer Anblick würde sie erwarten: plötzlich diese blaue, pulsierende Kugel in der kalten Schwärze des Universums, aufgehängt an unendlichen Sternen.

Ich muss an Giordano Berndo denken.

Er hatte recht.

Wir sind im Himmel.

Nachwort

Genau ein Jahr, nachdem ich als terrestrischer Astronaut das Zimmer von Proband G bezogen hatte, schlossen nach und nach die Geschäfte. Zunächst die Bäckerei. Dann Friseure in ihren winzigen, von allerhand Räucherwerk vernebelten Schuppen, die Restaurants, Cafés und Behörden. Schließlich die Sportplätze.

Wenige Tage später verhängte Premierminister Modi einen kompletten Lockdown über Indien. Ein Virus, das bislang vor allem in China wütete, war anscheinend auch auf dem Weg in unser kleines Dorf, und niemand, selbst die Gemeinschaft der allgegenwärtigen Götter, wusste, was von hier an geschehen würde.

Dass in Indien sogar Tempel und Moscheen für unbestimmte Zeit geschlossen werden, hielt ich selbst am Tag, an dem es geschah, noch für völlig unmöglich. Ich war schlecht vorbereitet. Lebensmittel hatte ich nur für einige Tage. Hinten im Schrank fand ich Pasta und Mehl. Da niemand wusste, ob kommende Woche noch irgendwo Essen aufzutreiben sein würde, deckte sich das ganze Land mit säckeweise Reis, Öl und Dhal (Linsen) ein, während ich lediglich einen bodenlosen Optimismus nährte.

Das Land schloss. Es war das erste Mal, dass die heute lebenden Menschen Zeugen einer Pandemie unbekannten Ausmaßes wurden.

«Du bist doch bereits Lockdown-Experte», schrieb mir eine Freundin aus Deutschland. «Im Gegensatz zu eurem seltsamen Kopfunter-Raumschiff wird der Lockdown in Indien doch wohl ein Klacks! Außer natürlich, du stirbst!»

Sie hatte recht. Genau genommen besaß ich all das, wovon ich während der Studie geträumt hatte. Ich stand auf jenem Flecken Erde, der mir von aller Herren Ländern der liebste ist, bewohnte mein eigenes Haus und konnte in den brutal heißen Sommermonaten draußen auf dem Dach schlafen, um das Versprechen des Mars nicht aus den Augen zu verlieren. Der Garten blühte meterweise über den Zaun. Vor mir lag eine duftende Erde, die das strömende Blau des Himmels empfing wie einen Liebhaber, ich war umgeben vom satten Grün der Felder und Bäume; Anblicke, die ich neun Monate nach meiner Rückkehr auf die Erdoberfläche noch immer staunend genoss, als gebe es neben ihnen keine anderen Wunder. Gott namens Farbe. Gott namens Hitze. Luft, gefüllt mit Ruß und Jasmin. Sternenklare Nächte, die in den Augen verloschen und doch verlässlich zurückkehrten in die Stunden der Erde. Und das alles in einem von Lebendigkeit und Schöpfungswillen strotzenden Land, Mutter Indien, die heiligste, weil eben auch teuflischste Göttin der Menschen.

So sah er also aus: mein goldener Käfig.

Und ich konnte liegen, stehen, essen oder schlafen, wie und wann immer ich wollte.

Ich besaß reichlich und bekam noch mehr. Um in Abwesenheit von Dhia-K, Klara und Proband B für meine Gesellschaft zu sorgen, schlich am ersten Lockdown-Tag eine Katze um meine Beine. Ich stellte ihr Joghurt in den Garten. Sie aß. Und blieb. Ich taufte sie Covida. Nach einer Woche ahnte ich, dass sie schwanger war, nach zwei Wochen war es so weit. Ich schlief auf dem Dach, über mir die laute Sternenbrücke unserer Galaxie, als Covida eine vermeintlich tote Ratte an meine Matratze brachte. Es dauerte einige Sekunden, bis ich begriff, dass es eines ihrer Neugeborenen war. Ein anderes lag bereits schleimüberzogen neben meinem Kopf. Ehrfürchtig erlebte ich die Geburt der restlichen zwei.

Sancho. Swadishta. Freddy Freeloader und Neema.

Nun waren wir zu sechst, immerhin die Hälfe einer zum Mars reisenden Crew.

Die nächsten Monate verbrachten Covida und ich mit der Aufzucht der Kleinen. Kaum etwas hat mir im Leben mehr Freude bereitet, als zu sehen, wie diese winzigen Wesen zu ausgewachsenen Katzen und Persönlichkeiten heranwuchsen, die sich spielerisch durch die Hibiskusbüsche jagten. Ich notierte: Katzenbabys mit auf jedes Raumschiff!

Das Leben im Dorf hörte auf und ging doch immer irgendwie weiter. Wo ein Inder ist, da ist auch ein Weg. Wir trafen uns jeden Morgen an einer uneinsichtigen Waldlichtung, um zumindest das Boxtraining weiter abhalten zu können, abends fand man auf den kleinen Schleichwegen die Häuser seiner Freunde und ging auf endlose Wanderungen durch den nachtblauen Wald. Ich erntete. Meine gesamte Nachbarschaft stand voll mit prallgefüllten Cashewbäumen, und da die Frauen des Dorfes, die sich in gewöhnlicheren Zeiten um die Ernte kümmerten, nicht auftauchten, übernahm ich die tägliche Pflückerei. Eimer um Eimer der krummen Nüsse schleppte ich aufs Dach, um sie unter der Tropensonne zu trocknen. Da man zwei Monate lang keinen Alkohol kaufen konnte, braute ich aus den märchenhaften Früchten einen Cashew-Schnaps, der diesen Namen gerade so verdient hat.

Ich hatte Zeit, den halben Tag zu lesen, und begann vor allem, das vorliegende Buch zu schreiben. Kurz: Mir ging es gut. Viel mehr kann man nicht erwarten, ohne den Zorn Gottes auf sich zu ziehen. Ich erlebte einen Lockdown der paradiesischen Art. In den Krämerläden lag täglich frisches Obst und Gemüse. In unserer Gegend gab es so gut wie keine Corona-Fälle, von schweren Krankheitsverläufen oder Toten ganz zu schweigen.

Und doch bemerkte ich ein zittriges Unbehagen, das mich während der Tagundnachtgleiche der Stunden begleitete. Ein Gefühl, das ich von der Marsreise nicht kannte.

Die Ohnmacht, welche die indische Politik auslöste, ließ die goldenen Stäbe meines ach so beschaulichen Käfigs erblassen. Zum einen war vom ersten Augenblick, an dem die sowohl inkompetente wie maßlos korrupte indische Führung lediglich die Lockdown-Maßnahmen des Westens kopierte, ohne die Lebensverhältnisse des eigenen Landes in Betracht zu ziehen, klar, dass hier eine humanitäre Katastrophe über das Land hereinbrach; ein Albtraum, der von allen Viren der Welt nicht heraufbeschworen werden konnte. Ohne jegliche soziale oder wirtschaftliche Auffangnetze steuerte Indien einmal mehr auf einen Abgrund zu; die Polizei herrschte auf den Straßen wie ein Mob. Keine Hand wusste, was die andere tat. Die Orientierungslosigkeit der Politik schien grenzenlos, und die Inder und Inderinnen? Machten meist, wenn keine ordnungshütende und zur Rechtschaffenheit mahnende Person zugegen war, weiter, als sei nichts geschehen. Es war nur verständlich. Sie alle hatten schon wesentlich Schlimmeres erlebt als dieses unsichtbare Virus, das vor allen Dingen in den hysterischen Nachrichten existierte. Zudem hatte Corona das elementare Prinzip Indiens in keiner Weise beeinträchtigt. Ein auf endlosen Himmel und verbrannte Erde geschriebenes Gesetz, so unerschütterlich wie die Höhen des Himalayas: Menschen sind immer nur Menschen und das irdische Leben nur ein irdisches Leben. Die Götter aber sind ewig und walten nach ihren eigenen Gesetzen. Sie allein besitzen die Macht über die Herzen und Schicksale der Menschenkinder, ihr Wohlwollen und Missfallen leiten die eigentlichen Geschicke der vorgefundenen Welt. Im ewigen Kommen und Vergehen der Äonen, im Rausch der kosmischen Jahrmilliarden – was zählt da das gegenwärtige Geschrei der Politiker, Polizisten und lächerlichen Beamten?[9]

Ohnmacht und Frustration also! Hilflosigkeit gegenüber Leid,

9 In den *Corona Chronicles*, die auf meinem Indien-Blog thevacantindian.blog publiziert sind, sind meine Berichte aus dem indischen Lockdown online nachzulesen.

Ungerechtigkeit, der bedingungslosen Staatsgewalt. Ich hatte keinen Einfluss auf das, was mit mir und um mich herum geschah. Dies war der fundamentale Unterschied, denn zur Marsreise hatte ich mich freiwillig gemeldet. Ich wollte fliegen, hinauf zu den Sternen und weiter, verspürte Lust auf dieses Abenteuer, auf die Herausforderung und die Isolation, von der ich wusste, dass sie mir meine Grenzen aufzeigen würde. Es war meine Entscheidung! Zudem ist es kaum hoch genug zu bewerten: Auf unserem Raumschiff wusste ich, dass die Reise nach drei Monaten vorbei sein würde und danach mein altes, neues Leben auf mich wartete.

Nun aber wusste ich nicht, wann und ob dieser Lockdown, während dem in einem Land wie Indien Abermillionen Menschen ihrer wenn überhaupt vagen Lebensgrundlage beraubt werden, jemals ein Ende findet – und ob danach die Welt noch dieselbe sein wird.

Neun Monate blieb ich in Indien. Im September 2020 kehrte ich nach Deutschland zurück, wo mich nur eine einzige Aufgabe erwartete: bis zum Frühjahr dieses Buch zu Ende zu schreiben. Dass sich der sogenannte November-Lockdown schließlich über den gesamten Winter erstreckte, kam mir da fast gelegen. Pünktlich lag das Buch beim Verlag, ich packte meine Sachen zusammen, nahm ein Schreibstipendium in der Schweiz an, reiste durch Andalusien und schreibe dieses Nachwort gerade auf Ikaria, im allumfassenden Blau der Ägäis, die mir für die kommenden Monate Heimat sein wird.

Der indische Lockdown liegt nun seinerseits ein Jahr zurück. Mittlerweile erscheint er mir nur noch wie ein ferner Traum. Ein Phantasma, von dem ich nicht weiß, ob es noch meiner Erinnerung gleicht. Ich wäre nicht überrascht, läge diese Zeit in Wahrheit zehn Jahre zurück oder entpuppte sich lediglich als ein Gespenst hitziger Träume.

Bis zum Sommer dieses Jahres erlebte ich Corona-Maßnahmen, Lockdowns und Freiheitseinschränkungen in fünf Ländern. Und doch konnte ich nicht anders, als mich über alle Maßen gesegnet zu wissen. Ich hatte eine Erde von vernichtender Schönheit unter den Füßen, und ich war unterwegs. Der Weg schob sich mir wieder unter jene Füße, die einst taub und nutzlos auf einem künstlichen Raumschiff herumlagen, und trotz etlicher Freiheitseinschränkungen blieb mir das Wesentliche erhalten: die Erfahrung der Welt, die Erfahrung des so unendlich wertvollen Heimatplaneten. Im Engadin verlor ich mich stumm in der elysischen Gewalt der Berg- und Seenlandschaft, diesem Alles-Flüsterer, der den Menschen zuraunt, ein leiblicher Gott auf einer bereits vollbrachten Erde zu sein; in Granada, Sevilla und der Sierra Nevada hob mich eine demütige Sonne aus den Nächten und brannte mich in den Glanz von Kaffee, Traube und Stein; und hier, auf Ikaria, aus dem Meer gestiegen, um zu zeigen, was an Unbegreifbarem in die sinnliche Welt gebannt werden kann, füllt sich der weiße Hibiskus mit dem Spiel neuer Katzenjungen. Zu meinen Füßen liegt das unerschöpfliche Blau Griechenlands. Den duftenden Hang hinunter schaue ich über das Meer und weiß, dass es jenseits dieser so einfachen Dinge, die die eigentlichen Geheimnisse unserer Welt offenbaren, kaum etwas geben kann. Unwillkürlich denke ich zurück an Planet Himmel und Planet Erde. Mittlerweile, im weiten Horizont der Ägäis, sind sie endgültig wieder eine Einheit geworden.

Erich Kästner schrieb, man reise, um die Welt bewohnbar zu finden. Der Mensch steht in einer unaufhörlichen Wechselbeziehung mit dem jeweiligen Ort, den der Kosmos für ihn bereitstellt. Wir beheimaten uns in der Welt, so wie die Welt sich stets in uns beheimatet.

Im griechischen Licht, das die Fülle eines ewigen Geistes in die Auffindbarkeiten von Land und Himmel formt und wo man nichts weiter tun muss für sein Glück, als mit Lungen und Augen ausgestattet zu sein, stelle ich mir erneut die Frage, ob ich mich wirklich aufmachen würde zum Mars. Die Antwort ist noch immer die gleiche. Gerade indem mir die Erde wieder all ihre Kostbarkeiten schenkte, wurde mir erneut bewusst, dass es für den Menschen möglich sein wird, sich überall zu beheimaten. Der Aufbruch in das Sonnensystem und die Galaxie kann gelingen, da uns auch jenseits der Erde die Allgegenwärtigkeit jenes Prinzips erwartet, das für alles Wundersame und Heilige unseres Heimatplaneten verantwortlich ist: die Ungeheuerlichkeit des Lebens selbst, die das Grundelement des Kosmos bildet, ja die der Kosmos selbst *ist*. Universalität bedeutet, überall vorhanden sein zu können. Zunächst auf der Erde und auf dem Mars, dann auf Enceladus, Ganymed und in den weiten Alpha Centauris.

An dieser Tatsache geht kein Weg vorbei: Schon jetzt ist der Mensch ein Cosmo Sapiens, der auf einer völlig unbedeutenden Kugel im Nirgendwo einer völlig unbedeutenden Galaxie umhertreibt, beseelt von all dieser seltsamen Schönheit. Er ist bereits beheimatet im nackten, ewig währenden Universum. Überall, wo er ankommen wird, ist er bereits zu Hause.

Dank

Es besteht kein Zweifel: Solch eine Reise steht und fällt mit den Menschen, die sich gemeinsam auf den Weg machen. Mein Dank gilt demnach vor allem den elf Männern und Frauen, die mich als terrestrische Astronauten begleitet haben, insbesondere den Probanden B, M und K. Von Herzen Klara.

Hätte die Studienleitung und das DLR nicht solch ein wunderbares und professionelles Team zusammengestellt, wer weiß, wie solch eine Studie verlaufen wäre. Danke also an «Heiner» und seine gesamte Crew, die Blauen und alle wissenschaftlichen Mitarbeiter für ihre Geduld, Menschlichkeit und Kompetenz.

Jeremy, Valentin, Dagi, Sebastian. Danke Bernd Johannes, ein Benjamin, der mich das Fliegen im Weltraum lehrte und vieles mehr. Danke Bastian Freischlad, Friederike Wüscher, Andreas Schütz, Doc Frida, Philip Emde, Marie Sturm, Henning R-Punkt, Sarah, das Konstanz-Team für die lieblich ausgeführte Qual, Amelie, Anna Tanna, T-BoneZz, BJP, Julia Eichhorn, Hanna Biresch und Julia Suchorski.

Danke an Reinhold Ewald und Alexander Gerst, die Sinner- und die Auroville-Familie. Danke allen Weltraumaffen.

Disclaimer

Dieses Buch basiert auf den Erfahrungen, die der Autor während der AGBRESA-Studie gemacht hat, die im Jahr 2019 auf der Probandenstation der Forschungsanlage *:envihab* des DLR in Köln-Wahn durchgeführt wurde. Da es nicht nur meine Aufgabe ist, wahrheitsgetreu über solch eine wissenschaftliche Studie zu berichten, sondern auch die Privatsphäre meiner Mitreisenden und der Mitarbeiter des DLRs zu wahren, ist jenes, was eigentlich unter die Schweigepflicht fallen würde, so wiedergegeben worden, dass es trotzdem wahr blieb – und dementsprechend den Weg in dieses Buch finden konnte.

Großer Dank gilt hier dem DLR und den Studienleitern, die es mir ermöglicht haben, unter den oben genannten Umständen von dieser faszinierenden Reise zu berichten.